AF748293

LA PHILOSOPHIE DES SCIENCES CONTEMPORAINE

Une nouvelle réflexion

Ouverture philosophique

Collection dirigée par, Dominique Chateau,
Jean-Marc Lachaud et Bruno Péquignot

Une collection d'ouvrages qui se propose d'accueillir des travaux originaux sans exclusive d'écoles ou de thématiques.

Il s'agit de favoriser la confrontation de recherches et des réflexions, qu'elles soient le fait de philosophes « professionnels » ou non. On n'y confondra donc pas la philosophie avec une discipline académique ; elle est réputée être le fait de tous ceux qu'habite la passion de penser, qu'ils soient professeurs de philosophie, spécialistes des sciences humaines, sociales ou naturelles, ou… polisseurs de verres de lunettes astronomiques.

Dernières parutions

HyeJeong SEO, Paul Ricœur, *Image de Dieu* : Rédemption et Eschatologie, Tome 2, 2017.
HyeJeong SEO, Paul Ricœur, *Image de Dieu* : Origine et déchéance, Tome 1, 2017.
Dimitra PANOPOULOS, *L'hypothèse platonicienne*, 2017.
Hans COVA, *Pour une approche stratégique des espaces politiques, Essai de philosophie politique*, 2017.
Tristan VELARDO, *Georges Palante, La révolte pessimiste*, 2017.
Robert TIRVAUDEY, *Apprendre à penser avec Marc Aurèle,* 2017.
Xavier LAMBERT (dir.), *Action, énaction. L'émergence de l'œuvre d'art*, 2017.
Alessia J. MAGLIACANE, *Zéro. Révolution et critique de la raison. De Sade et Kierkegaard à Adorno et Cavell*, 2017.
Olivier NANNIPIERI, *Du réel au virtuel. Les paradoxes de la présence*, 2017.
Miklos VETÖ, Pierre de Bérulle. *Les thèmes majeurs de sa pensée,* 2016.
Paul DUBOUCHET, *La théologie politique de René Girard et la gauche chrétienne*, 2016.
Bertrand DEJARDIN, *Nietzsche ou la « sagesse sauvage »*, 2016.
Yann FACHE, *Métaphysique du quelque chose. Enquête sur une occasion manquée*, 2016.
Philippe FLEURY, *Désenchantement et mondialisation*, 2016.
Julie RUOCCO, *Et si jouer était un art ? Notre subjectivité esthétique à l'épreuve du jeu vidéo,* 2016

Rafik Hiahemzizou

LA PHILOSOPHIE DES SCIENCES CONTEMPORAINE

Une nouvelle réflexion

L'Harmattan

Du même auteur

Les statuts de la Vérité. Essai sur la Divisibilité des théories scientifiques Librairie de Philosophie et de Soufisme, Alger 2015.

L'expérience scientifique. Exposé philosophique de son développement. L'Harmattan Ouverture Philosophique, Paris 2016.

© L'Harmattan, 2017
5-7, rue de l'École-Polytechnique, 75005 Paris

http://www.editions-harmattan.fr

ISBN : 978-2-343-11570-2
EAN : 9782343115702

Sommaire

Préface

Dans ce livre on se propose de présenter les principales questions qui sont au cœur des débats sur la philosophie des sciences. Ce sont des questions qui se situent à la frontière entre la science et la philosophie et revêtent parfois un caractère technique. C'est dire que la philosophie des sciences aujourd'hui est une discipline étroitement liée à la science et elle n'est donc pas en rupture avec ce domaine du savoir. Les questions qui seront abordées dans ce livre sont à la fois méthodologiques et analytiques et sont décortiquées en tirant les enseignements des travaux les plus récents en philosophie des sciences.

Mais le caractère « scientifique » de ces questions ne signifie pas que l'histoire des sciences est négligée aujourd'hui. Bien au contraire, dès le début de ce livre, la philosophie des sciences est considérée comme un discours sur la science qui a évolué à travers l'histoire. L'origine de la science et le changement scientifique qui sont des problèmes historiques font partie intégrante du corpus de la philosophie des sciences contemporaine. On va survoler ces questions dans ce livre.

Par conséquent, la philosophie des sciences moderne est une philosophie interdisciplinaire qui regroupe de manière harmonieuse les questions scientifiques et les problèmes historiques que soulève la science.

Il convient de rappeler aussi que ce livre peut être conçu comme une introduction à la philosophie des sciences en fournissant les éléments de réflexion les plus pertinents et les plus récents qui peuvent être approfondis par une recherche plus poussée. Notre souci a été de familiariser le lecteur avec un matériel qui laisse peu de place à la technicité afin de lui permettre de réfléchir à son tour avec un esprit critique. La finalité d'un travail de ce genre et d'élargir le débat sur la philosophie des sciences en évitant de la fermer dans un débat d'école rigide et processuelle en excluant des aspects clés de la recherche dans des domaines nouveaux qui sont essentiels à un approfondissement de la philosophie des sciences. On a un exemple clair avec le positivisme logique qui est largement dépassé aujourd'hui. En fait, en tant que discours sur la science, la philosophie scientifique a elle-même évolué en fonction de ce que les philosophes ont considéré comme le but ultime de la science.

Ce discours est aussi ancien que la science elle-même et ne peut se réduire à une seule école de pensée. Nous avons proposé dans ce livre une approche nouvelle qui est esquissée dans le chapitre II.

Introduction

Le « divorce » et le « remariage » entre science et philosophie

La philosophie des sciences est un domaine du savoir en pleine expansion aujourd'hui comme si la science voudrait renouer avec la philosophie comme il le fut jadis dans les temps anciens. Mais voilà une question qui surgit : pourquoi la science s'est séparée de la philosophie. C'est une question difficile qui est étroitement liée à celle relative à l'origine de la science. Bertrand Russel qui est l'un des plus grands philosophes des temps modernes a tenté un début de réponse. Selon lui, la science s'est séparée de la philosophie à partir du moment où des réponses précises ont été trouvées concernant des problèmes particuliers. Lorsque les savants sont parvenus à expliquer le mouvement des corps célestes (Copernic, Kepler et Newton), l'astronomie s'est séparée de la philosophie. Mais une telle révolution laisse peu trace du glorieux passé où la philosophie était la mère nourricière du savoir humain et il est très difficile de trouver le moment crucial durant lequel une telle révolution se déclenche.

Le livre le plus important du XVIe siècle s'intitule Newton's Philosophiae Naturalis Principia Mathematica. Ce titre garde en mémoire l'origine philosophique de la science. La deuxième révolution est la séparation de la physique de la philosophie avec les travaux de Galilée après l'élucidation des lois du mouvement. Cette façon de voir n'est pas très claire. Il ne suffit pas que les savants trouvent une réponse à un problème scientifique particulier. Il est nécessaire de préciser l'outil qui permet d'opérer une telle séparation. Bertrand Russel ne nous explique pas le mécanisme grâce auquel cette séparation s'opère et se produit. D'autres penseurs ont approfondi cette explication en précisant que la science ne s'est vraiment émancipée de la philosophie qu'avec l'apparition de la physique mathématique avec Galilée. A partir du moment où les phénomènes de la nature ont été formalisés grâce au langage mathématique, la science a perdu sa dimension philosophique. Mais cela ne signifie pas que le développement des mathématiques puis de la physique mathématique soit vraiment la cause de la séparation entre la philosophie et la science.

Les anciens Grecs et les Arabes-musulmans du Moyen Age ont développé l'algèbre, la trigonométrie et ce développement des mathématiques aurait pu se poursuivre dans le monde musulman du Moyen Age jusqu'à la création de la physique mathématique.

Par exemple, la physique d'Aristote a été critiquée par Al-Ghazali et cette critique aurait pu mener à la destruction de cette physique, ce qui aurait permis l'élaboration d'une nouvelle physique. Mais ce développement a été interrompu par des causes extrascientifiques et il n'est pas possible d'examiner ces causes dans ce livre[1].

Par ailleurs, l'astronomie mathématique a été perfectionnée par les musulmans et le premier système mathématiquement cohérent a été élaboré par un Grec, Aristarque de Samos. Ce système nous est connu par un écrit d'Archimède. Dans ce système basé sur le sauvetage des phénomènes, la sphère des étoiles fixes est immobile ; le Soleil demeure lui aussi immobile au centre de cette sphère. Tous les corps se meuvent de mouvements qui sont des combinaisons de mouvements de rotations uniformes autour du Soleil. La Terre tourne sur elle-même afin de sauver l'apparence du mouvement diurne.

Le centre de la Terre parcourt d'un mouvement uniforme un cercle dont le soleil occupe le centre. La Lune circule autour de la Terre en même temps qu'elle est entraînée dans la circulation de ce corps autour du Soleil. Chacune des planètes décrit, d'un mouvement uniforme, un cercle dont le Soleil est le centre. Vénus semble ne jamais s'écarter du Soleil, soit d'un côté, soit de l'autre, au-delà d'un certain angle ; Mercure est encore plus voisin du Soleil ; Mars, Jupiter et Saturne, au contraire, peuvent être observées à toute distance du Soleil. Pour sauver ses apparences, il est nécessaire d'admettre que Vénus décrit autour du Soleil un cercle plus petit que celui de la Terre et que Mercure parcourt une orbite plus courte encore que celle de Vénus ; au contraire, les cercles décrits par Mars, Jupiter et Saturne doivent contenir le cercle parcouru par la Terre.

Ce système héliocentrique, le plus parfait de tous, élaboré 15 siècles avant Copernic, a été néanmoins abandonné en raison du fait qu'il se contente, du point de vue géométrique, de sauver les apparences des mouvements des astres.

---

[1] Voir à ce sujet Alexandre Koyré

Il ne pouvait donc satisfaire les philosophes qui cherchaient à trouver les vrais mouvements des astres. Il se heurtait également aux croyances religieuses de l'époque qui ne pouvaient admettre qu'on touchât à la sacralité du Soleil.

Si on a donné cet exemple, c'est pour montrer que le développement des mathématiques jusqu'à l'algèbre aurait pu conduire à une physique mathématique. Mais les Grecs et les Musulmans du Moyen Age n'ont pas eu le temps de le faire.

Peu importe, ce qu'on veut dire plus explicitement est que la séparation de la science et de la philosophie a eu pour cause autre chose que l'apparition des mathématiques ou de la physique mathématique. C'est plutôt l'expérimentation qui constitue le point de rupture. De plus, on ne peut se contenter de chercher un point de rupture. Il faut aller au-delà et expliquer pourquoi la science demeura séparée de la philosophie. On évoque ici une forme de « résilience » de la science en face de la philosophie. Cette résilience s'explique essentiellement par l'expérience qui a donné à la science toutes les caractéristiques d'un système de connaissances cohérent et autonome qui marque le savoir scientifique jusqu'à aujourd'hui.

Nous allons pour appuyer notre thèse donner des exemples d'expérience qui remontent justement à ce moment clé durant lequel la science se sépara de la philosophie. Ensuite, nous allons montrer que l'expérience a joué un rôle stabilisateur et dynamique pour la science jusqu'à l'époque moderne. Le fil conducteur de cette histoire est la notion d'expérience cruciale ou *experimentum crucis*. Celle-ci est un genre d'expérience permettant de départager entre plusieurs hypothèses ou théories en privilégiant celles qui feront l'objet d'un consensus parmi les scientifiques. La particularité de cette expérience est de bannir toutes les autres hypothèses ou théories concurrentes. Les expériences cruciales les plus célèbres sont celles de Newton et celle de l'éclipse de 1919 confirmant la théorie de la relativité générale.

Dans l'*experimentum crucis* de Newton 1665[2], un écran percé d'un trou est utilisé pour permettre à une seule couleur de traverser un premier prisme.

---

[2] Une lettre de M. Isaac Newton, professeur de mathématiques à l'université de Cambridge, contenant sa nouvelle théorie sur la lumière et les couleurs », *Philosophical Transactions of the Royal Society*, 80, 19 février 1671/72, p. 3075

Cette lumière colorée traverse ensuite un deuxième prisme. Cette expérience permet de démontrer que les lumières colorées qui sont observées à la sortie du prisme ne sont pas un mélange d'autres rayons lumineux colorés dans la mesure où elles ne sont plus décomposées par le deuxième prisme. Par ailleurs, les rayons de lumière colorée qui sortent du deuxième prisme ne changent pas de couleur. Ainsi l'expérience cruciale de Newton permet de confirmer que la lumière blanche est un mélange de plusieurs lumières colorées en écartant définitivement les hypothèses qui expliquent que la lumière blanche est pure et ne contient aucune couleur.

Une telle expérience a conduit les scientifiques à accorder leur confiance à la théorie de Newton.

De la même manière, l'observation d'une des plaques photographiques des régions situées autour du Soleil par Sir Arthur Stanley Eddington[3] confirmant la théorie de la relativité générale d'Einstein a ravivé la confiance de la plupart des physiciens à l'égard de cette théorie. Selon cette théorie une étoile visible à proximité du Soleil devrait apparaître à une position légèrement plus éloignée de celui-ci parce que sa lumière devrait être légèrement déviée par l'action de la gravitation exercée par la masse du Soleil. Cet effet n'est observable que pendant une éclipse totale de Soleil.

Au-delà de ces deux expériences mythiques, il existe beaucoup d'autres expériences cruciales en physique (qu'elle soit atomique, mécanique ou électromagnétique). Dans ce registre, on peut citer l'expérience de Millikan qui confirma la théorie d'Einstein sur le phénomène photo-électrique (1914) ; l'expérience de Geiger et Marsden sur la diffusion des particules φ émises par des substances radioactives confirmant le modèle atomique de Rutherford ; l'expérience de Davisson et Germer confirmant l'existence des ondes de Louis de Broglie ainsi que l'expérience de Heinrich Hertz qui montrait la possibilité de produire des ondes électromagnétiques invisibles confirmant du même coup la théorie de Maxwell. Bien qu'il soit assez fastidieux de dégager les expériences réellement cruciales, il n'en demeure pas moins vrai qu'un type d'expériences privilégiées jouent un grand rôle dans le progrès scientifique.

---

[3] Report On The Relativity Theory Of Gravitation The Physical Society Of London by A. S. Eddington Published 1920 Publisher Fleetway Press, Inc.

La nature cruciale de l'expérience en tenant compte de son caractère confirmatif et décisif ne signifie pas que la théorie ou les hypothèses devancent l'expérience en se situant en amont de l'activité scientifique laquelle devient juste un accessoire pour ces théories en leur fournissant systématiquement des preuves matérielles. Bien au contraire, l'expérience provoque la création de nouvelles théories ou la formulation de nouvelles hypothèses. Le meilleur exemple est l'expérience de Michelson-Morley dont le but a été de démontrer l'existence de l'éther luminifère supposé être le support des ondes électromagnétiques en tentant de mesurer la différence de vitesse de la lumière entre deux directions perpendiculaires et à deux périodes espacées. Son résultat, à savoir que la différence obtenue était inférieure à ce que le dispositif expérimental permettait de mesurer a amené les physiciens à reconnaitre deux hypothèses solides qui ont permis à la théorie de la relativité restreinte de faire son apparition : l'inexistence de l'éther et l'hypothèse selon laquelle la vitesse de la lumière est la même dans toutes les directions.

Là aussi, on peut dire que c'est un *experimentum crucis* et c'est l'une des expériences cruciales les plus importantes de l'histoire de la physique. On va examiner maintenant quelques exemples précis au-delà des cas qui ont été rapidement esquissés dans les précédentes pages.

Dans une célèbre expérience réalisée par William Herschel, astronome anglais de la fin du 17ème siècle, la découverte des rayons infrarouges n'a été précédée par aucune théorie (Hacking [1983]). Les rayons infrarouges ont été découverts fortuitement sans aucun concept sous-jacent (Jack White [2013]). Comme il a été déjà évoqué, Isaac Newton a réalisé une expérience importante en 1666 dans laquelle il est parvenu à étudier la composition de la lumière du Soleil en la faisant traverser dans un prisme. Dans le spectre de lumière obtenu, Newton a compté 6 couleurs.

Herschel a approfondi de manière considérable ces résultats : il mesure la température dans chaque zone du spectre lumineux et il constate que les températures des bleu et vert sont inférieures à celle du rouge. De manière plus importante encore, il découvre qu'à coté du rouge, dans les parties invisibles du spectre, la température est encore plus élevée. Herschel réalisa près de deux cents expériences et publia quatre communications importantes.

Se servant de filtres colorés pour l'un de ses télescopes, il avait remarqué que ces filtres transmettaient plus ou moins de chaleur selon leur couleur : certains provoquaient une très nette sensation de chaleur, même si la lumière était faible, alors que d'autres donnaient de la lumière dont la sensation de chaleur est peu sensible. Rien que ce passage marque le triomphe des connaissances qui sont basées sur les données sensorielles et perceptives. Herschel se servait de thermomètres pour étudier les effets de chaleur des rayons de lumière séparés à l'aide d'un prisme. Par ce moyen, il obtenait des résultats importants comme la découverte des rayons solaires invisibles au-dessous de la lumière visible. Il a également comparé entre les propriétés de la lumière et celles de la chaleur en termes de réflexion, de réfraction ainsi que de réfrangibilité différentielle. Il conclut que la lumière et la chaleur constituent un même phénomène ayant les caractéristiques de la réflexion, la réfraction et la réfrangibilité différentielle. La démarche de Herschel était purement expérimentale.

Nous ne pourrons jamais reproduire aujourd'hui toutes ces expériences, tellement elles sont nombreuses et spécifiques et il utilisa une variété déconcertante de moyens pour filtrer la chaleur.

Le plus significatif dans les travaux de Herschel , est l'absence totale de théorie sous-jacente à toutes ses expériences. A la suite de ses expériences, des théories ont été élaborées et ont appuyé ces résultats expérimentaux. La théorie ondulatoire qui a été élaborée par Thomas Young s'accordait parfaitement aux résultats de Herschel. Mais c'est l'invention par Macedonio Melloni du « thermo multiplicateur » en 1831 (un appareil qui utilise simultanément) des piles thermoélectriques et un galvanomètre) qui confirme l'hypothèse du savant britannique.

C'est la technique expérimentale dans sa dimension technologique qui a permis de renforcer les résultats de Herschel. Ces travaux ont ouvert une nouvelle voie de recherche expérimentale qui aboutit à l'exploration du spectre électromagnétique. C'est ainsi que les ultraviolets ont été découverts en 1801 par le physicien allemand Johann Wilhelm Ritter. Il convient de préciser que les recherches expérimentales de Herschel se limitent strictement aux données sensorielles, ce qui infirme la thèse selon laquelle l'on ne peut voir ou remarquer un phénomène que si l'on dispose d'une théorie qui lui donne sens. Dans le cas de Herschel, c'est l'absence de théorie qui l'a amené à faire ses découvertes.

Voyageant dans le temps et examinons une expérience qui a été réalisée en 1964. On remarque que les caractéristiques de l'expérience cruciale ont été préservées. Ce qui confirme que l'expérience constitue, non seulement, le point de rupture entre la philosophie et la science mais elle joue également un rôle de stabilisation et d'autonomisation du savoir scientifique. A cette date donc les radioastronomes Penzias et Wilson, des laboratoires de la compagnie Bell Telephone, effectuaient des manipulations d'une antenne qui servait initialement à la communication avec les satellites Echo puis Telstar 1. Ils découvrent ainsi accidentellement un bruit du ciel d'origine inconnue au cours d'observations faites sur la longueur d'onde 7,35 cm. Ce bruit qui peut être converti en température d'antenne, correspondait à une température du ciel de 2,7 K. James Peebles a prédit l'existence d'un rayonnement de quelques kelvins dans le cadre d'une théorie cosmologiste. Ce qui a finalement amené les astrophysiciens a tiré les conséquences de cette découverte. Le fait le plus important est que Penzias et Wilson ont fait cette découverte par hasard en ignorant tout des travaux des cosmologistes. Une telle caractéristique donne beaucoup de crédit à la théorie du Big bang puisque le rayonnement fossile centimétrique est la preuve de l'existence d'une telle conflagration cosmique originelle.

Ian Hacking a raconté l'histoire de trois degrés exactement comme le font Penzias et Wilson eux-mêmes dans leur film autobiographique, *Three Degrees* (Information and Publication Division, Bell Laboratories). Il évoque un point important : ces deux savants se livraient à des explorations et découvrirent le rayonnement résiduel avant qu'aucune théorie sur le sujet ne fût élaborée (Hacking Ian.[1983] p.262).

Il faudrait prendre l'exacte mesure de cette découverte importante. Celle-ci a été réalisée en l'absence d'une théorie. Ce qui montre que la mathématisation et la conceptualisation ne sont pas suffisantes pour autonomiser la science et lui donner les caractéristiques d'un système de connaissance cohérent, stable et autonome. Le philosophe Hacking qui a consacré de beaux travaux sur l'expérience scientifique rappelle qu'un processus de transformation de cette expérience en histoire a eu lieu qui établit un lien entre cette expérience et la théorie du big-bang.

Les théoriciens de l'astronomie avaient prédit que si une explosion avait bien lieu, il y a des milliards d'années, alors l'univers devrait continuer à se refroidir depuis cet évènement. Ce refroidissement aurait dû réduire la température initiale de un milliard de degrés à 3°K.

« Les radioastronomes avaient la conviction que s'ils pouvaient diriger un récepteur extrêmement sensible vers une partie vide du ciel, une région qui semblerait dépourvue d'étoile, il serait possible de déterminer si les théoriciens avaient raison ou non. Deux scientifiques des laboratoires de Bell Telephone captèrent des signaux radio provenant de l'espace « vide ». Une fois tenu compte de toutes les causes connues, restait un signal de trois degrés que l'on ne pouvait expliquer. D'autres expériences ont suivi cette première tentative, elles indiquent toujours le même résultat : un rayonnement de trois degrés. L'espace n'est pas absolument froid. La température de l'univers semble être de 3°K. Et c'est la température exacte que l'univers devrait avoir si tout avait commencé il y a quelque treize milliards d'années par un Big bang » (Ibid.., p.262-263).

De toutes les façons, une relation entre l'expérience réalisée par ces deux scientifiques et la théorie du big-bang a finalement été établie. Mais il n'en demeure pas moins vrai que la « découverte expérimentale » du rayonnement résiduel a été réalisée en l'absence d'une quelconque théorie.

La même chose s'est répétée avec les pulsars. En 1932, Walter Baade et Fritz Zwicky ont proposé que des étoiles à neutrons puissent naître au cœur des supernovae. Et quelques années plus tard, en 1939, Oppenheimer et Volkoff élaborèrent les premiers modèles de structure des étoiles à neutrons (J. Robert Oppenheimer et George M. Volkoff [1939], p. 374-381). En fait, les scientifiques ne connaissaient aucun moyen pour détecter une étoile à neutron qui résulte de l'explosion d'une étoile massive en fin de vie.

Ce n'est qu'après la découverte du premier pulsar (c'est-à-dire une étoile à neutron en rotation rapide et émettant un signal radio) que les astrophysiciens ont établi un lien entre les étoiles à neutron et les objets émettant des signaux radio (pulsars). Vint-cinq ans après ces spéculations théoriques, Jocelyn Bell et Antony Hewish à Cambridge ont détecté en 1967 un signal caractéristique, constitué de courtes impulsions de rayonnement se répétant de façon très régulière.

L'existence des pulsars ne faisaient alors aucun doute. La découverte du premier pulsar a ouvert la voie à des recherches fructueuses sur différents types d'étoiles à neutron comme les pulsars binaires qui furent découverts en 1974. Un système encore plus remarquable fut découvert en 2004, le pulsar double (PSR J0737-3039). Ce système est composé de deux étoiles à neutrons, qui sont toutes deux vues comme des pulsars.

L'expérience de Jocelyn Bell est vraiment cruciale puisqu'elle a permis la découverte d'un premier signal radio émis par un objet céleste qui a été associé à l'existence d'une étoile à neutron. Les scientifiques ne pouvaient donner d'autres explications à ce signal hormis la théorie de l'étoile à neutron qui a été considérée jadis comme une simple spéculation théorique. Là, une hypothèse relative à l'étoile à neutron a été confirmée par une donnée empirique précise : le signal radio avec des caractéristiques particulières d'un objet situé quelque part dans l'univers.

Ce sont les caractéristiques de ce signal qui a incité les astrophysiciens à reconnaitre une étoile à neutron en rotation rapide. Une telle rotation provoque l'émission d'un intense rayonnement électromagnétique avec perte d'énergie de l'étoile. On a alors affaire à une expérience cruciale qui a ouvert la voie à l'essor d'un domaine particulier de la science : l'astrophysique des pulsars.

Il n'est pas possible de croire à la vie propre de l'expérience sans se référer à des expériences typiques qui emportent la conviction sur la réalité de certaines entités physiques inobservables et qui ne manquent pas de nous convertir au réalisme. Hacking a découvert ce genre d'expériences. Il a été convaincu depuis de la réalité de certaines entités inobservables comme les électrons lorsqu'un ami lui parla d'une expérience. « Je n'avais jamais vraiment réfléchi au réalisme scientifique jusqu'à ce qu'un ami me parla d'une expérience récente en cours visant à détecter des charges électriques fractionnelles » (Hacking p.51). Cette expérience concernant des particules énigmatiques, les quarks, est une reproduction d'une expérience cruciale réalisée en 1908 par J.A.Millikan pour mesurer la charge électrique des électrons. Hacking rappelle les caractéristiques de l'expérience de Millikan avec un sens du détail tel qui mérite d'être cité : « Une gouttelette d'huile portant un petit nombre de charges élémentaires est suspendue entre deux plaques métalliques horizontales qui sont susceptibles, elles aussi, d'êtres soumises à un champ électrique.

On laisse d'abord tomber la gouttelette sans activer le champ électrique. Puis on applique ce champ pour qu'augmente la vitesse de chute de la gouttelette. On obtient ainsi deux vitesses limites qui sont proportionnelles à la force de viscosité, à la densité de l'air, à la densité de l'huile, à la pesanteur et au champ électrique. Ces valeurs étant connues, on peut ainsi calculer les charges des gouttelettes. En répétant l'expérience, Millikan s'aperçut que ces charges sont de petits multiples entiers d'une valeur déterminée. On admet qu'il s'agit là de la charge minimum, c'est-à-dire de la charge de l'électron. Comme toutes les expériences, celles-ci part d'hypothèses approximatives, que les gouttelettes sont sphériques par exemple. Au début, Millikan ne savait pas que les gouttelettes sont très petites par rapport au libre parcours moyen des molécules d'air et qu'elles sont ainsi assez bousculées. Mais l'expérience est incontestable » (Ibid.., p.52).

La solidité, le caractère cruciale et la confirmation de cette expérience de Millikan a incité les physiciens à la reproduire pour découvrir des particules élémentaires composant les protons et les neutrons. On parle ainsi de la méthode de Millikan pour découvrir des particules de charge fractionnaire (les quarks ont une charge de 1/3 de la charge électrique). La méthode Millikan s'avère tellement puissante qu'elle permet de percer le secret de particules qui ne peuvent être détectés à l'extérieur des protons et des neutrons.

Forts de cette leçon expérimentale importante, Larue, Fairbank et Hebard, de l'université de Stanford, ont réalisé une expérience qui reprend les caractéristiques de l'expérience de Millikan. « On utilise [....] une gouttelette, qui bien qu'elle ne pèse que 10 -4 grammes, est cependant 10,7 fois plus grosse que celle de Millikan. On modifie progressivement la charge initiale de la goutte, et en associant la technologie moderne aux idées de Millikan, on détermine si le passage d'une charge positive à une charge négative se produit à 0 ou ±1/3 e. Mais comment altère-t-on la charge de la goutte de niobium ? [...] On bombarde la goutte avec des positrons pour augmenter la charge ou avec des électrons pour la réduire » (Ibid.., p.52-53).

Il faut faire attention à ce qui a vraiment poussé Hacking à croire à l'existence des entités inobservables. Ce ne sont pas les quarks qui l'ont converti. « Si on peut les projeter, alors ils sont réels » (Ibid..). Il parle ici des positrons qui sont des électrons à charge positive (des antiparticules).

Dans la mesure où les positrons sont utilisés comme des projectiles pour détecter les quarks, alors ils sont réels. La méthode expérimentale de Millikan a été à l'origine d'une expérience cruciale qui confirme l'existence des quarks bien que ces particules soient confinées à l'intérieur des protons et des neutrons.

On va maintenant voir à travers l'histoire du photon que l'expérience a joué un rôle dynamique pour la théorie. En scrutant la petite histoire de cette découverte, on peut voir les vicissitudes qu'a connues la théorie élaborée par Einstein et le rôle que jouera finalement l'expérience en vue de la stabilisation de cette théorie.

C'est l'expérience qui a finalement permis à la théorie corpusculaire et quantique du photon de faire son chemin malgré le caractère dominant de la théorie ondulatoire de la lumière qui a été élaborée pendant une longue période et qui a suscité un large consensus parmi les physiciens. C'est ainsi qu'on peut déceler le caractère révolutionnaire de l'expérimentation, sans laquelle, une théorie aussi ingénieuse soit-elle ne pourrait survivre.

En mars 1905, Einstein signe un article intitulé « un point de vue heuristique concernant la production et la transformation de la lumière ». Dans cet article, il introduit le concept du photon : le quantum de lumière. C'est une proposition révolutionnaire puisque les physiciens de son époque croyaient que le rayonnement électromagnétique est en fait une onde. Einstein propose que la lumière soit plutôt constituée de corpuscules discrets. Malgré le fait que ces quanta de lumière n'ont pas emporté la conviction des physiciens pendant une très longue période, il n'en demeure pas moins vrai qu'ils sont la seule explication du phénomène photo-électrique. Les électrons ne peuvent être arrachés du métal que par des particules du même genre que la lumière intense que les électrons selon une logique basée sur le choc de particules. Lors du phénomène photo-électrique, l'énergie du photon se transmet à l'électron.

Cette certitude est d'origine expérimentale puisque c'est l'expérience seule qui permet de garder une confiance inébranlable dans l'hypothèse du photon. L'hypothèse heuristique d'Einstein permet de tirer profit de résultats expérimentaux qui contredisent la théorie ondulatoire surtout aux énergies de hautes fréquences (loi de Rayleigh-Jeans).

L'interprétation d'Einstein qui est basée sur l'absorption d'un photon par le métal, permettait d'expliquer parfaitement toutes les caractéristiques de ce phénomène.

Les photons de la source lumineuse possèdent une énergie caractéristique déterminée par la fréquence de la lumière. Lorsqu'un électron du matériau absorbe un photon et que l'énergie de celui-ci est suffisante, l'électron est éjecté ; sinon l'électron ne peut s'échapper du matériau. Comme augmenter l'intensité de la source lumineuse ne change pas l'énergie des photons mais seulement leur nombre, on comprend aisément que l'énergie des électrons émis par le matériau ne dépend pas de l'intensité de la source lumineuse.

C'est l'expérience qui a le dernier mot dans l'interprétation du phénomène photo-électrique et l'hypothèse d'Einstein a connu le succès que l'on connait en raison de son adéquation parfaite avec les données empiriques de ce phénomène. Une hypothèse théorique gagne en crédibilité lorsqu'elle parvient à prédire avec succès la survenue de phénomènes jusqu'alors jamais observés ou inattendus.

Une fois que la science est devenue expérimentale est s'est séparée de la philosophie en demeurant séparée et autonome de la sorte, la philosophie a décliné et elle s'est transformée en un système de connaissances portant sur la métaphysique, sur l'être, l'homme, la destinée, la liberté, etc. Lorsque les philosophes ont compris que la philosophie n'a d'autre salut que de renouer avec la science, certains ont eu l'idée d'élaborer une science de la science en éliminant tous ce qui est métaphysique de la science. C'est l'acte de naissance de la philosophie analytique du Cercle de Vienne durant les années 1920. Ensuite, les philosophes et les historiens ont remarqué qu'il est très difficile d'éliminer ce qui est métaphysique de la science. Cette croyance remontre aux philosophes du XVIIe et XVIIIe siècle comme Kant et Hegel qui ont perpétué les idées sur la nature métaphysique de concepts comme l'espace et le temps qui sont indispensables pour la science. C'est pour cette raison, d'ailleurs, que ces philosophes sont les premiers philosophes de sciences.

Par ailleurs, les historiens ont découvert que la science n'est pas un système figé de connaissances mais qu'il fait l'objet d'une évolution historique dont l'impact le plus important est la modification du sens et du contenu épistémique des théories scientifiques. Des théories qui étaient dans le passé vraies ne le sont plus dans le présent. C'est ce que les philosophes appellent l'induction pessimiste. Cette induction a eu des répercussions sur la question du réalisme. Si les théories ne sont pas absolument vraies, les entités qu'elles décrivent sont-elles alors réelles ? Cette question est au cœur des débats entre les philosophes de sciences jusqu'à aujourd'hui.

Nous avons donné cet aperçu de manière rapide. Mais il résume à mon sens l'acte de naissance de la philosophie des sciences conçu comme un renouement de la philosophie avec la science. Il donne une idée des questions qui sont débattues en philosophie des sciences. De toutes les manières, cet ouvrage n'est pas consacré à l'historie de la philosophie des sciences. Des ouvrages de ce genre existent un peu partout dans le monde. Nous allons juste montrer les questions les plus importantes qui sont discutées en philosophie des sciences.

Ces questions démontrent que le dialogue entre la science et la philosophe se poursuivra toujours. Les questions que nous allons examinées, sont des questions qui sont importantes pour la science mais qui ne peuvent être examinées dans le cadre strict des théories scientifiques.

Chapitre I
La philosophie des sciences est un discours sur la science

Les anciens discours sur la science

La philosophie des sciences est d'abord un discours sur la science qui aborde ses buts, sa finalité et ses fondements. Mais avant d'explorer ses sujets très passionnants, il convient de lever un malentendu qui règne chez les philosophes des sciences contemporains. La philosophie des sciences en tant que discours n'est pas née au XXe siècle comme aime à l'évoquer de nombreux auteurs. D'abord, les auteurs anglo-saxons réduisent la philosophie des sciences à l'épistémologie qui est en fait la théorie de la connaissance dans sa version américaine élaborée progressivement par des philosophes allemands émigrés aux Etats-Unis comme Rudolf Carnap et Hans Reichenbach. L'épistémologie est en fait une philosophie du langage puisque ces philosophes se sont particulièrement intéressés au sens des propositions de la science pour éliminer les propositions qui n'ont pas de sens. Ainsi par exemple, ils considèrent les propositions de la métaphysique comme dépourvues de sens. Dans un certain sens, cette philosophie des sciences est de nature formelle. Par ailleurs, des philosophes et historiens des sciences reconnaissent une autre philosophie des sciences d'origine française qui ne s'intéresse pas au contenu formel des sciences (plus particulièrement le contenu des théories scientifiques). Elle met l'accent plutôt sur l'évolution de la science en explorant les points de rupture ou de discontinuité au contraire des traits de continuité dans cette évolution. Gaston Bachelard et Pierre Duhem sont les grands noms de cette histoire et philosophie des sciences. Durant la période récente, des philosophes ont renoué avec ce type de philosophie en reconnaissant la dimension historique de la science (Thomas Kuhn et Ian Hacking principalement). De toutes les manières, la plupart des philosophes situent la naissance de la philosophie des sciences durant le XXe siècle. Bien que la philosophie des sciences comme discipline sophistiquée et spécialisée avec ses dimensions formelle et historique ait été considérablement développée durant ce siècle, il n'en demeure pas moins vrai que les philosophes même dans le lointain passé ont toujours eu un discours sur la science.

Par exemple, Descartes avec son *discours de la méthode* et Kant avec sa *Critique de la raison pure* peuvent être considéré comme des philosophes des sciences puisque ils ont eu un discours spécifique sur ses fondements et son but.

Descartes avait à l'aube de la science, une vision philosophique précise de ses fondements et de ses buts. La science, selon lui, est un ensemble organique de connaissances (l'unité de la science) qui visent la certitude à travers les mathématiques. Il avait même une idée sur la méthodologie de la science puisqu'il ne reconnait que la méthode de l'analyse qui a eu tant de succès.

On parle de méthode cartésienne comme étant un découpage d'un problème scientifique complexe en parties plus faciles à traiter et à résoudre. Cette méthode a été critiquée au XXe siècle par Gaston Bachelard dans son livre *Le Nouvel esprit scientifique* (Bachelard Gaston [éd. 1994], p. 56.27) qui nous rappelle avec son intelligence coutumière que la révolution scientifique provoquée par la théorie de la relativité générale et par la mécanique quantique reflète beaucoup plus un esprit de synthèse qu'une méthode d'analyse.

S'agissant de Kant, il décompose la connaissance scientifique en jugements analytiques et en jugements synthétiques. Les jugements analytiques sont vrais en eux-mêmes sans l'aide de l'expérience : par exemple 1+1=2. Quant aux jugements synthétiques, ils conjuguent des jugements analytiques avec des connaissances empiriques, c'est-à-dire, des connaissances tirées de l'expérience. Mais le concept d'analycité a été fortement critiqué par les philosophes du Cercle de Vienne qui ont montré qu'en fait les jugements analytiques n'existent pas. C'est Willard Van Orman Quine qui nous a laissé la critique la plus pertinente de ce concept dans un célèbre article : *les deux dogmes de l'empirisme* (Quine. W.V.O [1951]). Peu importe, on peut considérer tout de même Descartes et Kant comme d'authentiques philosophes des sciences. Même des penseurs du Moyen Age musulman ou chrétien ont eu un regard sur la science. Par exemple Al-Ghazali a écrit son fameux ouvrage « destruction des philosophes » (Tahafut Al-Falasifa) qui est une véritable critique philosophique de la science de son époque renfermée dans la physique d'Aristote. Ibn Rush (Avicenne) s'est proposé de réfuter cette critique en écrivant un livre polémique « Tahafut Al-Tahafut » pour sauver l'aristotélisme.

On peut dire que ce qui compte vraiment dans le discours sur la science que se propose toute philosophie des sciences, c'est l'importance grandissante des questions touchant la science en générale et plus particulièrement son fondement.

Nous allons donc tenter une excursion philosophie rapide à travers les différents âges de la science en tenant de dégager les idées les plus générales qui ont marqué ces époques. Nous allons nous limiter à quelques-unes en suivant un schéma précis.

Parlons par exemple du courant empiriste qui a consacré la prééminence de la méthode expérimentale dans l'Europe du XVIIe siècle au moment où la science moderne est apparue. Avec les travaux de Newton, la science atteint son apogée et ce grand scientifique reste attaché à la méthode expérimentale. Après cette période, le rôle de l'expérience n'a pas été remis en cause mais les connaissances philosophiques sur ce rôle se sont diluées et elles ont été oubliées avec le développement de nouveaux domaines scientifiques comme l'électromagnétisme et la thermodynamique.

Il faut préciser également que la philosophie transcendantale de Kant a joué un rôle négatif pour la philosophie expérimentale en développant des catégories de pensée qui permettent de passer du caractère disparate et « subjectif » de l'expérience perceptive à l'objectivation nécessaire pour établir les jugements analytiques et synthétiques de l'entendement pur.

Après cette philosophie de Kant, une deuxième période historique commence qui attribue à la théorie un rôle crucial pour la science. C'est le début de la philosophie théorique ou du tout-théorique. Le courant de pensée qui reflète le plus cette période est l'empirisme logique du Cercle de Vienne. Trois noms ont marqué cette période : Pierre Duhem, Rudolf Carnap et Willard Van Orman Quine. Les principales attaques contre l'expérimentalisme sont apparues avec eux : la sous-détermination des théories par l'expérience, l'holisme et la thèse Duhem-Quine.

L'un des penseurs qui ont marqué la période post-Cercle de Vienne, Karl Popper, reste influencé par les idées anti-expérimentales du Cercle de Vienne mais il ouvre, sans se rendre compte, une nouvelle voie à une renaissance de la philosophie expérimentale durant la période contemporaine. D'ailleurs, ses travaux reflètent un véritable paradoxe philosophique et une certaine dissidence vis-à-vis du Cercle de Vienne.

Il reste, d'une part, fidèle aux fortes croyances sur la prééminence épistémologique de la théorie au détriment de l'expérience mais si on analyse, d'autre part, minutieusement sa doctrine de la testabilité, on s'aperçoit qu'il préconise une méthode déductive qui conduit à l'inévitable vérification expérimentale.

En fait, la différence entre la philosophie expérimentale de l'Age classique et la nouvelle philosophie expérimentale de la fin du XXe siècle amorcée par Popper s'explique de la manière suivante : tandis que la première se situe en amont de la science suivant un schéma vertical : l'expérience alimente la théorie, la deuxième se situe en aval de la science en partant de la théorie vers l'expérience suivant un schéma déductif.

C'est dans le *Novum Organum* de Francis Bacon que la méthode expérimentale ancienne a été élaborée et a marqué l'âge classique de la science. Cet ouvrage représente également un point de rupture avec la pensée aristotélicienne basée sur la méthode syllogistique qui est devenue d'une certaine manière le plus grand obstacle à la science moderne. Il faut préciser que l'origine de la science est étroitement liée à un problème de nature méthodologique : si les anciens Grecs n'étaient pas totalement dépourvus de science, ils se sont appuyés dans leur recherche scientifique, soit sur une théorisation excessive inspirée de Platon avec une importance accordée aux mathématiques, soit sur une méthode déductive inventée par Aristote. Euclide et Apollonios sont les grands noms de la première école de pensée et même les modèles astronomiques de Ptolémée et d'astronomes révolutionnaires comme Aristarque de Samos et Héraclide du Pont répondaient à deux exigences : sauver les phénomènes, c'est-à-dire les mouvements des corps célestes par des méthodes géométriques. L'autre courant de pensée méthodologique adoptée par les Grecs est celle d'Aristote qui a développé une méthode déductive et analytique basée sur les syllogismes. La méthode aristotélicienne a été rafistolée et largement utilisée par les Arabes.

Mais la science moderne n'a émergé que grâce à un « renversement » de l'« ordre méthodologique » : au lieu de se contenter de méthodologies purement mathématiques ou logiques qui mènent à une régression à l'infini, les penseurs occidentaux depuis Bacon ont opté de manière révolutionnaire pour l'établissement d'un lien entre les théories et les faits, entre les théories et l'expérience.

Une théorie est une simple spéculation si elle n'est pas testée et « falsifiée » par l'expérience. Le point d'ancrage de la méthode expérimentale se situe vraiment dans la relation entre la théorie et l'expérience, peu importe la nature qu'on attribue à cette relation ou à ses résultats.

C'est par rapport à cette relation que la supériorité des modernes sur les anciens s'affirme. Il existe certes des courants de pensée aussi différents que les philosophies qui leur sont sous-jacentes. On a par exemple, ceux qui placent ce lien très important sous le signe de l'induction. C'est le cas de Francis Bacon pour la période ancienne.

A l'époque moderne, c'est Rudolf Carnap qui fait figure de proue dans ce domaine. Par contre, il y a ceux qui regardent cette relation d'un point de vue purement déductif. C'est le cas de Karl Popper pour ne citer que le plus moderne.

Le plus important dans la méthode expérimentale, c'est l'exploration de la preuve expérimentale pour tester la théorie. Bacon inaugure l'ère de la méthode expérimentale basée sur l'induction.

Toutefois, ses arguments perdent leur importance puisque sa définition de l'induction est peu précise et sa qualification des données sensorielles est non seulement prématurée mais dénuée de fondement en qualifiant les témoignages des sens comme l'« idole de la tribu ». Pour ne donner qu'un exemple de l'importance des données sensorielles pour la science, il suffit de lire l'*Aufbau* de Carnap.

L'induction de Bacon est vraiment approximative et insuffisante puisqu'elle est basée sur la détermination des situations dans lequel se trouve le phénomène et sur la comparaison entre elles alors que la véritable méthode expérimentale exploite d'abord les données empiriques pour établir ensuite des théories et chercher la concordance entre les hypothèses théoriques et les données expérimentales. D'ailleurs, Popper a démontré de manière brillante la difficulté de fonder l'induction. Bacon associe l'induction à l'identification des formes que sont les configurations qui permettent de désigner les phénomènes naturels. Grâce à cette association, une généralisation des idées devient, selon lui, possible et donne naissance à de nouvelles vérités.

Malgré cet aspect approximatif et peu précis du processus permettant l'élaboration des idées scientifiques et son recours vague à l'induction,

Bacon a consacré l'expérience comme le fondement de la connaissance humaine et comme la source de nouvelles vérités sur la science. Il n'a pas également sous-estimé le rôle joué par la déduction qui permet la falsification des théories scientifiques.

C'est d'Alembert qui a véritablement tenté un approfondissement de nos connaissances sur la nature de l'expérience scientifique et une explication satisfaisante du point de rupture avec la pensée ancienne des Grecs. On doit à d'Alembert la distinction entre l'observation qui est une simple accumulation de faits empiriques et l'*expérimentation* (Laurent Perreau, p.13). L'observation était connue chez les Grecs dans le cadre de la pratique de la médecine hippocratique et l'astronomie. Par contre ce qui est nouveau dans la science moderne, c'est l'expérience qui est un travail actif d'interrogation de la nature permettant d'isoler les phénomènes pertinents qu'il faut étudier scientifiquement.

Mais contrairement à Bacon qui nous éloigne du pouvoir des sens pour élaborer prématurément une méthode inductive dont la définition et assez superficielle, d'Alembert évoque un simple perfectionnement et approfondissement des sens. Les données sensorielles disposent d'un pouvoir cognitif indispensable aux théories scientifiques mais elles doivent être présentées de manière claire et approfondie : un microscope agrandit les entités observées afin de distinguer des détails qui ont toute leur importance. Un télescope permet de projeter l'observation visuelle sur des objets célestes lointains. C'est pour cette raison que d'Alembert parle dans un *article à l'Encyclopédie* de phénomènes de la nature qui font l'objet d'un examen approfondi et analytique. Avec d'Alembert, l'expérience se réconcilie avec les données empiriques en lui conférant un pouvoir d'exemplification qui permet de voir des effets invisibles et de restituer aux phénomènes leur intégrité objective. L'expérience comporte une dimension active qui étend l'observation à un champ d'investigation aux possibilités infinies. Mais il manque à toute cette démonstration un *substratum* important : l'approfondissement de l'expérience perceptive gagne à être décisif grâce à la certitude des mathématiques. Ce sont les mathématiques qui confèrent aux phénomènes disséqués et analysés la qualité d'objets quantitatifs soumis à une vérification rigoureuse.

Mersenne inaugure cette association heureuse entre expérience et mathématiques qui a atteint son apogée avec Isaac Newton. Mersenne qualifie cette association de détermination méthodologique et définitive de la méthode expérimentale. S'il y a bien une nouvelle méthode, c'est grâce à un degré de certitude qui ne s'obtient que grâce à la précision et à la symbolisation des données empiriques et sensorielles.

Cette certitude n'est possible que grâce à la géométrie, science grecque par excellence. Mersenne ne prétend aucunement à une restauration téléologique de la théorisation, de la philosophie grecque qui débouche vers une métaphysique stérile.

Il cherche seulement à faire bénéficier les faits d'expérience de la précision et de l'abstraction des mathématiques qui sont les seuls à conférer aux objets d'expérience une dématérialisation nécessaire en vue de bâtir des théories générales et prédictives (Ibid.., p.32). Pour Mersenne, la relation entre la théorie et l'expérience qui est une découverte de Francis Bacon est de nature mathématique.

Nous pouvons nous arrêter ici afin d'entamer une description rapide de la révolution newtonienne étant donné que celle-ci n'est qu'une conséquence historique de ce mouvement empirique qui a débuté avec Bacon pour finir avec Mersenne et d'Alembert.

Toutefois, il convient de rappeler une chose importante : l'empirisme de l'âge classique a eu le mérite de bâtir une méthode expérimentale dont la particularité révolutionnaire est l'établissement d'un lien entre la théorie et l'expérience.

Nous retiendrons de cette relation, une leçon importante : c'est la possibilité d'établir un rapprochement épistémologique entre des concepts ou hypothèses représentatives de la théorie et des données empiriques basées sur l'expérience perceptive. Cette relation est au cœur de la révolution méthodologique de l'âge classique de la science. Mais elle ne remet aucunement en cause une quelconque approche philosophique sur le rôle joué par tel ou tel courant de pensée. Parmi ces courants de pensée qui tentent de percer la nature profonde de ce lien, il y a celui d'Alistair Crombie qui considère que la science moderne est née grâce à une révolution méthodologique permettant de comprendre la relation entre la théorie et l'expérience comme une relation quantitative et non qualitative (A. C. Crombie [1959]).

. Il maintient également les conclusions des empiristes sur l'importance de la falsification et de la testabilité des théories en leur ajoutant l'importance accordée à la simplification de phénomènes complexes et en rappelant les avantages du rasoir d'Ockham. Le travail de Crombie est la meilleure continuation de l'empirisme ancien. Il y a un autre courant de pensée qui restitue la relation entre la théorie et l'expérience dans un processus marqué par un regain d'intérêt pour le platonisme et par la mathématisation de la physique. Il rejoint d'une manière plus approfondie, la philosophie de Mersenne.

On voit bien que les courants de pensée qui ont abordé la relation entre la théorie et l'expérience sont assez divers. Toutefois, personne ne remet en cause le passage des théories aux expériences pour établir des vérités scientifiques nouvelles. Même la révolution newtonienne n'échappe pas à cette règle.

Newton a consolidé considérablement le cadre d'ensemble de l'empirisme. Malgré les citations très connues de Newton faisant référence à sa véritable méthode expérimentale qui s'éloigne ostensiblement de l'élaboration d'hypothèses théoriques considérées comme le résultat d'un exercice purement métaphysique, ou liées à un dessein occulte, la philosophie expérimentale de Newton est restée tout de même confinée à l'intérieur du schéma anti-holiste de la relation entre la théorie et l'expérience. Cette citation de Newton apparait comme dénuée de toute imprécision : « [...] les hypothèses, soit métaphysiques, soit physiques, soit mécaniques, soit celles des qualités occultes, ne doivent pas être reçues dans la philosophie expérimentale » (Isaac Newton [1756] t. II, p.179).

Mais à y regarder de près, on voit bien que la notion d'hypothèse se heurte chez Newton à une imprécision dans la définition. Alexandre Koyré a bien fait remarquer qu'une série d'hypothèses existe bel est bien dans le corpus des textes de Newton (comme les *Principia*, l'Optique et le Scholium generale) qui revêtent une importance scientifique et épistémologique dans l'œuvre newtonienne mais qui portent des noms divers (Alexandre Koyré p.56-57). Tantôt, Newton appelle ces hypothèses des règles et tantôt des propositions. Mais en fait ce sont des règles méthodologiques.

Le plus important est que ces règles correspondent à des faits qui résument les observations astronomiques par exemple. Ainsi dans les *Principia*, les règles V et IX reflètent un lien avec les observations astronomiques consignées par Copernic.

Elles s'énoncent comme suit « *Les satellites de Jupiter suivent dans leur mouvement autour de Jupiter la seconde loi de Kepler.* » « *Les cinq planètes primaires tournent autour du Soleil, et les temps périodiques de ces planètes ainsi que ceux du Soleil autour de la Terre (ou de la Terre autour du Soleil), sont liées à leur distance moyenne au Soleil par la troisième loi de Kepler* » (ibid.). Nous trouvons également un genre d'hypothèses qui se rapprochent du principe d'Ockham que Crombie regarde comme un principe de base de la méthode expérimentale moderne.

La règle I des *Principia* s'énonce comme suit « *On ne doit pas admettre plus de causes des choses naturelles que celles qui sont à la fois vraies et suffisantes pour l'explication de leur phénomène, car la nature est simple et n'est pas prodigue en causes superflues.* »

La règle II est un corollaire à la première est s'énonce comme suit : « *C'est pourquoi les causes [des effets naturels du même genre] sont les mêmes.* » (ibid.). Ces règles structurent notre examen des données empiriques comme celles des observations astronomiques de Copernic ou de Tycho Brahé ainsi que des autres phénomènes de la nature dans des domaines comme l'optique en vue d'une vérification de la théorie ou de l'hypothèse théorique.

En fait, les applications des règles newtoniennes sont très variées et complexes (mouvements des corps célestes, physique terrestre, phénomènes optiques, les marées, physique du solide, etc.). L'unification de ces domaines porte le nom de mécanique classique newtonienne. Le lien entre l'hypothèse et les données empiriques prend une signification particulière chez Newton dans la mesure où ce lien est formel et n'implique pas, dans la plupart de ses travaux, une connaissance intime de la nature du phénomène physique.

Par exemple, l'hypothèse relative à la gravitation universelle n'implique aucune conception sur la nature sous-jacente du phénomène de la gravitation. Cette difficulté d'ordre ontologique a fait couler beaucoup d'encre mais elle est d'un intérêt particulier pour la formalisation de la relation entre la théorie et l'expérience.

Cette formalisation signifie que l'hypothèse sur la gravitation s'applique à tous les phénomènes célestes par rapport à des faits empiriques précis comme l'attraction exercée par la Terre sur la Lune directement, de manière abstraite et mathématique et sans aucune référence à la nature matérielle de la force gravitationnelle.

Ce type de relation est conforme au schéma anti-holiste s'agissant de la relation entre la théorie et l'expérience et ne s'embarrasse pas des liens entre le phénomène de la gravitation et des concepts antérieurs qui peuvent être de nature occulte. Newton explique comment il a pu établir des principes comme la mobilité, l'impénétrabilité et la force des phénomènes observés qui sont loin d'être des hypothèses métaphysiques.

Si on observe bien cette méthode inductive, on peut voir de près qu'en fait l'induction qu'il propose n'est autre que l'établissement d'une concordance entre un vaste ensemble de données empiriques que sont les caractéristiques de la matière et ces hypothèses très générales comme celles relatives à la mobilité : tous les corps se meuvent par l'action d'une force. Un résumé de tous les faits empiriques liés à ce mouvement représente un principe comme celui de la mobilité. Rien n'empêche de dire qu'un tel processus exige un rapprochement entre tous les faits empiriques et ce principe général qui en est induit. Il en est de même pour sa théorie de la lumière. Là, il a observé les données empiriques (couleurs, réfrangibilité) et à partir de là l'explication du spectre de la lumière qui est un mélange hétérogène de rayons colorés a été donnée.

Newton a vraisemblablement réussi à parcourir la relation entre la théorie et l'expérience dans plusieurs sens à la fois, ce qui explique les succès de la méthode newtonienne.

A partir de la philosophie expérimentale newtonienne et la domination épistémologique de la mécanique classique, le statut philosophique de l'expérience n'a pas vraiment évolué durant la période ultérieure. Par exemple, la pensée de Kant en rapport avec l'expérience n'est pas parvenue à transcender la portée logique et épistémologique de la relation entre la théorie et l'expérience. On a vu que la physique newtonienne est basée sur cette relation. Abstraction faite des efforts de Kant en matière d'objectivation de l'expérience par des catégories *a priori*, il n'en demeure pas moins que Kant a reconnu à l'expérience, un rôle indissociable avec la raison.

Les meilleurs exemples de cette association sont les jugements synthétiques qui sont le produit de la raison théorique ou *a priori* et des jugements portant sur des faits. Parmi les domaines où les jugements synthétiques jouent un rôle majeur dans l'œuvre kantienne, il y a les mathématiques.

Il est révélateur de considérer les concepts mathématiques comme des jugements synthétiques dans la mesure où Kant fait entrer l'expérience dans le monde fermé des sciences formelles. La philosophie de Kant est très difficile à comprendre, en particulier concernant les jugements synthétiques *a priori ou a posteriori* qui ont été par la suite négligés par les philosophes.

Mais il me semble, en dépit de cet abandon, que les jugements synthétiques sont le dernier témoignage de l'empirisme traditionnel de l'âge classique dont la meilleure contribution à la pensée occidentale empirique est l'établissement de la relation entre la théorie et l'expérience.

La philosophie positiviste du Cercle de Vienne et ses limites

Nous pouvons considérer le travail tardif de Quine en matière de critique de l'analycité (dans un article célèbre ayant pour titre *Les deux dogmes de l'empirisme*) (Willard Van Orman Quine *Two Dogmas of Empiricism,* publié dans *The Philosophical Review* [1951]) comme une évolution importante dans ce sens et comme une consolidation du programme empiriste. Cet article a été écrit à un moment où la philosophie analytique du Cercle de Vienne était à son apogée. Le travail de Quine a été dévastateur pour la philosophie analytique qui a été le point de départ d'une remise en cause du rôle fondationnel de l'expérience dans la construction du savoir. Ce fut un moment paradoxal dans la mesure où cette philosophie était censée être basée sur une défense sans failles de l'empirisme.

Toutefois, cette philosophie a été marquée, en premier lieu, par un affermissement de l'analycité et du caractère formel de la logique et des mathématiques. C'est un tournant puisque cette caractéristique de la philosophie de l'empirisme logique représente une régression par rapport à la philosophie de Kant qui est basée, entre autres, sur les jugements synthétiques, c'est-à-dire des jugements associant les faits d'expériences et la raison.

Selon les empiristes logiques, ces sciences formelles ne font appel à aucune donnée de l'expérience et se manifestent uniquement par la signification des énoncés qui y sont contenus. Cette particularité est liée aux sciences du langage. Le langage à une signification propre et la philosophie du langage a connu un progrès spectaculaire.

Cette nouvelle vision a eu une conséquence importante : les empiristes logiques établissent une ligne de démarcation nette entre les sciences formelles et les sciences empiriques.

De cette manière, la relation entre la théorie et l'expérience est remise en cause. Celle-ci ne peut exister que grâce aux relations multiples entre les sciences formelles et les sciences empiriques.

Si ces relations sont rompues, la théorie devient un ensemble de propositions articulées par des relations logiques et théoriques. Les empiristes logiques insistent sur cette particularité des sciences formelles étant donné leur engouement pour le langage et pour les énoncés logiquement structurés.

Un énoncé logiquement structuré est doté de signification. De ce fait, Carnap et Schlick ont accordé aux concepts formels de la physique comme l'espace et le temps, la symétrie, les constantes physiques et la causalité une autonomie conceptuelle indépendante de l'expérience (Op. Cit. Laurent Perreau, p.137). Ce n'est pas l'expérience qui détermine la valeur cognitive de ces concepts et l'empirisme logique a entamé une rupture avec l'expérience de manière radicale. L'expérience ne devient plus avec cette philosophie un ensemble de données empiriques qui permettent de confirmer ou d'infirmer les propositions théoriques auxquelles elles sont rapprochées par des relations individualisées mais seulement des informations observationnelles isolées qui ne font plus le poids avec les concepts théoriques. Ces concepts sont non seulement formels mais sont en plus établis par un système de règles fixées par une démarche arbitraire ou conventionnelle, c'est-à-dire purement théorique.

Les informations observationnelles n'ont de signification qu'à l'aide de ces concepts théoriques qui deviennent les éléments majeurs de la science. Mais à ce niveau de la démonstration des philosophes du cercle de Vienne, on est tenté de s'interroger : comment ces derniers voient les relations entre les concepts théoriques formels et l'expérience ?

A ce propos, Carnap a inventé les règles de correspondance entre les énoncés théoriques et les informations observationnelles (Ibid.., p.143). Mais ce processus n'a pas eu le succès escompté en raison du recours tardif de Carnap à l'induction. Sa démarche est devenue par la suite très vague. Par ailleurs, ces philosophes ont eu recours au concept de vérificationnisme qui est à la base de la validation des concepts théoriques.

Là, deux groupes de philosophes se sont séparés : le premier estime que la vérification ne devient possible que si l'énoncé théorique possède une structure logique et cohérente conformément aux principes de la philosophie analytique (Ibid.., p.145-146). Quant au deuxième, il restitue les données observationnelles comme base de la vérification des énoncés théoriques. On voit ici que l'évolution tardive de la philosophie analytique a permis de reconnaître le rôle de l'expérience dans l'édification des concepts théoriques.

Un grand dissident du Cercle de Vienne, Karl Popper a mis l'accent sur cette conclusion importante en établissant une relation déductive entre les axiomes théoriques et les tests de l'expérience.

Si une théorie n'est pas testée, elle n'est pas scientifique. C'est un enseignement décisif qui démontre que Popper est le dernier plus grand empiriste de la longue aventure empirique qui a débuté dès l'âge classique pour se terminer dans les contradictions et les incertitudes de l'empirisme logique du Cercle de Vienne.

Karl Popper affirme qu'on ne peut parvenir à la vérité des théories à partir des prémisses. Selon lui, des termes comme « vérité » ne sont pas définitifs ou décisifs mais relativement à la « réfutabilité ».

Popper conclut que l'induction n'existe pas. Il est, selon lui, illusoire de croire que l'accumulation de preuves favorables à la confirmation d'une hypothèse puisse augmenter la probabilité que cette hypothèse soit « vraie ». Toute théorie, d'après lui, est confrontée au risque de la réfutation. À cet égard, il aborde le dogme expérimental sous un angle précis, celui de la « testabilité ».

Selon Popper, la science se passe de l'induction parce qu'elle ne peut pas chercher des connaissances définitives et parce que l'expérience possède un pouvoir de réfutation sur toutes ces connaissances. Un exemple est donné : une assertion « universelle » du type : « tous les corbeaux sont noirs ». Il est en fait impossible de confirmer cette assertion car il faudrait une infinité d'observations. Il suffirait, par contre, d'une seule et unique observation pour la réfuter.

Ce « faillibilisme » joue sur l'asymétrie entre vérification et réfutation (il est plus facile de réfuter que de confirmer) pour proposer une nouvelle façon de voir qui doit ainsi procéder par une suite d'éliminations successives. C'est-à-dire en formulant plusieurs théories et en réfutant ensuite certaines par l'expérience. Celles qui survivraient à ces tests, c'est-à-dire, celles qui *a priori* étaient réfutables par ces expériences et qui cependant survivent, en acquièrent une légitimité.

Mais on peut en fait contourner ce mécanisme. À l'asymétrie entre vérification et réfutation (il est plus facile de réfuter que de confirmer), on propose qu'il existe des données empiriques précises et individuelles qui confirment des hypothèses théoriques.

Comme tous les autres philosophes, Popper prend la théorie comme un tout indivisible, puisque, du fait de la réfutabilité, elle ne rencontre l'expérience qu'une seule fois et de manière globale. Il suffit, par ailleurs, d'une seule expérience défavorable pour conduire au rejet corps et bien de la théorie.

Contrairement à de cette vision, nous pensons plutôt que des hypothèses ou des axiomes sont confrontées les uns après les autres à des données empiriques précises. Cette façon de voir est importante, car Popper n'explique pas comment le processus expérimental fonctionne, bien qu'il ait conclu qu'une seule expérience défavorable est susceptible d'infirmer la théorie. Si Duhem définit la théorie fausse comme étant l'ensemble des propositions qui ne concordent pas avec les lois expérimentales, c'est-à-dire qu'il réduit le critère d'infirmation d'une théorie à une simple concordance entre tout un système de propositions prises comme un ensemble et les lois expérimentales, Popper reste, quant à lui, silencieux en ce qui concerne les modalités d'infirmation : est-ce un problème de concordance ? Est-ce autre chose ? Comment cette expérience unique pourrait-elle infirmer toute une théorie ? Avons-nous des cas concrets d'un tel processus ?

Contrairement à ce qu'affirme Popper, beaucoup de théories ont été abandonnées mais non réfutées pour des considérations, pour la plupart, d'ordre esthétique, de cohérence, de contradiction avec des théories déjà solidement établies ou pour des raisons de conformisme. On ne s'étonne nullement lorsqu'on sait que toutes ces considérations « externes » sont loin de faire l'objet d'expériences.

La théorie de Théodore Franz Éduard Kaluza (1921) proposant d'ajouter à l'espace-temps quadridimensionnel une cinquième dimension afin d'unifier dans un même appareil mathématique force électromagnétique et gravitation a été « abandonnée » mais non « réfutée », alors même qu'elle était en parfaite cohérence avec la théorie de la relativité générale.

Même si Einstein avait évoqué comme exigence supplémentaire pour la validité d'une théorie en plus de l'expérimentation le critère de la « perfection interne », l'on ne peut finalement que se résigner à l'idée que ce critère n'a pas fait ses preuves avec la théorie de Kaluza.

Cette dernière a été en dépit de sa cohérence mathématique, sa simplicité et sa séduisante architecture tout de même abandonnée mais pas infirmée. Il existe un processus par lequel les théories peuvent être abandonnées mais non infirmées.

Popper part du principe que la vérité de la proposition « tous les corbeaux sont noirs » devrait s'exprimer en termes de déductions démonstratives car sa confirmation par l'induction ou par toutes autres choses ne nous conduirait en fin de compte qu'à une régression à l'infini.

Ainsi que nous l'avons déjà fait remarquer, cette conclusion a conduit Popper à cette fameuse méthode déductive et démonstrative qui va des axiomes aux expériences.

Cette méthode admet en principe l'asymétrie entre vérifiabilité et réfutation. Toute vérifiabilité conduit à une régression à l'infini, parce que l'accumulation de preuves en faveur de la théorie ne favorise nullement la conclusion de sa confirmation, tandis que la réfutation qui traduit l'existence de faits d'expériences négatifs devrait permettre le plus souvent de conclure à la fausseté d'une théorie. En termes logiques, tout cela n'est-il pas susceptible de nous conduire au rejet du principe du tiers exclu dans la mesure où si l'on admet les conclusions de Popper on devrait absolument énoncer que « toute théorie n'est ni vraie ni fausse avant la réfutation par faits d'expériences négatifs ?

Il est en effet possible d'admettre un tel résultat, mais celui-ci est susceptible de ruiner la démonstration de Popper elle-même, dans la mesure où il nous est loisible de penser qu'il est toujours possible que l'axiome soit *a priori* vrai ou faux et que seule notre ignorance *a priori* au moment où on établit l'axiome qu'il puisse exister des faits d'expérience négatifs nous empêche de « trancher » la question de savoir si l'axiome est faux ou satisfaisant (en vertu d'une accumulation de preuves en sa faveur) bien qu'on puisse dans l'absolu supposer la théorie comme vraie ou fausse avant même de procéder aux expériences. La base de ce raisonnement est que la vérité est une « chose prédéterminée ». Il serait illusoire de penser qu'elle est « surdéterminée » par l'expérience, et cela en faveur de trois postulats – le postulat que toute « expérimentation » prise individuellement en dehors de toute économie théorique est faillible à l'erreur – le postulat que la « vérité » de l'expérience est admise *ex-post* par rapport à la théorie (l'expérience vient souvent après la théorie) – le postulat qu'il existe toujours une expérience cruciale.

Nous réhabilitant l'existence individuelle d'expériences cruciales et non plus de « lois expérimentales » ou de méthode expérimentale.

Kant pouvait parfaitement comprendre la notion d'*a priori,* et c'est pourquoi nous pouvons affirmer sans broncher que la vérité est toujours *a priori,* que la vérité « présumée » de l'expérience est toujours *a posteriori.*

S'il existe un mérite à tirer ce genre de conclusions, c'est justement pour démontrer qu'il est pratiquement impossible d'éliminer le « raisonnement logique », celui qui prend toujours comme références la vérité et la fausseté dans l'évaluation de la relation entre la théorie et l'expérience.

Concédons néanmoins à Popper le mérite d'avoir abordé la question en faveur d'une approche déductive néoclassique. Mais il n'a pas résolu entièrement le problème de l'induction car la méthode déductive qu'il a employée, c'est-à-dire une méthode qui suggère le « passage des axiomes aux expériences » sous l'angle de la réfutation de toute théorie scientifique, ne permet pas de détruire l'induction à partir d'une critique de son fondement logique ni même d'affranchir totalement l'expérience de l'induction qui n'est possible que grâce à une démonstration sur l'homothétie complète entre une seule proposition vraie et un fait d'expérience univoque et crucial.

La deuxième grande difficulté esquissée en haut et qui renvoie au fondement logique de l'induction est une autre des grandes faiblesses de l'approche de Popper.

En effet, avant de rejeter définitivement l'induction, il est nécessaire de détruire ses fondements logiques, ce en quoi il conviendrait d'abord de voir sur quoi reposerait en fin de compte ce fameux principe d'induction : à cet effet, on peut résumer toutes les approches philosophiques et logiques de justification de ce principe sur la « nécessité causale » en tant que loi de succession des phénomènes ou faits de la nature.

Cette nécessité causale fut énoncée par beaucoup de philosophes comme Hume (ce dernier l'appelle nécessité) et Kant (qui la considère comme une catégorie *a priori* par excellence incontournable pour pouvoir considérer les objets dans l'espace et le temps).

Mais cela nous a conduit au point où nous avions laissé la philosophie de la réfutabilité de Popper développer ses contradictions : il existe des expériences cruciales qui confirment et valident des propositions vraies et univoques constituantes des théories a *contrario* de la seule expérience au moins qui pourrait l'infirmer. Il n'existe pas d'asymétrie entre réfutabilité et vérifiabilité parce qu'aucune théorie ne peut prendre le risque d'une telle instabilité. D'un autre côté, Popper ne nous éclaire pas sur ce que pourrait être cette infirmation, au-delà de ce terme instrumentaliste de « test ».

Un test est un terme qui désigne beaucoup de choses (conditions de préparation de l'expérience, efficacité des instruments et des appareillages, précision de la mesure, précision de l'observation, isolement du phénomène observé, stabilité des appareils de mesure). La testabilité contient un grain de sable instrumentaliste qui est contraire à la logique théorique. Une théorie, c'est quelque chose de plus qu'une hypothèse testable.

Aucun chercheur n'aurait pris le risque d'aller aussi loin sans savoir à l'avance où ces recherches pourraient le mener. Il existe toujours un « réalisme » au sein des théories scientifiques, un réalisme qui permet de conjecturer sur ce que les phénomènes peuvent cacher en réalité. La proposition théorique projette sur la réalité et non seulement sur des conséquences expérimentalement testables.

Par ailleurs, nous avions compris que l'expérience est indivisible de la proposition théorique, parce que l'expérience ne peut se prémunir dans l'absolu et en toute épreuve contre l'erreur. L'erreur est un concept vis-à-vis duquel l'expérience est très fragile.

Elle est fragile face à l'« impitoyable numérologie des faits », au caractère statistique et probable des résultats expérimentaux. Popper reste dans un schéma purement déductif (passage des axiomes en *ex ante* aux expériences en *ex post*) assez trompeur.

Il n'existe jamais d'expériences isolées pouvant prétendre infirmer une théorie entière, car il faudrait parcourir une infinité d'expériences pouvant ne pas concorder avec elle (le silence de Popper sur le processus devant conduire à l'infirmation est révélateur de cette situation logique). En revanche, une hypothèse théorique unique peut être infirmée ou confirmée par une donnée empirique ou un ensemble cohérent de faits empiriques.

Par ailleurs, il existe une complexité expérimentale (système d'expériences, expériences de pensée, expériences générales représentatives d'une multitude d'expériences assez nombreuses en mécanique quantique, par exemple « expérience du passage des électrons à travers des fentes de Young » qui peut se traduire par plusieurs modalités de confirmation ou d'infirmation. Nous pouvons examiner les différents problèmes épistémologiques liés à la concordance, la non-concordance, l'explication, la prédiction, la dérivation d'autres expériences ou d'autres théories et qui ne se prêtent jamais au réductionnisme de Popper quant à la seule expérience pouvant conduire à l'infirmation.

Popper devait prouver que dans chaque processus expérimental, il y a toujours déduction à partir des axiomes jusqu'aux expériences. C'est-à-dire que chaque théorie doit obéir à un schéma vertical purement déductif.

Or, pour ne prendre qu'un seul exemple, les nombreuses expériences conçues en vue de confirmer l'existence de l'éther (notamment les expériences précises de Michelson Morley) n'ont jamais pu trancher, tester (pour prendre un terme poppérien) ou confirmer la validité de la théorie de l'éther. Cette théorie n'était pas falsifiable puisque tous les tests étaient impuissants, aussi bien pour prouver son existence que pour la réfuter. C'est plutôt grâce à une théorie (la théorie de la relativité) que les physiciens se sont résignés à l'abandonner. Cette théorie fut abandonnée, elle fut même complètement détruite, mais seulement et exclusivement grâce à une autre théorie. Il n'y eut pas de processus déductif, ni possibilité de réfutation. Rien ne pouvait distinguer la théorie de l'éther d'une élucubration purement métaphysique insondable.

L'éther est resté durant des siècles dans un état branlant de spéculation métaphysique. Voilà un exemple vivant d'une théorie infalsifiable. Au nom de quoi Popper pouvait affirmer que l'induction n'existe pas ? Si on ne passe plus d'une théorie à une expérience, mais d'une théorie à une autre théorie, n'y aurait-il donc pas d'induction dans ce cas ? Cette question mérite un examen qui dépasse le cadre de ce chapitre. Rappelons, par ailleurs, que selon la réfutabilité, il est plus facile de réfuter que de confirmer.

Comment alors pourrait-on apprécier à sa juste valeur l'expérience d'Alain Aspect (1982) qui mit fin au débat entre les tenants de l'école de Copenhague et les réalistes (Einstein) sur la théorie des variables cachées ?

Bien que cette expérience infirma, avec brio, la théorie des variables cachées d'Einstein, elle confirma en même temps la théorie sur l'inséparabilité quantique dont la proposition vraie est la suivante : « la mécanique quantique implique que deux particules (produit d'une désintégration d'une particule par exemple) s'éloignant dans deux directions opposées sur une ligne droite restent en contact, c'est-à-dire que le comportement de chacune est corrélé au comportement de l'autre, quelle que soit leur distance, même si elles ne sont plus reliées de manière causale ».

Cette proposition contredit le principe de localité d'une particule donnée puisqu'elle ne tient pas compte de la vitesse de propagation de l'information entre les deux particules (qui ne doit pas dépasser en principe la vitesse de la lumière).

L'on remarque aisément qu'il ne s'agit pas ici d'autres propositions vraies contenues dans la mécanique quantique (comme par exemple les propositions sur les relations d'incertitude, sur la superposition, sur les états discrets des raies spectrales du rayonnement émis par un atome excité...). Il est donc indubitable que l'expérience d'Alain Aspect, bien qu'infirmant la théorie des variables cachées (théorie alternative proposée pour tenir compte de l'inséparabilité quantique) confirma, du même coup, la proposition vraie précitée qui est constitutive de la théorie sur l'inséparabilité quantique. Même si l'expérience d'Aspect n'est pas totalement décisive, la plupart des théoriciens pensent aujourd'hui qu'il est très improbable que ses résultats soient contredits par des expériences ultérieures.

La théorie des variables cachées d'Albert Einstein semble avoir été irrémédiablement remise en cause. L'asymétrie entre réfutabilité et vérifiabilité a des limites. Il existe dans certains cas une symétrie entre réfutabilité et vérifiabilité, c'est-à-dire qu'il est parfois possible qu'une expérience infirme et confirme en même temps deux théories concurrentes. Le pouvoir épistémologique de l'expérience est ainsi démontré et va au-delà des atermoiements des philosophes sur la relation entre la théorie et l'expérience.

Il ressort de cette petite histoire où on parcourt le discours sur la science que c'est la relation entre la théorie et l'expérience qui a préoccupé les philosophes depuis l'âge classique et ce discours n'a pas été tranché jusqu'à aujourd'hui.

L'une des dernières tentatives qu'on peut considérer comme empiristes est le réalisme des entités de Ian Hacking et de Nancy Cartwright qui considèrent l'expérience comme le fondement de la science parce qu'elle permet précisément de manipuler les entités prévues par les théories. Cette manipulation est la meilleure preuve de leur réalité. Cela signifie-t-il que l'avenir de la théorie est sombre ? La réponse réside peut-être dans le poids de la métaphysique dans les sciences aujourd'hui.

Dès lors que nous ne savons plus ce que sont les électrons, les protons et les champs quantiques, et dans la mesure où des philosophes comme Thomas Kuhn disent que les théories ne sont pas comparables (les théories sont incommensurables selon sa définition), la métaphysique est condamnée parce qu'elle ne peut plus reposer sur des théories fiables. Mais ne pressons pas le pas ! Sans opter pour une telle conclusion, il convient juste de conclure que le discours sur la science concernant ses fondements (la théorie ou l'expérience) est de nature métaphysique et il n'a pas été tranché.

Les buts de la science

Abordons maintenant les buts de la science. On remarque d'emblée qu'il y a une diversité des courants de pensée sous-jacents à cette discipline qui sont irréductibles les uns aux autres et qui couvre ce qu'on appelle l'histoire des sciences. L'histoire des sciences n'est pas une discipline éloignée de la philosophie des sciences. Elle forme l'une de ses composantes. La dimension historique dans la philosophie des sciences est quelque de chose de vraiment consacré.

Mais malgré la perspicacité de certains travaux à travers lesquels certains historiens des sciences (comme Alexandre Koyré) se sont efforcés de restituer la pensée scientifique à son état d'origine et qui ont permis de ne plus voir dans l'évolution de la science un simple processus cumulatif permettant la collection des faits et des découvertes, l'histoire des sciences ne repose plus sur un contenu logiquement cohérent. Cette rupture a incité certains philosophes à une ultime tentative pour rétablir cette relation entre la théorie et l'histoire et retrouver le « chaînon manquant » (Thomas Kuhn).

Mais ces tentatives ont malheureusement abouti à des développements plutôt exotiques et ésotériques ayant trait à la sociologie des sciences et au relativisme.

Certains historiens des sciences ont cherché à comparer les découvertes de penseurs comme Copernic et Galilée à celles de leurs prédécesseurs, leurs contemporains et leurs successeurs. Malgré sa légitimité et son caractère novateur, cette pratique de l'histoire des sciences s'est inexorablement isolée de la philosophie des sciences. Ces travaux cherchent les origines de la science moderne, celles qu'on attribue à Copernic et à Galilée, dans les idées philosophiques et ésotériques qui remontent aux anciens Grecs.

Les exemples les plus intéressants nous ont été donnés par Alexandre Koyré dans sa fameuse analyse de l'influence de Platon sur Galilée (Koyré Alexandre, p. 400-428), une influence réductible aux mathématiques et à la géométrisation de l'espace.

D'autres ont tenté de trouver les fondements métaphysiques qui ont permis à Copernic de prétendre qu'il est légitime de supposer que la Terre n'est point le centre de référence en astronomie, contrecarrant ainsi le solide système aristotélicien. Parmi la littérature sur le sujet, l'analyse la plus explicite et la plus synthétique nous est donnée par Edwin A. Burt (1892-1989). Ce dernier explique ce pas décisif de l'astronomie moderne par une certaine renaissance du pythagorisme. Ce courant philosophique est un élément puissant du néo-platonisme, lequel est une synthèse opérée dès le début du Moyen Âge entre la philosophie grecque d'obédience platonicienne et la théologie chrétienne (E.A. Burt, [1954], p.52-56).

Les tenants de ce courant philosophique ont tendance à expliquer leurs doctrines d'émanation et d'évolution grâce aux nombres partant de la prémisse essentielle contenue dans le *Parménide* de Platon, selon laquelle la pluralité dans le Monde découle de l'unité par l'entremise d'un processus mathématique. L'autre ouvrage qui reflète l'influence du pythagorisme sur la pensée de Platon est le *Timée,* qui sera connu en Occident dès l'an 1000. Malgré l'influence prépondérante de l'aristotélisme sur la pensée médiévale qui s'est fait sentir surtout au XIIIe siècle, suite à la diffusion des œuvres d'Aristote en Occident, le platonisme pythagoricien est demeuré vivace jusqu'à la fin du Moyen Âge, ce qui explique l'intérêt pour les mathématiques chez des penseurs comme Roger Bacon, Nicolas de Cues, Léonard de Vinci et Giordano Bruno.

On voit aussi apparaître un regain d'intérêt pour le platonisme au Ve et VIe siècles, notamment en Italie.

Une Académie est fondée par les Médicis à Florence grâce à laquelle le platonisme pythagoricien connaîtra un grand essor. Les meilleurs représentants en sont Bessarion, Marsile Ficin et Jean Pic de la Mirandole (Ibid..).

Tous préconisaient une interprétation mathématique du Monde. L'autre centre de diffusion du platonisme en Italie durant la Renaissance fut l'université de Bologne dont le plus illustre professeur sera Dominici Maria de Novara, qui fut l'ami et le maître de Copernic au cours des six années qu'il passa en Italie (Ibid..).

Selon Burtt, c'est à cette époque que le savant polonais aurait adopté le pythagorisme. Il aurait également pris connaissance des faiblesses du système de Ptolémée, étant donné que certaines observations effectuées à l'époque ne concordaient pas avec les déductions obtenues par ce système.

De plus, il aurait appris, grâce à son ami et mentor, que ce système astronomique compliqué contredisait l'un des postulats les plus fondamentaux du platonisme-pythagorisme, celui qui consiste à voir l'Univers comme ordonné suivant une harmonie mathématique.

Malgré sa finesse, cette hypothèse n'est pas entièrement fondée. D'abord, rien ne justifie que l'astronomie de Copernic repose entièrement sur une ontologie mathématique. Si tel était le cas, alors ce système ne répondait point aux préoccupations du physicien qui souhaitait sauver les mouvements des astres, c'est-à-dire connaître les corps de l'Univers qui sont en repos et ceux qui se meuvent réellement. La seule dynamique connue à l'époque est celle d'Aristote et elle suppose la terre fixe et située au centre de l'Univers. C'est parce que l'hypothèse astronomique d'Aristarque de Samos, hypothèse très proche de celle de Copernic, ne disposait d'aucune dynamique autre que celle d'Aristote, qu'elle fut abandonnée par les astronomes grecs. En plus de cette incapacité à percer la réalité des mouvements des corps célestes, le système héliocentrique d'Aristarque n'était pas en mesure d'élaborer une théorie permettant de calculer d'avance, et avec précision, les mouvements apparents des astres errants. Chose devenue possible avec l'astronomie des épicycles et des excentriques conçue par Ptolémée.

En cette matière, même le système héliocentrique de Copernic n'était pas supérieur au système géocentrique de Ptolémée.

L'astronomie de Copernic ne pouvait donc pas se limiter à une simple philosophie mathématique, quand bien même cette philosophie des nombres remonte aux Pythagoriciens de la Grande-Grèce (Italie du Sud). Si on peut évoquer une quelconque fécondité de la philosophie mathématique, ou à proprement parler géométrique, celle qui tend à soumettre le Monde céleste aux lois des nombres et des figures, cela nous conduirait inexorablement à voir en elle l'une des raisons et pas des moindres, de l'apparition de l'astronomie géométrique. Ce type d'astronomie, qui connaîtra un grand essor en Grèce mais aussi dans les pays d'Islam au Moyen Âge, devait précisément favoriser le développement des systèmes d'Eudoxe, de Callipe et, dans son aboutissement final, celui de Ptolémée.

Malgré leur grande ingéniosité, ces systèmes se dressaient comme de sérieux obstacles au développement de la science astronomique moderne – pas seulement celle de Copernic mais aussi celle de Kepler (ce dernier rompit définitivement avec ce type d'astronomie, lorsqu'il substitua au concept de cercle parfait, le concept d'ellipse, afin d'expliquer le mouvement réel des planètes autour du Soleil).

Par ailleurs, en l'état actuel de nos connaissances des textes anciens, notamment du *Timée* de Platon (Timée étant un pythagoricien) et de la *Vie des grands Philosophes* de Diogène de Laërte, il est admis que Pythagore développa sa propre hypothèse astronomique, laquelle, est irréductible au système héliocentrique. Hormis sa découverte importante de la loi du mouvement du Soleil (celle des deux rotations, la première s'accomplit d'orient en occident et décrit sur la sphère céleste un cercle parallèle à l'équateur. La seconde s'accomplit en un an d'occident en orient autour des pôles de l'écliptique), il enseignait que la terre est sphérique et qu'elle est immobile au centre du Monde. Les successeurs de Pythagore à l'École d'Italie ont développé des systèmes astronomiques plus radicaux dont l'essence ne rappelle en rien la simplicité physique et réaliste du système héliocentrique et ce, bien qu'ils s'appuient tous sur l'harmonie des nombres.

Philolaüs, par exemple, qui avait rédigé un traité, *De la Nature,* dans lequel il exposait les doctrines pythagoriciennes croyait profondément aux idées professées par Pythagore sur les nombres. Dans un fragment de son ouvrage conservé par Jamblique, il énonce que « les nombres sont la cause permanente de ce qui arrive dans le Monde » (Duhem [1913] p.12).

Il place au centre de la sphère céleste un feu qu'il appelle foyer de l'Univers et dans lequel réside le principe du commandement (ibid. p.13). Le choix du feu dénote selon Aristote une référence à la substance la plus noble. Philolaüs admettait également l'existence d'un autre feu suprême entourant le Monde (ibid. p.14). L'espace compris entre le feu central et le feu du Monde était partagé par trois domaines concentriques – la région la plus voisine du feu du Monde contient des éléments de pureté parfaite dont sont composés les étoiles fixes (ibid.). Au-dessous, s'étend le Monde avec les cinq planètes, le Soleil et la Lune ; ces astres tournent autour du feu central. Au-dessous du Monde, il y a ce que Philolaüs appelle le Ciel. En cette région se trouvent les choses soumises à la génération et à la corruption (ibid.)

Ce système rappelle le Monde d'Aristote qui est basé sur une opposition radicale entre le cinquième élément céleste de pureté parfaite et éternelle composant les astres au-dessus de la Lune et les quatre éléments terrestres situés dans la région sublunaire qui eux sont corruptibles.

On peut même suggérer sans trop d'arbitraire que le système cosmologique de Philolaüs est celui qu'Aristote adopta des Pythagoriciens avec quelques modifications. En voit déjà là la durabilité et la puissance du système séparant cieux et terre selon une ontologie distinguant nettement la substance céleste de la substance terrestre.

C'est cette doctrine qui forme le *deus ex machina* de la physique d'Aristote, et c'est elle qui a été le plus grand obstacle au développement du système copernicien dans la mesure où elle est irréductible au concept réaliste qui consiste à voir dans les planètes des astres de même nature que la Terre, et qui est l'essence même de l'astronomie copernicienne. Mais pour que ce concept puisse advenir, il fallait détruire la physique d'Aristote.

L'intérêt d'une telle digression est de montrer que les travaux historicistes de ce type ou de n'importe quel autre type narratif qui soit qui ne reposent pas sur un fondement philosophique et épistémologique précis sont inexorablement condamnés. Ils ne peuvent également réduire les théories de Galilée et de Copernic à des idées philosophiques fort anciennes comme si ces dernières étaient des concepts précis et bien définis.

Il est manifestement difficile de définir et de comprendre aussi bien les mathématiques de Platon que le Pythagorisme, doctrine toute ésotérique. Alors de là, prétendre suivre de près leur rôle dans l'édification des idées scientifiques modernes, c'est indubitablement un défi insurmontable.

On peut classer les courants de pensée en histoire des sciences en quatre catégories en fonction de leurs buts ultimes, mais aussi de leur vision du monde. La première catégorie pourrait être nommée « universaliste » parce qu'elle réduit les buts et les progrès de la science à des considérations d'ordre finaliste, métaphysique et fondationnel.

Il y eut, au tout début de la philosophie moderne, un mouvement d'obédience conservatrice ou objectiviste qui considère la science comme un processus d'objectivation de la nature à travers l'élaboration des théories inductives et non à travers la simple observation des phénomènes. Ces théories sont ensuite testées par l'expérimentation (Emmanuel Kant, William Whewell). Cette manière de penser les débuts de la science explique comment celle-ci est parvenue à affranchir l'esprit humain de la superstition, de la magie, de la sorcellerie et de l'alchimie. C'est pourquoi, ce courant de pensée situe ses débuts aux grandes découvertes de Copernic, de Galilée et de Newton, des découvertes qui ont marqué la rupture avec la vision traditionnelle du Monde héritée de l'Église médiévale.

Le deuxième courant de pensée universaliste a été fondé par Alfred North Whitehead, qui, dans son célèbre ouvrage *Science and the Modern World* (1926), considère la science comme un moyen de révéler l'œuvre du Divin dans les phénomènes de la Nature (Whitehead [1967] p. 1-18.25). La foi en l'existence d'un ordre de la Nature et dans la Raison, qui sont des dons du Créateur et qui peuvent affranchir l'esprit humain de l'arbitraire, sont selon lui les puissantes forces qui sont à l'origine de la science. En l'absence de ces puissantes forces, le monde et la nature ne seraient qu'un chaos de phénomènes fragmentaires et inintelligibles (Ibid.). C'est pour cette raison qu'il attribue à l'Église catholique un rôle important dans le mûrissement des idées scientifiques.

À ces deux courants de pensée, s'ajoute un courant rationaliste d'obédience marxiste qui explique la science comme le résultat de l'interaction des forces sociales qui incitent à la production des techniques et de la technologie comme des moyens pour dominer la Nature.

La domination de la Nature reflète les intérêts des classes dominantes au sein des sociétés durant les différentes périodes historiques. Le meilleur représentant de ce courant de pensée est J. D. Bernal qui situe l'origine de la science à la naissance du capitalisme. Selon cet auteur, l'émergence de ce système de production et d'échange s'est accompagnée du développement de l'expérimentation et du calcul comme nouvelles méthodes de la science naturelle. (Bernal J. D., [1954] p. 379). Les deux mouvements sont interdépendants. La transformation révolutionnaire des techniques a favorisé le développement de la science. Celle-ci a entraîné, à son tour, un essor rapide des techniques (ibid.).

L'effet combiné de ces deux phénomènes qui a été favorisé par les intérêts des classes dominantes durant le XVIe siècle a abouti finalement à la formation du complexe militaro-industriel.

Le dernier courant de pensée qui représente le couronnement des efforts de toute une génération d'historiens des sciences, a été inauguré par Thomas Kuhn qui, dans son livre célèbre *The Structure of Scientific Revolutions,* suggère la transition cyclique entre science normale et la crise puis à une autre science normale par le biais d'une « révolution », du fait qu'il est indirectement postulé une certaine irréversibilité du progrès scientifique, lequel ne peut agir sans l'apparition d'anomalies au sein des théories établies. La philosophie des sciences c'est une réponse à des questions sur la science.

La genèse de la science moderne ne peut se contenter d'influences mystérieuses et lointaines. Elle ne peut obéir qu'à un mécanisme fort complexe et systématique de migration et d'échange d'idées entre des théories scientifiques anciennes et nouvelles ou concurrentes et contemporaines. C'est une véritable migration de concepts, même si dans ce vaste commerce des idées, des influences et des moments décisifs peuvent parfois se produire.

Une nouvelle façon de voir l'évolution scientifique

Ainsi, le discours sur la science doit impérativement mettre fin à la fragmentation des approches et des courants de pensée en établissant un pont entre les théories scientifiques et l'histoire de la science.

Une fois qu'une structure des théories scientifiques sera esquissée dans ces grandes lignes, elle devient un puissant « paradigme » permettant de mieux comprendre la genèse et l'évolution de la science.

Un pont pourrait ainsi être jeté entre la structure de la théorie scientifique et l'histoire de la science qui gagnerait à être plus légitime qu'une séparation anachronique entre ces deux domaines pourtant étroitement liés. Cette séparation est de surcroit entretenue par la distinction, largement répandue chez les philosophes des sciences, entre « contexte de découverte » et « contexte de justification ». C'est par un détour imprévu que ce pont a été établi, mais il n'en demeure pas moins qu'il est d'une grande fécondité épistémologique et historiciste qui contraste avec l'isolement et le caractère fragmentaire de l'histoire des sciences dans son état actuel.

Discipline singulièrement complexe et diversifiée, la philosophie des sciences émet des questionnements qui portent sur tous les domaines de la connaissance scientifique de façon générale – et sur les sciences physiques, de façon particulière.

Par exemple : le progrès scientifique est-il continu ? Ou bien alors est-il affecté par des discontinuités[4]? Les connaissances scientifiques procèdent-elles par induction ou par déduction ? Les entités prévues par les théories sont-elles réelles ou tout juste hypothétiques (représentation physico-mathématique) ? Les objets mathématiques sont-ils réels ou bien de simples symboles abstraits ?

Il serait intéressant de prendre le contrepied de ce genre de questionnement coutumier, en préférant poser d'autres questions, dont l'intérêt est significativement plus fondamental pour la science : Quelle est la structure d'une théorie scientifique ?

---

[4] La plus célèbre est la déduction des axiomes grâce aux expériences (Karl Popper).

Peut-on identifier les composantes les plus pertinentes d'une théorie scientifique comme étant des propositions ? Et, à partir de là, les théories scientifiques peuvent-elles être divisées en propositions indépendantes ?

L'idée de la divisibilité – séparabilité – des théories scientifiques qui pourrait être au cœur du discours sur la science appréhende la théorie comme un assortiment de propositions qui, à l'égard du statut de la vérité et de l'expérience, se présentent différemment sur le plan épistémologique.

Car, au sein de tout dispositif théorique, il n'est en réalité qu'une seule et unique proposition *vraie*. Mais celle-ci est juxtaposée parmi d'autres propositions, dont chacune est soit nécessaire – ni vraie ni fausse –, soit anthropomorphique– due à une influence d'ordre extrascientifique–, soit carrément fausse – résultant involontairement du processus d'édification de la théorie –, soit enfin, *chose d'importance cruciale,* une proposition d'ordre expérimental appelée à affronter seule la pierre de touche de l'expérience.

Toutes ces propositions cohabitent dans une théorie, et il n'y a aucune relation logique entre elles. La seule relation qui existe est celle que j'appelle « transduction », qui agit entre la proposition expérimentale et le dispositif expérimental.

Quant à la proposition vraie, elle se forme de manière spontanée par le simple déploiement de l'imagination et de l'intuition (c'est l'un des enseignements d'Einstein dont la perspicacité intellectuelle se manifeste une fois encore).

Cette façon de voir s'oppose à la vision classique en philosophie des sciences.

Jusqu'à maintenant les philosophes, quelles que soient leurs tendances (réalistes, idéalistes ou analytiques), supposent que la théorie scientifique est un système homogène et un ensemble de propositions liées par des relations logico-déductives qui peuvent être confrontées à l'expérience, une à une, ou de manière globale, en termes de confirmation (approche classique, Pierre Duhem, Émile Meyerson) ou de réfutabilité/testabilité (approche de Karl Popper).

Elle remet également en cause la distinction, largement répandue aujourd'hui en philosophie des sciences, entre contexte de découverte et contexte de justification puisqu'une bonne partie des propositions théoriques (notamment les propositions nécessaires) mettent en évidence le rôle des causes externes qui peuvent même êtres extrascientifiques dans l'édification des théories scientifiques.

Cet état de fait est le résultat de la genèse de la pensée scientifique, lequel pourrait nous permettre de comprendre l'évolution de la science comme la conséquence de la transmigration des propositions entre les théories scientifiques. Nous pouvons nous livrer à une analyse historique d'une telle transmigration à travers l'examen d'exemples typiques comme celui de la révolution copernicienne. Dans un livre dédié à cette question[5], nous sommes arrivés à la conclusion que le terme révolution est un mythe largement consommé parmi les historiens et philosophes des sciences.

La divisibilité des théories scientifiques et la transmigration de leurs composantes entre les théories scientifiques anciennes et nouvelles peuvent être déduites des enseignements décisifs de l'histoire de la philosophie, de la logique, de la physique théorique et de l'histoire de la science physique.

- Les civilisations et cultures anciennes ont été bâties sur une vision intime des hétérogénéités qui existent dans la nature et des différences qui existent entre les choses du monde. La mythologie et les religions des anciens Égyptiens et des Chinois reflètent cette hétérogénéité des concepts. Les Grecs furent les premiers à concevoir des systèmes philosophiques homogènes et unifiés. C'est ainsi qu'on peut parler d'aristotélisme et de platonisme, et c'est aussi de cette manière que l'induction est apparue dans la pensée scientifique et philosophique.

L'exagération de cette systématisation des concepts a occulté la véritable nature des concepts intellectuels : leur séparabilité et leur ontologie singulière. Même si des liens peuvent exister de part et d'autre dans la pensée humaine, il ne faudrait pas systématiser ces liens. De toutes les manières, l'induction n'existe pas.

- Au lieu de se limiter à poser des questions à la nature, il faudrait également poser des questions aux théories. À partir de là, les réponses à ces questions peuvent se formuler en un certain type de phrases et de jugements que nous appelons propositions. Les propositions sont des affirmations sur le monde.

---

[5] *Les statuts de la Vérité. Essai sur la Divisibilité des théories scientifiques* Librairie de Philosophie et de Soufisme, Alger 2015.

Ce sont donc des vérités. Mais dans la connaissance scientifique, il n'y a pas seulement des vérités, il y a également des nécessités.

Cette méthode « programmatique » permet aux théories de nous dire beaucoup plus de choses que ce qu'il ressort de leur contenu épistémique et mathématique. Par exemple, la théorie de Copernic contient une proposition importante qui n'a pas été jusqu'à présent appréciée à sa juste valeur et qui marque véritablement la rupture avec le système aristotélicien. Il s'agit de la proposition sur « la pluralité des mondes ». Cette proposition énonce que la Terre est composée de la même matière que les autres astres.

- Le théorème métamathématique d'incomplétude de Kurt Gödel qui met en évidence l'existence d'énoncés indécidables (ni vrais, ni faux) dans des systèmes contenant l'arithmétique permet de révéler l'existence de propositions nécessaires contenues dans les théories scientifiques. Les propositions nécessaires, que nous appelons aussi propositions « anthropomorphiques », sont des propositions qui ne sont ni vraies, ni fausses, mais qui ont une valeur intrinsèque pour les théories. Elles ont pour origine la propension de l'homme, dans sa réflexion et dans sa contemplation de l'univers, à se projeter sur la nature. Une telle attitude est une survivance atavique de la pensée de la Renaissance en Europe, une pensée qui a jeté les germes de la science moderne.

Le théorème de Gödel permet également de ne plus voir dans les inférences déductives une base logique consistante et fondationnelle pour les théories.

- L'enseignement philosophique de la mécanique quantique se rapportant à la non-causalité (école de Copenhague) incite à une remise en cause des relations épistémologiques entre les propositions dont sont composées les théories scientifiques.

Plus profondément encore, il existe une manière de résoudre les paradoxes qu'entraîne l'interprétation philosophique des phénomènes quantiques, comme les relations d'incertitude, la dualité onde-particule et même le principe de complémentarité de Bohr en recourant au « paradigme » de la séparabilité/divisibilité des théories de la mécanique quantique, une séparabilité qui permet la coexistence et la juxtaposition entre des concepts *a priori* irréductibles les uns aux autres (représentations de la mécanique quantique-représentations de la mécanique classique, concept d'onde-concept de particule, etc.).

Il n'est pas possible de reprocher à ce paradigme de ne plus tenir compte de la réalité objective et de se contenter d'étudier la « littérature théorique », puisque l'interprétation de Copenhague a déjà renoncé à cette réalité.

- L'équivalence épistémologique parfaite entre une proposition heuristique est individuelle, comme : « Il a neigé sur l'île de Manhattan en l'An I de notre ère » et des propositions universelles vraies, comme : « Le champ gravitationnel du Soleil est une courbure de l'espace-temps », proposition clé de la relativité générale, et : « C'est le Soleil et non la Terre qui est situé au centre du système solaire » principale proposition de la théorie de Copernic. Cette équivalence qui est loin d'être intuitive et facile à comprendre pour un philosophe très attaché à la valeur inductive de la science, s'affirme grâce au postulat selon lequel il n'y a qu'une seule proposition vraie dans une théorie et cette proposition est singulière et individuelle.

-La séparabilité des propositions contenues dans une théorie et son corollaire, la divisibilité des théories scientifiques, permettent de résoudre l'épineux problème de la connaissance *a priori* et des propositions synthétiques *a priori* de la philosophie de Kant, dont l'exemple le plus frappant est la géométrie euclidienne.

Le développement de la géométrie non euclidienne par Lobatchevski et d'autres savants ont semé le doute sur la valeur de la géométrie euclidienne dans la description de l'espace physique réel.

L'apparition de la théorie de la relativité générale qui s'appuie sur une géométrie elliptique de version riemannienne a remis en cause la valeur de la géométrie euclidienne dans la description *a priori* de l'espace physique.

Einstein a rapproché la structure du champ gravitationnel de la structure de l'espace lui-même (espace-temps de Minkowski) en le décrivant comme courbé, et cette courbure de l'espace varie selon lui en fonction de la concentration de la matière dans des points précis de cet espace. De cette manière, la géométrie euclidienne n'est plus valide comme vérité connaissable *a priori* concernant le monde physique, ce qui bouleverse le rationalisme.

Toutefois, certains philosophes des sciences animés peut-être par le souci de sauver le rationalisme et s'appuyant sur la rigueur des tests empiriques de la théorie de la relativité générale, remettent en cause l'identification du champ gravitationnel à la structure de l'espace physique, en suggérant que l'observation de la déviation des rayons lumineux en présence d'un puissant champ gravitationnel peut s'expliquer par l'existence de forces dites « universelles »[6] et non par la courbure de l'espace physique. Une telle explication s'accommode d'un espace euclidien plat.

Afin de résoudre ce problème provoqué par le bouleversement de la géométrie de l'espace physique à la lumière de la géométrie non euclidienne et de la théorie de la relativité générale, des philosophes ont considéré que le problème réside en fait dans la difficulté de trouver une base rationnelle permettant de choisir entre des théories qui ne peuvent être empiriquement distinguées (Lawrence Sklar [1976], p. 98-101). Poincaré considère que cette base rationnelle n'est autre qu'une convention qui relève de considérations comme la simplicité. Reichenbach à travers un positivisme empirique affirme que la théorie de la relativité générale basée sur une description non euclidienne de l'espace physique et la théorie des forces « universelles » s'accommodant d'un espace euclidien, ne sont pas deux théories distinctes mais plutôt deux manières de formuler une même théorie.

D'autres philosophes sont réduits à reconnaître la non-existence de base rationnelle, ce qui conduit au scepticisme et à l'ignorance concernant la véritable géométrie de l'espace physique.

En utilisant promptement le concept de la séparabilité des propositions dans une théorie physique, nous pouvons résoudre ce problème difficile car on doit reconnaître que ces trois approches sont inconsistantes aussi bien sur le plan épistémologique qu'empirique.

Au lieu de considérer que la théorie de la relativité générale remet en cause la géométrie euclidienne, il est plus raisonnable de considérer que les propositions qui sont en cause dans la géométrie euclidienne (disons par exemple le postulat des parallèles dont le problème de déductibilité au sein de l'axiomatique euclidienne provoquât l'apparition des géométries non euclidiennes), la proposition sur la courbature de l'espace dans la géométrie non euclidienne de type riemannien, la proposition de la théorie de la

[6] Qui dépendent de la concentration de la matière dans un espace donné.

relativité générale sur la courbure de l'espace-temps (espace de Minkowski) à proximité d'un puissant champ gravitationnel ainsi que la « proposition expérimentale » sur l'observation de la déviation des rayons lumineux à proximité du Soleil sont, d'une manière inaperçue, séparables et relèvent d'ontologies différentes. Leur juxtaposition ou leur cohabitation dans une même théorie prouve seulement la divisibilité des théories comme celle de la relativité générale et la possibilité d'une migration de propositions d'une théorie à une autre.

Par conséquent, les propositions de la géométrie euclidienne et de la géométrie non euclidienne ne sont pas des propositions synthétiques *a priori* comme le suggère la philosophie kantienne, quand bien même elles sont mathématiquement consistantes et cohérentes.

Elles ont une existence singulière et parfaitement utile (propositions nécessaires mais indécidables qui donnent à la théorie une substance, mais elles sont loin d'être des propositions permettant de décrire une vérité connaissable *a priori* sur le monde réel). Concernant l'expérience empirique, Einstein a reconnu que sa théorie du champ unifiée ne pouvait pas être expérimentée précisément en tranchant en sa faveur par rapport aux théories concurrentes. Ce qui signifie que la déviation des rayons lumineux peut être expliquée par une théorie concurrente (théories basées sur l'existence de forces dépendant de la concentration de matière et non d'une courbure de l'espace-temps à proximité d'un champ gravitationnel).

Par ailleurs, l'espace-temps einsteinien n'est pas tout à fait l'espace non euclidien de type riemannien, puisque Einstein parle d'un espace physique réel qui n'a aucune existence en l'absence de corps physiques générant un champ gravitationnel.

Chaque théorie est exclusiviste et singulière dans la description complète du monde physique. La géométrie peut lui fournir les matériaux nécessaires pour la solidifier, mais elle ne peut prétendre à rendre possible une connaissance *a priori* sur le monde physique réel.

Le corollaire de cette situation est l'impossibilité, réclamée par certains philosophes des sciences, de voir l'existence de géométries non euclidiennes consistantes et la preuve empirique de la théorie de la relativité générale remettre en cause la géométrie euclidienne dans la mesure où les résultats expérimentaux sont compatibles avec une théorie incorporant cette géométrie (Laurence Bonjour [1998], p. 213).

- L'existence au sein des théories scientifiques de propositions fausses n'est pas un paradoxe ou quelque chose d'irrationnel. Elle découle du fait que les idées des savants et des fondateurs des théories scientifiques sont parfois conditionnées par le milieu intellectuel dans lequel ils vivent et travaillent. Ce milieu influence leurs idées et leurs convictions d'une manière qui se reflète dans leurs théories scientifiques et qui n'a rien à voir avec la rationalité, la cohérence logique et le contenu épistémique de leurs œuvres.

Descartes, Copernic, Kepler, Galilée, Newton, Einstein et Heisenberg n'étaient pas seulement des esprits de génie qui ont jeté les fondements de la science moderne. Ils étaient aussi des hommes dont les idées ont été influencées par les courants de pensée et les tendances intellectuelles de leur époque. La pensée de Descartes contient beaucoup de concepts issus du Moyen Âge dont l'image s'est considérablement solidifiée dans les esprits au XIe siècle. Copernic était imbu d'idées cosmologiques ptoléméennes et son univers était fini comme celui des Grecs. Les sphères de cristal entourant les orbites des planètes, idée toute médiévale, peuplaient de manière atavique sa théorie (voir Koyré à ce sujet). Kepler croyait qu'un effluve magnétique attractif et mystérieux provenait du Soleil, ce qui selon lui maintenait les planètes autour de cet astre. Newton a laissé une œuvre alchimique considérable, digne héritage de la tradition alchimique grecque et arabe. Cette œuvre a donné naissance au concept de force gravitationnelle qui est un vecteur d'une action à distance. Einstein n'est pas parvenu à admettre la nature probabiliste du monde quantique, parce que cette nature probabiliste remet fondamentalement en cause le réalisme objectif, une doctrine qui a tant influencé la science physique allemande depuis Kant. Pourtant, le comportement statistique et probabiliste des particules atomiques a été confirmé de manière récurrente par l'expérience.

La proposition einsteinienne sur les variables cachées, une proposition vraisemblablement fausse, est un résultat fâcheux de cette influence. Heisenberg a toujours milité pour une mathématisation des phénomènes atomiques, qui est outrancière pour la réalité physique, parce qu'il faisait partie d'un groupe de jeunes scientifiques puissamment marqués par une philosophie de la vie antirationaliste dont les principes ont été énoncés dans le fameux livre d'Oswald Spengler *Le Déclin de l'Occident*. Cette philosophie a été dominante après la fin de la Première Guerre mondiale.

- L'expérience ne peut pas se réduire simplement à un dispositif expérimental, elle est immanente à la théorie elle-même. Cette situation se traduit par l'existence d'une proposition expérimentale dont un pâle reflet nous est connu sous le nom d'*experimentum crucis*. Plusieurs faits d'expérience peuvent concorder et s'agglomérer pour donner une expérience « modélisée » unique, exactement de la même manière que des concepts théoriques diversifiés peuvent aboutir à un concept théorique unique.

L'existence d'expériences de pensée en physique ne fait que renforcer cet état de fait. Dans un certain nombre de cas, le physicien ne connait pas un fait d'expérience tangible, mais plutôt un modèle imaginaire d'expériences qui est le résultat d'une sommation de nombreuses expériences de laboratoire. Nous appelons le résultat de ce processus une proposition expérimentale. Certaines théories physiques comme le Modèle Standard reposent entièrement sur des propositions expérimentales. La théorie ici ne prétend pas interpréter et unifier les résultats expérimentaux, elle en découle entièrement. Cette façon de voir s'oppose aux convictions de nombreux philosophes des sciences qui ont toujours considéré l'expérience comme une sorte de réalité objective qui tantôt devance la théorie, tantôt est devancée par elle.

- L'induction n'existe pas. C'est l'ultime concept qui justifie l'existence d'un lien entre les propositions qui sont les composantes d'une théorie physique. Karl Popper a ouvert la voie à une critique objective de l'induction, mais cette critique est étroitement liée à un système philosophique reposant entièrement sur la falsifiabilité des théories scientifiques.

- Il n'est pas légitime de transposer complètement l'édifice mathématique d'une théorie à son contenu épistémologique. Les théories sont souvent édifiées préalablement à la construction mathématique, grâce au travail de l'imagination et de la récupération/rafistolage des concepts issus de théories contemporaines ou anciennes, qu'elles soient rivales ou non, pour former les propositions nécessaires. C'est d'ailleurs le cas des deux grands piliers de la physique, à savoir la théorie de la relativité générale et la mécanique quantique.

C'est seulement au cours des processus sous-jacents à l'édification de l'appareil mathématique que des relations s'établissent.

Mais rien ne nous dit que cette construction est un sauvetage parfait de la réalité. Le travail d'imagination, est quant à lui, un effort neutre mais créatif donnant lieu à la découverte d'une seule proposition vraie et qui n'a rien à voir avec l'établissement de relations entre des entités mathématiques. Toutefois, les concepts des théories scientifiques se déplacent également sous forme mathématique d'une théorie physique à une autre comme nous allons le voir.

- Cette situation doit nous inciter à chercher les fondements d'une nouvelle logique non relationnelle. Les différents types de logiques relationnelles, comme la logique mathématique, n'ont d'ailleurs conduit qu'à des paradoxes et à des crises (les paradoxes du menteur et de Russel et la crise des propositions égocentriques sont des cas parmi tant d'autres). Cette logique non relationnelle permet de percer le contenu épistémologique authentique d'une théorie, c'est-à-dire celui des propositions.

Cette façon de voir permet non seulement d'établir un pont entre les théories scientifiques et l'histoire des sciences en mettant l'accent sur le fait que la théorie scientifique est elle-même une histoire : c'est l'histoire de la migration des propositions scientifiques d'une théorie à une autre, voire même de la science à des domaines extrascientifiques. Elle permet en outre de voir une théorie scientifique comme « un être vivant » qui a besoin de se nourrir des cadavres des théories antérieures. Alors que Popper insiste pour justifier la testabilité et la faillibilité, il y a lieu de croire que les théories détruisent d'autres théories et aucune théorie ne prétend cohabiter avec d'autres. Chaque théorie comporte une dimension idéologique, exclusiviste et prétend expliquer les phénomènes en proposant de ramener à une interprétation unique.

Les théories ont une vie prospère mais courte. Mais contrairement à ce qu'avance Popper, les théories prétendent toujours à la solidité, cela étant généralement dû à cette concurrence terrible dans la description du monde physique.

Les théories scientifiques nous ont habitués à cette quête d'unification (unification des forces de la nature), et cela, par nature, laisse peu de place à la cohabitation, aux candidats et à l'accumulation.

L'absence d'accumulation en physique a été bien démontrée par Thomas Kuhn, mais son modèle explicatif de l'évolution scientifique repose sur un processus qualifié de « révolution. » Une fois un paradigme dépassé, on n'y revient plus jamais. La théorie de Kaluza fut probablement abandonnée parce que les chercheurs avaient emprunté une autre voie pour établir des théories sur l'unification des forces. Au lieu d'enrichir l'espace–temps à quatre dimensions en lui ajoutant une dimension supplémentaire, le mathématicien Hermann Weyl proposa, en 1918, de conserver l'espace quadridimensionnel, mais de compliquer sa structure (Freedman Daniel Z. et Van Nieuwenhuizen Peter [mai 1985]).

Quelque que soit notre point de vue sur ce discours de la science qui est une synthèse entre l'idée d'un fondement et le but de la science et entre le contexte de justification et le contexte de découverte, tout le monde des philosophes serait d'accord pour trouver un moyen de fusionner la philosophie des sciences avec l'histoire des sciences.

Après ce chapitre introductif, nous allons examiner les questions les plus importantes qui sont au cœur des discussions entre les philosophes de sciences. Nous tenterons au cours de cet examen de retenir essentiellement les idées les plus nouvelles et les plus structurantes pour la philosophie des sciences. Nous allons commencer par la plus abordée aujourd'hui : l'explication scientifique.

Chapitre II
L'explication scientifique : une nouvelle manière de voir

L'explication des phénomènes de la nature est le but principal des théories scientifiques. C'est Carl G.Hempel qui a développé la structure la plus connue mais aussi la plus classique de l'explication scientifique. Selon cette structure, le phénomène qui fait l'objet de l'explication est appelé *explanandum* est la proposition ou la phrase décrivant ce phénomène est intitulée la proposition *explanandum* (Hempel [1966], p.51).Quant aux propositions qui portent une explication sur ce phénomène, elles sont regroupées sous le terme *explanans*. Selon Hempel, l'*explanans* est une série de lois générales qui sont généralement contenues dans des théories scientifiques ainsi que d'autres affirmations sur le phénomène qui est l'objet de l'explication (ibid..). La relation entre l'*explanans* et l'*explanandum* est une relation déductive qui est schématisée dans le modèle D-N (Modèle nomologico-déductif). Les explications données à travers l'*explanans* permettent de déduire la proposition *explanandum*.

Ce modèle a dominé la philosophie des sciences pendant la moitié du XXe siècle. Mais il a été critiqué par des philosophes des sciences en raison de son caractère un peu schématique qui ne prend pas en compte certaines assomptions dont l'importance a été remarquée dans les modèles d'explication. Des incertitudes règnent concernant les énoncés (propositions) d'explication qui ne concordent pas avec l'applicabilité du modèle. Ce dernier est parfois appliqué de manière systématique alors qu'il y a une incertitude de départ sur les énoncés d'explications. Il existe, par ailleurs, un puissant courant de pensée en philosophie des sciences qui s'attaque à la nature logique et épistémologique de ces énoncés. Lorsqu'on parle d'explication, on fait allusion à la réalité. Les lois générales sont supposées refléter la réalité du phénomène à expliquer (*explanandum*). Baas Van Fraassen remet en cause ce rôle d'explication pour les théories scientifiques. Selon lui, les théories scientifiques ne peuvent que parvenir à une adéquation empirique avec les données du monde physique. Il ne peut y avoir, selon lui, d'explication réaliste.

Après des attaques de ce genre, les philosophes ont développé des approches qui permettent de lier l'explication au contexte scientifique le plus approprié.

Pour certains philosophes, on ne peut parler d'explication qu'en évoquant la causalité entre des variables physiques. C'est le cas de Nancy Cartwright qui parle d'explication causale. D'autres ont élargi le champ de l'explication à la possibilité de manipuler les causes et voir les changements dans les effets de cette cause.

L'approche philosophique la plus pertinente dans ce domaine n'est autre que la théorie de l'explication causale basée sur la manipulation qui a été développée par Jim Woodward dans le cadre des théories interventionnistes.

L'intuition au fondement de cette théorie est la suivante : une relation causale offre des possibilités de manipulation. La théorie de l'explication causale basée sur la manipulation s'avère particulièrement pertinente pour expliciter davantage le concept de manipulation. Nous allons la résumer de la manière la plus précise possible. Woodward défend une théorie de la causalité selon laquelle un énoncé de forme « *X* cause *Y* » implique qu'il existe (au moins) une manipulation de *X* qui entraînera un changement de *Y*. Woodward qualifie les manipulations adéquates d'« interventions » (Woodward, 2003). Par exemple, nous pouvons manipuler la hauteur du mât d'un drapeau et ainsi modifier la zone d'ombre qui sera projetée ; nous ne pouvons toutefois pas manipuler la longueur de l'ombre afin de modifier la hauteur du mât. L'idée de base de cette théorie est de chercher à varier un effet en manipulant (c'est-à-dire en faisant varier) sa cause tout en figeant l'ensemble des autres sources possibles de variation.

De façon claire, on peut formuler l'énoncé suivant : une variable *X* est une cause d'une variable *Y*, respectivement à l'ensemble de variables S, si et seulement si il est possible d'intervenir sur les valeurs de *X*. La valeur de *Y* (ou les valeurs de *S*) subit un changement à la suite de cette intervention mais la relation causale entre *X* et Y demeure invariante. Les manipulations qui satisfont ces caractéristiques sont identifiées en tant qu'interventions. Si nous voulons déterminer si des variables *X* et *Y* sont causalement liées, une manipulation adéquate (testing intervention) sera possible par le biais d'une variable d'intervention *I* que Woodward formalise en proposant plusieurs conditions. Selon les explications causales satisfaisantes, la dépendance des causes aux effets sont invariantes sous un ensemble d'interventions testées. Cette affirmation renferme les notions les plus importantes d'une théorie sur la manipulabilité.

En guise d'illustration, on peut considérer un fil au bout duquel est accroché un poids. Supposant qu'une explication putativement causale, basée sur la loi de Hook, permet d'affirmer qu'une force verticale –exercée par le poids- cause l'allongement du fil. Selon la théorie de la manipulabilité, on peut tester cette explication causale en manipulant ou en intervenant sur les valeurs de la cause putative et en étudiant les changements dans les valeurs de l'effet putatif.

Si la loi de Hook prédit correctement les valeurs des élongations sous cette particulière intervention, alors l'explication est authentiquement explicative (si la loi de Hook est invariante sous cette particulière intervention). Selon la théorie de la manipulabilité, on peut obtenir une explication causale en manipulant ou en intervenant sur les valeurs de la cause putative et en étudiant les changements dans les valeurs de l'effet putatif. Si la loi de Hook prédit correctement les valeurs des élongations sous cette particulière intervention, alors l'explication comporte une signification explicative (si la loi de Hook est invariante sous cette particulière intervention) (ibid. p.225).

Woodward propose un autre exemple afin d'illustrer explicitement sa conception des généralisations invariantes sous certaines interventions. Un exemple tiré de la physique est celui d'un bloc sur un plan incliné (Woodward [2003], p.13 et 14).

Fig. (01) : L'exemple de James Woodward

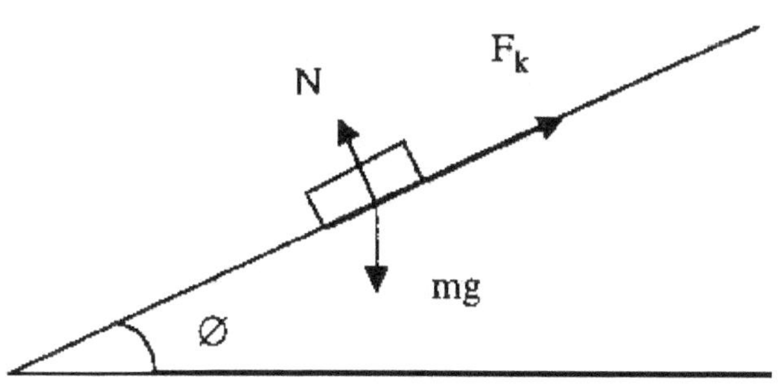

Un bloc est posé sur un plan incliné de telle sorte que le glissement du bloc vers le bas se conforme à deux forces : la force gravitationnelle et une force de friction du bloc contre la surface du plan incliné. La force de frottement *F*k se conforme à la relation : *F*k = μk *N*où μk est le coefficient de frottement cinétique et *N* est la force normale, exercée perpendiculairement à la direction du mouvement du bloc.

Tel qu'illustré par la figure, il est possible d'exhiber les parties ou composantes comme la force gravitationnelle due au poids du bloc sur le plan incliné qui correspond à mg sin ø, aussi la force normale *N*= mg cos ø et ainsi, la force de frottement Fk qui obéit à la relation :

Fk = μ k mg cos ø.

La force nette sur le bloc sur le plan incliné correspond à :

F= mg sin ø - mg cos ø

Finalement l'accélération *A* du bloc concorde avec :

A = g sin ø - g cos ø.

Nous pouvons presque instantanément concevoir des interventions possibles sur certaines parties du mécanisme. Par exemple, changer la valeur de l'inclinaison ø du plan changerait la valeur de l'accélération *A*. Dans un même ordre d'idée, changer la valeur de la force gravitationnelle (constante *mg*) changerait à la fois les valeurs de *A* et de *N*, et ainsi de suite (ibid.).

En plus de pouvoir être décomposé en généralisations qui demeurent invariantes sous certaines interventions, ce système remplit la condition de Woodward selon laquelle les comportements des parties de mécanismes devraient être modulaires au sens où les composantes d'un système doivent être indépendantes et où il est en principe possible d'intervenir pour changer ou interférer avec le comportement d'une composante sans qu'il soit nécessaire d'interférer avec le comportement d'une autre composante (ibid.).

Avant d'entrer directement dans le vif du sujet et parler des caractéristiques principales de l'intervention, il convient de rappeler l'idée de base qui est sous-jacente à cette théorie. A ce propos, Woodward affirme que l'explication causale basée sur la manipulation possède de solides fondements scientifiques et les scientifiques lui accordent une grande importance dans leurs travaux. Mais il n'en est pas de même pour les philosophes. L'idée de base d'une explication telle qu'admise par Woodward est bien illustrée dans un exemple donné par Rober Weinberg (1985) qui concerne les développements spectaculaires de la biologie moléculaire (ibid. p. 9).

Weinberg a affirmé que la biologie a été toujours considérée comme une science « descriptive ». Cependant, les récentes avancées dans les techniques instrumentales et expérimentales nous amènent aujourd'hui à considérer que la biologie moléculaire fournit des « explications » et identifie des « mécanismes causales » (ibid.). En quoi consiste ce contraste entre « description » et « explication » ?

Weinberg associe la capacité de la biologie à fournir des explications avec le fait qu'elle fournit des informations de nature à permettre la manipulation et le contrôle. Les nouvelles techniques expérimentales et instrumentales ont permis précisément d'intervenir et de manipuler les systèmes biologiques et d'en observer les résultats, ce qui ne fut pas possible auparavant (ibid. p.10).

Cette situation est *mutatis mutandis* similaire aux développement récents de l'électrodynamique quantique en cavité qui permettent aujourd'hui de réaliser en laboratoire des expérience de pensée que les fondateurs de la mécanique quantique ont conçu tout en ignorant qu'il sera possible un jour de réaliser réellement.

Ces développements sont similairement le résultat des progrès spectaculaires des techniques expérimentales et instrumentales telles que les lasers ajustables de grande précision, les ordinateurs ultra-puissants et les miroirs en cuivre de grande qualité (cavité). En tout cas, Woodward s'inspire de cette comparaison entre la biologie traditionnelle et descriptive et la biologie moléculaire moderne pour affirmer que nous ne pouvons parler d'explication que si nous identifions les facteurs ou les conditions de telle manière que les manipulations ou les changements de ces facteurs ou de ces conditions vont produire des changements dans le résultat expliqué. En revanche, une connaissance descriptive ne fournit pas des informations potentiellement pertinentes pour la manipulation même si elle permet une prédiction, une classification des phénomènes ou une représentation (ibid.).

Cette conception amène à reconnaître deux idées principales : les relations d'explication sont des sortes de relations qui tolèrent des manipulations et des interventions. Deuxièmement, les relations d'explication doivent être des relations invariantes et une relation est invariante si elle reste stable et inchangée lorsqu'on change certaines variables putatives.

La notion de relation invariante est différente de la notion de loi de la nature. Tandis que les lois décrivent des relations invariantes, il y a de nombreuses relations invariantes qui ne correspondent pas à des lois, au moins lorsque nous disposons d'une conception de ce que signifie une loi (Woodward [1997], p.28-29). L'une des conséquences de ce point de vue, est qu'on peut expliquer sans recourir à des lois aussi longtemps qu'on recoure à des relations invariantes.

Cette constatation permet de comprendre que le cœur de la théorie de Woodward est l'invariance qui confère à l'explication son objectivité et sa validation. Une intervention sur une cause change l'effet tandis que les relations causales entre les autres variables causales restent invariantes.

Lorsqu'on manipule une entité inobservable, on infère que cette entité est une cause probable d'un effet causal *y* et on est relativement certain que nous désignons cette entité par une référence suffisamment stable malgré les changements profonds dans les théories et les stéréotypes. Toutefois, nous ne pouvons pas obtenir une explication causale de ce qui s'est passé dans le système physique de manière précise et suffisamment clair pour qu'on puisse vérifier l'existence de cette cause et son comportement dans le système physique. La théorie de Woodward apporte la réponse : on manipulation la cause *x* (entité), c'est-à-dire en intervenant sur cette entité, un changement se produit dans l'effet *y*.

Ce changement se produit alors que les relations causales entre les autres variables du système physique restent invariantes. L'invariance au moment de l'intervention permet d'atteindre une profondeur d'explication grâce à une généralisation du principe d'invariance à tout le système physique. De cette manière, on peut déterminer qu'elle est la relation causale qui a été perturbée par l'intervention. Cette invariance est une généralisation qui n'est pas nécessairement une loi fondamentale, ce qui permet de retenir le concept de vérité familière de Hacking. La vérité familière est un ensemble de connaissances empiriques qui ne recourent pas à des lois fondamentales. On ajoutant l'invariance à ces connaissances empiriques on parvient à un modèle d'explication suffisamment profond sans recourir aux théories et aux lois fondamentales. Nous allons maintenant voir en détail comment cette explication causale se déploie en pratique.

Les idées générales sur la causalité ont amené les philosophes à considérer les relations causales comme des relations exploitables en vue d'une manipulation. Si C est considérée comme la cause de E, alors si on peut manipuler C, il sera possible de manipuler ou de changer E. Ce principe est la pierre angulaire des théories sur la causalité basées sur la manipulabilité qui ont été élaborées par des philosophes comme Gasking (1955) et Collingwood (1940).

Dans un texte fameux sur le design expérimental, Cook et Campbell (1979) ont affirmé « l'assertion paradigmatique sur les relations causales énonce qu'il en résulte d'une manipulation d'une cause, la possibilité de manipuler son effet ». La causalité implique le fait qu'en variant un facteur, on peut obtenir une autre variation (Cook & Campbell [1979], p. 36).

Woodward et Hausman ont développé une théorie basée sur l'intervention. La notion d'intervention qui permet de re-conceptualiser la manipulation dans un contexte plus précis a fait l'objet de discussions récentes très développées. Pearle a introduit une formulation originelle d'une théorie sur la manipulation basée sur l'intervention et Woodward a proposé une alternative à cette théorie.

La théorie de l'explication causale basée sur la manipulabilité de Jim Woodward (2003) est un cadre philosophique adéquat pour l'analyse de l'interventionnisme pour plusieurs raisons. Premièrement les interventionnistes expliquent certaines expériences scientifiques en évoquant des causes et la théorie de la manipulabilité est une théorie sur l'explication causale. Deuxièmement, la théorie de la manipulabilité est étroitement liée au contrôle des facteurs causaux.

L'idée de base de la théorie sur la manipulabilité est que les explications causales dans les sciences ne visent pas seulement à satisfaire notre curiosité intellectuelle mais sont souvent guidées par le souci de manipuler et de contrôler les évènements expliquées. L'essence d'une explication causale selon la théorie de la manipulabilité est d'exhiber un modèle d'une dépendance contrefactuelle entre l'*explanans* et l'*explanadum*- un modèle d'une dépendance contrefactuelle d'une espèce particulière associée avec des relations qui sont potentiellement exploitables pour la manipulation et le contrôle (Woodward [2000], p. 198).

On peut articuler notre examen de la théorie de la causalité basée sur la manipulabilité de Woodward sur les éléments suivants :

1/l'explication : celle-ci a fait l'objet de plusieurs articles écrits par Woodward et lui a consacré un livre entier. En fait, ses travaux sur l'explication constituent un objectif à part entière et pour cause. Il cherche à substituer au concept de loi scientifique, le concept d'explication. Ce dernier concept est lié aux généralisations qui sont qualifiées par cet auteur d'invariantes, c'est-à-dire de stables sous certains changements induits par des interventions. 2/ Les interventions qui sont étroitement liées à la manipulation par l'expérimentation de certaines variables dans le but de déterminer si les changements de ces variables sont liées aux changements d'autres variables. Ces interventions déterminent l'existence d'un processus causal qui agit sur ces variables. 3/Invariance : une fois que la notion d'intervention est éclaircie, on peut l'utiliser afin de caractériser plus précisément la notion d'invariance sous l'intervention. L'invariance est considérée par Woodward comme la caractéristique principale que doit posséder la généralisation pour que cette dernière puisse jouer un rôle d'explication ou de décrire une relation causale ou nomologique.

Pour que ces trois éléments puissent permettre de comprendre la signification exacte de la théorie de Woodward, il convient de voir en détail en quoi ils consistent.

Intervention

Woodward explique que la relation étroite entre l'explication et les résultats d'une manipulation humaine est illustrée à titre heuristique et ne vise pas à établir que l'explication mobilisant la dépendance causale n'est valable que lorsque l'intervention humaine est possible (Ibid. p.199).

Nous pouvons considérer l'intervention comme une idéalisation d'une manipulation expérimentale réalisée sur une variable *X* dans le but de déterminer si les changements intervenus sur *X* sont causalement ou nomologiquement liés aux changements sur une autre variable *Y*.

Toutefois, n'importe quel processus, impliquant ou non des activités humaines, peut être qualifié d'intervention à condition qu'il possède les bonnes caractéristiques causales. Une intervention sur une variable *X* en relation avec une autre variable *Y* est un processus causal qui change *X* de manière exogène et appropriée, de sorte que lorsque un changement de Y se produit, il se produit uniquement en vertu d'un changement de *X* et non comme un résultat d'un autre ensemble de facteurs causals (ibid.).

Supposons qu'on souhaite savoir si un traitement à l'antalgique a été efficace en provoquant la disparition d'un maux de tête (ibid, p.200). On utilise ici le langage des variables. La variable X est la cause qui est le traitement et Y est l'état de santé d'une personne qui peut prendre deux valeurs : la guérison ou la non-guérison. Ces valeurs dépendent du fait que le patient reçoit ou non le médicament. On peut donner à la variable X deux valeurs 0 ou 1 qui dépendent du fait de savoir si le patient reçoit ou non le médicament. De manière similaire, la guérison peut être représentée par une valeur *R* prenant deux valeurs 0 et 1 qui dépendent du fait de savoir si le patient guérit ou pas (Ibid). Administrer le traitement au patient représente l'intervention I sur la variable *X*.

On peut voir à travers cet exemple que ce qui compte pour savoir si *X* cause *Y* est le caractère intrinsèque de la relation entre *X* et *Y*. Il y a une dépendance causale entre *X* et *Y*. Mais ce qui est plus important encore est le caractère extrinsèque de l'intervention (administration du traitement) qui agit sur la première variable *X* pour amener un changement de *Y*.

Evidemment, ces interventions doivent satisfaire plusieurs conditions si on veut obtenir quelque chose de pertinent sur l'efficacité de *T*. En premier lieu, si les interventions *I* de l'expérimentateur sont corrélées à d'autres causes de la guérison comparées à *T*, alors l'objectivité de l'expérimentation est remise en cause.

Une telle situation se produit lorsque par exemple les patients du groupe traitement sont en meilleure santé que ceux du groupe contrôle. Il est donc nécessaire de s'assurer que *I* (ou *T*) soit non corrélée avec aucune autre cause que *R*. A condition que T soit efficace, *I* et *T* peuvent être corrélés à d'autres que *R* qui sont elles mêmes causées par *I* ou par *T*. Par exemple, si le traitement provoque la guérison grâce à la destruction d'une certaine bactérie, la validité de l'expérimentation est sauvegardée si les interventions *I* des expérimentateurs sont corrélées, même si *K* affecte causalement *R*.

Ce qu'il faudrait exclure est la possibilité qu'ils y aient des causes de *R* qui sont corrélées à *I* ou sont causées par *I* et qui affectent indépendamment de la chaîne causale $I \rightarrow T \rightarrow K \rightarrow R$ » (ibid. p.200).

La troisième condition est que *I* ne doit pas affecter directement la guérison indépendamment de *T* si ce n'est à travers *T*. Cette condition n'est pas respectée si par exemple il est porté ou non à la connaissance des sujets le groupe auquel ils sont assignés (ibid.).

Cette situation est liée à l'effet *placebo* – un effet sur *R* qui est indépendant d'aucun autre effet de *T* sur *R* (ceux qui sont dans le groupe traitement peuvent être réconfortés et se sentir plus forts par le fait de se retrouver dans ce groupe. Les sujets du groupe contrôle sont ainsi découragés). Dans ce cas, *I* affecte directement *R* indépendamment de *T* et nous ne serons plus en mesure d'obtenir des conclusions fiables sur l'effet de *T* sur *R* (ibid. p.201).

On va maintenant schématiser ces conditions de la manière suivante : *I* est une intervention (ou une manipulation) sur la variable *X*, ou *X* est une certaine propriété de l'unité *i*, nous cherchons alors à évaluer la relation postulée (G) selon laquelle les changements de *X* causent ou expliquent les changements d'une autre variable *Y* en observant si l'intervention sur *X* produit des changements de *Y* qui ont été prévues par (G). Nous désignons par la lettre *x*0 la valeur de *X* possédée par *i* préalablement à l'intervention *x*0 et par la lettre *x*1, la valeur de *X* après l'intervention. Par conséquent, *I* doit posséder plusieurs caractéristiques (M) (ibid. p.201) :

M1) *I* change la valeur de *X* possédée par *i* de ce qu'il aurait été en l'absence de l'intervention (i.e. *x*1 # *x*0) et ce changement de *X* est entièrement le résultat de *I* (ibid.).

M2) le changement de X provoqué par *I* est exigé par (G) afin de changer la valeur de *Y*. C'est-à-dire que conformément à (G), la valeur *y*0, que *Y* prend quant *X* = *x*0 est différente de la valeur *y1* que prend *Y* lorsque *X*= *x*1 (ibid.).

M3) *I* change *Y* seulement à travers *X* et non indirectement ou à travers une autre voie. A savoir, *I* ne cause pas directement *Y* et ne change aucune cause de *Y* qui sont distinctes de *X* à l'exception des causes de *Y* qui sont, le cas échéant, conçues à travers la connexion *I*→*X*→*Y* : c'est-à-dire à l'exception de (a) n'importe quelle cause de *Y* qui sont les effets de *X* (les variables qui se situent causalement entre *X* et *Y)* et de (b) n'importe quelles causes de *Y* qui se situe entre *I* et *X* et qui n'ont aucun effet sur *Y* indépendamment de *X*. En outre, *I* ne change pas la relation causale entre *Y* et ses autres causes en dehors de *X* (ibid.).

M4) *I* n'est pas corrélée à d'autres causes de *Y* en dehors de *X* (non plus via une cause commune de *I* et *Y* ou pour toute autre raison) à l'exception de ceux relevant de (M3a) et de (M3b) cités au-dessus.

Woodward tire ensuite des conclusions importantes de ce système de conditions. Premièrement, ce système de conditions ne fait aucunement référence aux activités humaines ou à ce que « les êtres humains peuvent faire ou non » (ibid.). Un processus causal qui n'implique pas les être humains pourrait être en tout point qualifié d'intervention à condition qu'il satisfasse aux quatre conditions citées ci-dessus (ibid.).

La deuxième conclusion concerne la circularité. Le processus (M) utilise un langage causal à plusieurs reprises – non seulement l'intervention *I* cause un changement de la variable *X,* mais *I* ne cause pas directement *Y* et ne doit pas être corrélée à d'autres causes de *Y* qui sont indépendantes de la chaîne putative $I \rightarrow X \rightarrow Y$ et ce, en raison du fait que l'intervention est déjà une notion causale. De cette façon, il n'est pas possible d'y recourir afin d'expliquer que la relation est causale ou nomologique (ou invariante) en termes de concepts qui sont en eux-mêmes entièrement non-causaux ou non-nomologiques.

Toutefois, il est important de comprendre que la caractérisation est non-circulaire dans le sens où la caractérisation d'une intervention sur *X* en ce qui concerne *Y* fait référence à la présence ou à l'absence d'une relation causale entre *X* et *Y.*

La caractérisation fait plutôt référence à d'*autres* relations causales – à l'existence d'une relation causale entre *I* et *X* et à la distribution d'autres causes possibles de *Y* en dehors de *X.* La caractérisation (M) s'accorde avec une explication non-réductrice des relations causales et nomologiques ainsi qu'avec une inférence sur l'existence de pareilles relations.

L'idée fondamentale est de savoir qu'il est possible d'expliquer ce qu'il y a de causale ou de nomologique dans la relation entre *X* et *Y* en faisant appel aux faits sur les *autres* relations causales et nomologiques impliquant *X* et *Y* ainsi qu'aux faits corrélationnels non-causals impliquant *X* et *Y.* L'existence d'une notion cohérente de l'intervention et la possibilité d'une explication non-circulaire de cette notion est suggérée par le fait qu'il semble possible quelque fois de découvrir si une relation causale ou nomologique existe entre *X* et *Y* à travers la manipulation de *X* d'une manière appropriée et la détermination s'il y a un changement corrélée de *Y.*

Ce fait en lui-même montre que nous devons avoir une certaine notion de la manipulation de *X* qui serait appropriée pour déterminer si *X* est causalement ou nomologiquement lié à *Y*, une notion qui est caractérisée sans supposer au préalable qu'il existe une relation causale ou nomologique entre *X* et *Y*. C'est cette notion que (M) doit prendre en considération (ibid. p.202).

Woodward s'attaque ensuite à la définition de cette notion : la réalisation d'une intervention sur *X* nécessite une notion bien définie du changement de *X* concernant un individu de telle manière que ce même individu possède une valeur différente de *X* en vertu de l'intervention. L'une des conséquences de (M1) est qu'il n'y a pas une notion bien définie de l'intervention en ce qui concerne les propriétés ou les magnitudes qui, pour des raisons conceptuelles ou logiques, ne peuvent prendre qu'une seule valeur. Par exemple, si tout ce qui existe est nécessairement un objet physique, il n'y a alors pas de notion bien définie de l'intervention pour changer un objet physique. Cette restriction de la notion d'intervention aux variables pour lesquels il y a une notion bien définie de l'intervention est non seulement implicite dans la notion d'intervention mais il est également le fruit de l'idée générale que les relations d'explication sont des relations qui peuvent être utilisées pour la manipulation et le contrôle (ibid. p.202-203).

S'il n'y a pas une notion bien définie du changement de la valeur de *X*, nous ne pouvons, même pas en principe, manipuler certaines autres variables en changeant *X*. De manière similaire, comme (M2) l'exige, l'intervention observée sur *X* est associée avec un changement de *Y*.

Mais cette généralisation ne nous permet pas de savoir comment une intervention sur *X* puisse être utilisée pour manipuler *Y*. Comme nous allons le voir par la suite, aussi bien (M1) que (M2) ont d'importantes conséquences sur les types de généralisations que nous pouvons comprendre dans le cadre des explications (ibid.).

Afin de mieux comprendre la notion d'intervention, il convient de citer un autre exemple : supposons que dans une certaines région, des changements dans la pression atmosphérique (*A*) est la cause commune et l'unique cause de l'apparition d'une tempête (*S*) et de l'observation de (*B*) d'un baromètre particulier et qu'il n'y a aucune relation causale directe entre *B* et *S*. (ibid. 203). Imaginons que nous ignorons la structure causale de ce système et que nous désirons découvrir si *B* cause directement *S* en changeant *B* et en déterminant s'il y a un changement correspondant dans *S*.

Il est évident que certaines manières de changer *B* sont inappropriées dans ce domaine. Si nous changeons *B* en changeons *A*, ou par d'autres processus causals qui sont parfaitement corrélés au changement de *A*, alors *S* changera également (ibid.).

Mais ceci ne signifie pas qu'il y a une relation causale entre *B* et *S*. C'est la même situation si nous changeons B à travers un processus qui affecte directement *S*. Aucuns de ces processus relatifs au changement de *B* ne peuvent qualifier des interventions en *B* dans le but de déterminer s'il y a une relation causale entre *B* et *S*. Ils vont à l'encontre des clauses de (M3) et de (M2) dans le cadre de (M) (ibid.).

Faire appel à la notion d'intervention (et concomitamment aux notions d'invariance et de dépendance contrefactuelle) présente plusieurs avantages : Pour pouvoir dire que *X* affiche une causalité ou compte pour l'explication de Y, il doit y avoir une relation causale entre *X* et *Y*. Le point important est qu'on peut exploiter les informations fournies sur le comportement de Y au moment de l'intervention sur *X* afin de découvrir s'il y a une relation causale ou une relation d'explication entre *X* et *Y*, chose impossible à découvrir en l'absence d'une telle intervention (ibid.). Comme l'exemple précédent le montre, des variables comme *B* et *S* seront corrélées (de cette manière la valeur de l'une dépend de la valeur de l'autre) tandis que d'autres variables (*A* et *S*) seront également corrélées mais en l'absence de causes, d'informations ou de chiffres dans l'explication.

Recourir à la notion d'intervention nous permet de distinguer entre ces deux types de corrélations et de dépendance, celle qui reflètent les relations causales et l'explication et celles qui ne reflètent rien (ibid.).

Bien entendu, ce qui compte pour savoir si *X* cause ou explique *Y* est le caractère intrinsèque de la relation entre *X* et *Y*.

Toutefois, toute la pertinence de la notion d'intervention réside dans le fait qu'elle représente un moyen extrinsèque pour désigner et préciser cette caractéristique intrinsèque. Le second avantage de la notion d'intervention telle que décrite et qu'elle permet d'être utilisée pour jouer un rôle épistémologique dans l'expérimentation en vue d'établir des relations causales et d'explication particulièrement transparentes. Ainsi, le seul moyen qui permet de désigner s'il y a une relation causale entre *X* et *Y* et de réaliser une intervention sur *X* et d'observer ensuite le changement de Y (ibid.).

L'invariance

La notion d'intervention permet de déterminer la notion d'invariance dans le cas d'une intervention. La notion d'invariance est la caractéristique clé qui permet à la généralisation (concept défini dans les pages qui précèdent) de jouer le rôle d'explication et de décrire une relation causale ou nomologique (ibid. p.205).

La généralisation qui décrit une relation entre deux ou plusieurs variables est invariante si elle reste stable est inchangée dans un contexte marqué par des changements dans les conditions, c'est-à-dire la réalisation d'interventions. Il y a deux sortes de changements dont l'analyse est pertinence pour tout examen du concept d'invariance (ibid.).

Il y a en premier lieu des changements qui peuvent être considérés comme des conditions de fond pour certaines généralisations – des changements qui affectent d'autres variables hormis celles qui figurent dans la généralisation. Par exemple, dans le cas d'un système de masses qui est en conformité avec la loi d'attraction gravitationnelle F = *Gm1 m2/r2,* les changements dans la position ou la vitesse du système dans son ensemble qui ne changent pas les positions relatives des masses seront pris en compte comme des changements dans les conditions de fond tout comme un changement dans la couleur des masses ou leur charge électrique (ibid.).

La loi d'attraction gravitationnelle (Deux corps ponctuels de masses respectives M_A et M_B s'attirent avec des forces de mêmes valeurs mais vectoriellement opposées, proportionnelles à chacune des masses, et inversement proportionnelle au carré de la distance qui les séparent) est invariante sous des changements dans toutes ces conditions de fond (ibid.).

Il y a également des changements dans ces variables qui comptent dans la généralisation elle-même. Par exemple dans le cas de la masse et de la distance (ibid.). Une sous-classe de pareils changements sont des changements qui résultent d'une intervention sur les variables figurants dans cette généralisation. La loi d'attraction universelle est invariante non seulement dans le cas de changements dans les conditions de fond mais également dans le cas d'un large éventail d'interventions qui changent les distances entre les masses gravitationnelles ou les masses elles-mêmes.

La généralisation est invariante si est seulement si la notion d'intervention est applicable et bien définie concernant les variables figurants dans la généralisation. La généralisation est également invariante sous des interventions sur ces variables. Pour que la généralisation soit invariante il faudrait qu'il existe des interventions sur les variables qui figurent dans les relations invariantes. Woodward évoque souvent des phrases comme : « la généralisation est invariante sous les interventions », et « invariante sous certaines interventions sur des variables explicitement citées dans la généralisation. »

La notion d'intervention n'est définie précisément que pour des changements concernant les généralisations. Si une généralisation établit une relation entre la variable *X* et une autre variable *Y* et elle n'évoque pas le changement de la valeur de *X*, alors il ne peut y avoir une idée précise de l'intervention pour cette variable.

Lorsque la généralisation est invariante sous des interventions sur des variables liées à une relation, elle décrit une relation hypothétiquement exploitable pour la manipulation et le contrôle – (ibid.) dans le sens où bien qu'il ne soit pas souvent possible d'intervenir pour changer les valeurs des quantités décrites par les variables qui figurent dans la généralisation, nous pouvons néanmoins croire que la généralisation nous permet de supposer que s'il est possible de changer ces valeurs, on peut alors utiliser ces valeurs pour changer d'autres valeurs.

En raison du fait que la loi d'attraction gravitationnelle est invariante sous un large éventail d'interventions qui changent les masses et les distances, elle nous permet de supposer que si nous ou n'importe quel processus naturel permet de manipuler ces quantités dans un système de masses gravitationnelles, la force gravitationnelle qu'elles exercent vont changer systématiquement.

L'invariance est la condition *sine qua none* de l'explication chez Woodward. Une explication causale est suffisamment profonde si les relations causales qui figurant dans une explication demeurent invariantes sous un large éventail d'interventions. Si une explication donnée répond à ce critère de la profondeur de l'explication, alors elle est pertinente pour la manipulation et le contrôle de l'évènement expliqué.

La profondeur d'explication

Selon Woodward, toute explication est une explication causale. Il parle également de l'objet de l'explication en le définissant comme une régularité ou une valeur moyenne d'une certaine quantité au sein d'une population plutôt qu'un évènement particulier et ce, afin d'éviter les difficultés inhérentes à la préemption causale et à la surdétermination en relation avec des évènements particuliers (Woodward [1997], p.27).

Woodward affiche sa préférence pour le concept de généralisation qui permet selon lui de fournir des explications (ibid. p.29). En fait, il prend en compte les informations qui lui permettent de répondre aux différentes questions imposées par des situations très variées qui sont juste nécessaires pour qu'une explication soit pertinente. C'est parce que une telle généralisation et les modèles d'arguments permettent de répondre à ces questions sans recourir aux lois que l'explication est possible (ibid.). On voit ici que la caractérisation de Woodward de la généralisation rejoint celle de Hacking concernant les vérités familières. Les vérités familières sont appelées aussi par Hacking de généralisations de faible niveau. Le plus important est que ces généralisations de Woodward et de Hacking ne nécessitent pas le recours aux lois fondamentales et aux théories, ce qui protège la théorie de la manipulation de l'antiréalisme des théories et de l'incommensurabilité du sens des lois fondamentales. La notion d'explication causale de Nancy Cartwright rejoint également cette idée sur les généralisations non-théoriques.

Cette possibilité est étroitement liée à la disponibilité d'un certain genre d'informations contrefactuelles. Mais comment ces informations contrefactuelles peuvent être comprises ? Woodward réfute les théories contrefactuelles causales qui lient l'explication à la dépendance contrefactuelle.

Ce n'est pas la dépendance contrefactuelle entre une cause commune et les effets communs qui permet d'expliquer l'occurrence des effets par rapport à leur cause commune.

En fait, Woodward s'appui sur un processus causal très précis : « les «contrefactuels» qui comptent pour une explication sont les contrefactuels antécédents de ceux qui sont devenues vraies grâce à un processus causal exogène qu'il appelle « intervention » (ibid.).

Tout l'intérêt de la théorie de l'explication causale de Woodward est le lien qu'elle instaure entre l'explication causale et l'intervention/manipulation.

Une explication causale est suffisamment profonde si les relations causales qui figurent dans une explication demeurent invariantes sous un large éventail d'interventions. Si une explication donnée répond à ce critère de la profondeur de l'explication, alors elle est pertinente pour la manipulation et le contrôle de l'évènement expliqué. En d'autres termes, la théorie de Woodward peut être résumée comme suit : « la causalité est invariante sous les interventions ». Si on prend deux variables *a* et *b* représentant respectivement la cause putative et l'effet, on peut affirmer que *a cause b* si la relation fonctionnelle entre a et *b* demeure invariante sous des interventions sur la cause putative *a* (ibid.). L'invariance sous l'intervention est considérée comme suffisante pour l'explication mais non comme une condition nécessaire à la causalité. Il y a des relations causales qui n'entraînent pas nécessairement une telle invariance.

Si la causalité n'implique pas l'invariance, alors la constatation d'un manque de l'invariance n'informe pas nécessairement sur l'absence de causalité. Néanmoins, Woodward affirme clairement que pour qualifier une relation de causale, alors elle devrait être invariante sous certaines conditions. Comprendre cette notion sera d'une importance cruciale pour l'analyse interventionniste des relations causales (ibid.).

Dès lors, que l'intervention agit comme un élément exogène dans un contexte expérimental caractérisé par l'invariance des relations causales, tous les concepts qui ont été cités sont pris en compte. Dans tous les cas, la version la plus sophistiquée de l'explication scientifique et celle qui a été développée par les interventionnistes et plus particulièrement par Woodward.

L'explication causale basée sur la manipulation tient compte des interventions causales dans le monde physique, ce qui permet de l'utiliser dans un large éventail d'expériences scientifiques.

Cette situation contraste avec le caractère rigide du modèle déductivo-nomologique de Hempel qui est inapplicable en pratique dans la réalité de la pratique scientifique et dans l'expérimentation.

Chapitre III
Le réalisme et l'antiréalisme

La philosophie des sciences est commandée par une problématique qui est au cœur d'un débat très vif : le réalisme et l'explication causale des phénomènes physiques. La question du réalisme scientifique tourne autour des tentatives les plus poussées pour savoir si les théories décrivent la réalité physique qui serait plus « réelle » en quelque sorte que ce que nous observons. Selon un point de vue assez général, le réalisme scientifique est la meilleure explication du succès de la science. C'est ce qu'Hillary Putnam appelle l'« argument du miracle » : le réalisme est la seule philosophie permettant de considérer que la science n'est pas un miracle. Les théories scientifiques sont des instruments efficaces parce qu'elles permettent de faire beaucoup de choses comme prédire, calculer, expliquer et surtout intervenir et manipuler les entités du monde physique. L'existence de ces atouts de la théorie est la meilleure preuve que le réalisme est vrai.

Toutefois, de nombreux philosophes parmi les constructivistes comme Bas van Fraassen, les relativistes et les pragmatiques ont critiqué cette position en arguant que l'évolution et la pratique de la science ont affaibli le réalisme. Arthur Fine a déclaré de manière solennelle : « le réalisme est mort. Sa mort a été annoncée par les néopositivistes qui se sont rendu compte qu'ils pouvaient accepter tous les résultats de la science, y compris tous les membres du zoo scientifique, est néanmoins déclarer que les questions soulevées par les assertions d'existence du réalisme étaient de simples pseudo-questions » (Bouveresse [2003] p.15). C'est vraiment l'évolution de la science qui remet en cause, selon ces courants de pensée, la vision selon laquelle la science actuelle nous donne une image vraie du monde parce que l'idée d'évolution et de changement réduit les théories scientifiques à de simples instruments de calcul et de prédiction et non de théories décrivant le monde. Selon Bas van Fraassen, la science ne vise tout au plus que « sauver les phénomènes » à travers un processus continuel de perfectionnement et d'amélioration (Van Fraassen [1980], p. 4).

C'est ce qu'il appelle l'adéquation empirique. La science ne peut viser que l'adéquation empirique avec les phénomènes qui dédouane les scientifiques de croire que leurs théories soient vraies et que les entités qu'elles décrivent soient réelles.

Cet auteur qui a élaboré ce qu'on appelle l'empirisme constructif suggère que les théories ressemblent aux organismes vivants qui s'adaptent à leur environnement (ibid.).L'adéquation empirique des théories est comparée ainsi à l'adaptation des organismes qui ne mérite aucune explication. Ce qui compte est la survie de ces organismes et leur adaptation permanente. Cette comparaison entre l'adéquation empirique des théories et l'adaptation des organismes permet de comprendre l'efficacité de la prédiction par les théories comme un moyen d'adéquation empirique et non comme un moyen de découvrir ce qui est réel.

Nous allons ultérieurement voir de près les autres difficultés logiques et épistémologiques du réalisme afin de dégager (ultimement et après une analyse approfondie) des débris de la lutte sanglante entre le réalisme et l'antiréalisme, un réalisme des entités et non un réalisme global. Mais ce qui est important de rappeler est ce qui a amené un nombre de plus en plus grand de philosophes des sciences à se démarquer du réalisme ce sont les problèmes soulevés par l'interprétation de la mécanique quantique et le triomphe de la philosophie « antiréaliste » de Niels Bohr que nous désignons tour à tour comme une forme de mathématisme ou de rationalisme par rapport au réalisme d'Einstein. Nous allons donc parcourir en quelques pages cette lutte « historique » tellement elle reflète le débat entre le réalisme et l'antiréalisme.

La controverse entre les fondateurs de la mécanique quantique qui sont regroupés autour de l'école de Copenhague (Bohr et Heisenberg principalement) et qui proposent une vision du monde quantique basée sur les probabilités et non sur la réalité du monde et Einstein qui n'a jamais reconnu cette nature probabiliste en se réclamant d'une théorie basée sur l'existence d'un monde réel et déterministe représente en fait une controverse entre le mathématisme positiviste qui est en fait un rationalisme et le réalisme. Le mathématisme énonce que la raison mathématique est la seule source de connaissance tandis que le réalisme empiriste suppose que l'expérience perceptive est le socle à partir duquel nous pouvons bâtir cette connaissance.

Ainsi, Einstein est un véritable réaliste parce qu'il a rejeté l'idée que des images vraies et une description réelle du monde ne permettent plus de décrire les phénomènes de la nature.

Il convient de rappeler que les théories de la relativité restreinte et de la relativité générale reposent en grande partie sur des hypothèses explicatives qui peuvent facilement être confrontées à l'expérience perceptive. La relativité est un concept perceptif et les hypothèses d'Einstein sont facilement compréhensibles à travers des exemples observationnels et visuels.

En revanche, les tenants de l'école de Copenhague à l'instar de Bohr sont des positivistes parce qu'ils se contentent de décrire le monde microscopique grâce à des constructions mathématiques élaborées par la raison seule et qui collent parfaitement aux résultats expérimentaux. Par exemple, Werner Heisenberg a élaboré en 1925 la mécanique des matrices afin de représenter les atomes. Ces matrices qui sont des concepts mathématiques abstraits ont été utilisées par ce physicien afin de représenter les propriétés des particules. L'une des particularités de cette construction mathématique est la non-commutativité : A X B n'est pas égale à B X A. Cette particularité d'ordre mathématique ne peut pas être décrite intuitivement dans la réalité physique.

Une discussion entre Bohr et Schrödinger reflète les sources philosophiques des deux courants de pensée en mécanique quantique et montre cette lutte intellectuelle entre Einstein et Bohr. Schrödinger s'est associé à Einstein dans sa critique de l'interprétation de Copenhague. Tandis que Bohr soutenait que les transitions photoniques dans les atomes représentent une description satisfaisante pour les atomes, Schrödinger s'y opposait en démontrant l'impossibilité d'observer de telles transitions. Par ailleurs, la mécanique ondulatoire qui a été développée grâce à ses travaux postule l'existence d'ondes de matière réelles selon la théorie des ondes-matière de Louis de Broglie. Mais Bohr a refusé de reconnaître l'existence réelle d'ondes dans les atomes. Les ondes de Schrödinger et de De Broglie sont devenues par la suite et dans le cadre de l'interprétation de Copenhague des ondes de probabilité d'existence de la particule dans un espace donné plutôt que des ondes réelles dans le cadre de ce qu'on appelle une fonction d'onde.

Par conséquent, on peut dire que les membres de ce groupe ont renoncé à décrire la réalité des phénomènes quantiques en leur préférant les constructions mathématiques alors que des physiciens comme Einstein et Schrödinger considèrent que des images vraies que nous pouvons comprendre représentent le socle à partir duquel on peut cerner la réalité des phénomènes quantiques.

On peut remarquer une telle divergence de points de vue quasiment philosophiques en examinant de près la controverse Bohr-Einstein qui a pris le haut du pavé des discussions lors de la cinquième conférence de physique de l'Institut Solvay qui a eu lieu à Bruxelles en octobre 1927. Lors de cette conférence, Einstein et ses collègues ont déclaré que la mécanique quantique n'était pas une théorie complète et que des entités cachées se tapissent dans l'ombre et expliquent les phénomènes quantiques. Ces variables cachées permettent selon eux de mettre fin aux aspects déroutants de la théorie quantique comme la dualité onde-corpuscule et le principe de superposition.

« Pour Einstein et plus encore pour ses partisans, le côté flou et indéterminé de la physique quantique, ne peut satisfaire un scientifique et montre bien qu'il doit y avoir quelque chose là-dessous : on doit retrouver des petites billes, ou des ondes, enfin quelque chose que nous sachions nous représenter. Si on ne les voit pas encore, c'est que nos moyens d'observation sont insuffisants » (Ortoli/ Pharabod [1984], p. 53).

On voit bien ici qu'Einstein n'a pas renoncé au réalisme en supposant l'existence d'entités cachées. Pour l'école de Copenhague, en revanche, ces concepts n'ont plus droit de cité dans la théorie qu'ils défendent. La source de la théorie devient la raison seule puisqu'elle repose sur une formulation abstraite mais cohérente de la réalité qui se résume à l'existence d'une entité mathématique et abstraite qui est la fonction d'onde (ibid.). Ce mathématisme est provisoire et hésitant puisque il est confronté à un écueil engendré par l'effondrement de la vision classique du monde physique et les difficultés presque insurmontables d'élaborer de nouveaux concepts pour la mécanique quantique. Lorsqu'on dit que les fondateurs de la mécanique quantique sont des rationalistes, cela signifie qu'ils se sont attelés à bâtir des concepts quantiques sur les ruines des concepts classiques en raison de l'impossibilité de maintenir l'objectivité d'une description réelle des phénomènes et sa continuité dans un contexte expérimental marqué par la disparition de toute représentation dans l'espace-temps du phénomène quantique ainsi que par l'apparition d'une interaction insoupçonnée en mécanique classique, entre l'observateur et le phénomène observé. Cette interaction est devenue par la suite ce qu'on appelle le problème de la mesure.

Devant de telles difficultés qui se traduisent par le lent et dirimant processus de construction théorique de concepts quantiques, Niels Bohr n'a eu d'autre choix que de définir le phénomène physique de la manière suivante « […] des observations obtenues dans des circonstances spécifiées, incluant un compte rendu de la totalité du dispositif expérimental » (Bohr [1991],p.85). Durant les années 1980, une expérience cruciale a été réalisée par l'équipe d'Alain Aspect qui confirme la vision orthodoxe de l'école de Copenhague. Mais le prix de cette victoire qui semble provisoire est le sacrifice du réalisme. La fonction d'onde est devenue encore plus abstraite avec les développements ultérieurs de la mécanique quantique.

La fusion entre la mécanique quantique et la théorie de la relativité restreinte a rendu la notion classique de particule encore plus problématique. Les particules sont devenues insaisissables et énigmatiques. Un groupe de physiciens dont les plus illustres sont Dirac (1928), Feynman et Weinberg (1987), et Wald (1994) a tiré un enseignement important à partir de ce constat d'échec concernant la notion de particule en réclamant une approche basée sur la notion de champ.

Mais là encore, le champ quantique n'a rien à voir avec le champ classique. Tandis que le champ classique permet de visualiser des phénomènes tels la lumière comme des ondes se propageant dans l'espace, le champ quantique est une expression mathématique qui permet de calculer les probabilités des résultats d'une mesure (Kuhlmann [2013]). Ces difficultés incitent à ne plus voir le cadre conceptuel de la mécanique classique lié aux notions de particule et de champ comme pertinent pour la mécanique quantique des champs ni comme utilisable ou indispensable pour l'interprétation des résultats des expériences de physique quantique. Le triomphe du mathématisme en physique quantique a entrainé une véritable crise qu'on appelle « ontologique » car cette crise touche à l'ontologie, à l'essence même des entités quantiques. Ces entités sont-elles des ondes ou des particules ou l'excitation d'un champ ? On ne le sait plus ?

L'un des moyens salutaires les plus sûrs pour résoudre cette crise est le retour à un certain réalisme. Mais la route est longue et aucune théorie ne pointe à l'horizon hormis l'interprétation théorique robuste de David Bohm, laquelle ne suscite aucun consensus parmi les physiciens. Selon cette interprétation, les trajectoires des particules quantiques sont « guidées » par des ondes réelles conformément à l'équation de Schrödinger.

Ces ondes sont appelées « pilotes » parce qu'elles émettent un potentiel quantique qui agit sur la particule. Cette théorie est une alternative à l'interprétation de Copenhague qui ne se prononce pas sur la réalité de la fonction d'onde et qui prévoit son effondrement lors de la mesure. On peut supposer que la théorie de Bohm vise la restitution d'un certain réalisme qui est motivé par le fait que l'interprétation de Copenhague ne permet plus de visualiser le comportement des particules dans l'espace-temps. En revanche, la théorie de Bohm permet de fournir des images perceptives de ce comportement.

On voit à travers cette histoire de la mécanique quantique que son développement a été marqué par un débat entre le réalisme et l'antiréalisme qui n'a jamais été épuisé. L'expérience sur laquelle repose la mécanique quantique est l'origine de cette lutte. Les expériences entraient en contradictions avec les théories de la mécanique classique. Si la mécanique quantique a connu un développement sans précédent avec les travaux de physiciens comme Heisenberg, Born et Bohr, il n'en demeure pas moins vrai que leurs travaux ne visent qu'à se conformer aux résultats des observations expérimentales sur les atomes. Ces résultats sont liés aux raies spectrales et aux émissions de photons.

Lors d'une discussion entre Einstein et Heisenberg, ce dernier a défendu la nouvelle mécanique des matrices en arguant qu'elle n'est conçue que pour représenter et interpréter les observations sur les atomes. En réalité le rationalisme des fondateurs de la mécanique quantique au sein du courant de Copenhague n'est que le résultat progressif de l'image floue offerte par l'image réaliste des atomes.

L'image de l'atome qui s'est formée progressivement depuis l'époque de Sommerfeld, Thomson et Rutherford était contradictoire avec le principe de la stabilité de l'atome. L'image d'un atome « planétaire » élaborée par Rutherford en 1910 grâce à son expérience sur la diffusion des particules alpha par une feuille mince d'or et la mise en évidence de l'existence d'un noyau central de charge positive autour duquel gravitent les électrons (découverts par le physicien anglais John Thomson en 1897) n'était plus satisfaisante en vertu des lois physiques : le mouvement orbital des électrons autour du noyau ne peut être qu'accéléré et à ce titre ces particules auraient émis un rayonnement épuisant inéluctablement leur énergie.

Dans ce cas, les électrons vont s'écraser sur le noyau entraînant la destruction de l'atome. Ainsi, l'image réelle de l'atome de Rutherford ne cadrait plus avec les lois les plus élémentaires de la physique. En introduisant la discontinuité dans l'atome, Niels Bohr a rompu avec cette image réelle et intuitive de l'atome en lui substituant une image contre-intuitive et non conforme à la conception réaliste. « [...] Il postule que le rayon de l'orbite circulaire ne peut varier de façon continue, mais qu'il faut au contraire lui assigner des valeurs déterminées dans lesquelles intervient la constante de Planck...Donc, ils ne risquent pas de s'écraser sur le noyau » (Ortoli/ Pharabod, p. 35).

Toutefois, le renoncement à l'image réaliste a entrainé l'émergence d'un dualisme presque rédhibitoire pour la physique. Un dualisme marqué par la juxtaposition de deux visions du monde antagonistes que les tenants de l'école de Copenhague ont été contraints de reconnaitre et d'accepter. Ces deux visions sont celles de la physique classique et celle de la nouvelle physique quantique. Les électrons obéissent à la physique classique lorsqu'ils sont dans les orbites et deviennent des entités quantiques en émettant et en absorbant des photons lorsqu'ils quittent leurs orbites pour d'autres (ibid. p.36). Par la suite, les physiciens ont échappé pour un temps à ces contradictions en marquant un retour génial mais improvisé au réalisme grâce aux travaux de Louis de Broglie et d'Erwin Schrödinger. La découverte des ondes-matière ou de l'onde des particules est liée à une interprétation empiriste des particules. A toute particule est associée une onde réelle dotée d'une longueur d'onde dont le paramètre essentiel est la constante de Planck.

La dualité onde-corpuscule était née. Le paradoxe de cette vision ondulatoire de l'atome est reflété par la naissance d'une mécanique ondulatoire dont le point culminant est l'élaboration par Schrödinger d'une équation qui est utilisée jusqu'à aujourd'hui.

Le franchissement de cette étape décisive a ravivé les espoirs des physiciens réalistes mais ces espoirs ont été de courte durée puisque les physiciens rationalistes ont énoncé des principes qui se sont ancrés solidement dans la physique quantique. Il s'agit des principes d'indétermination et de non commutativité de Heisenberg, du principe de superposition et des deux principes de Bohr que sont la correspondance et la complémentarité entre la physique quantique et la physique classique.

Cette évolution a considérablement altéré l'image d'une onde réelle et l'a remplacée progressive par une fonction d'onde de nature probabiliste.

C'est finalement l'observation de la fonction d'onde qui rend les particules du monde microscopique observables à nouveau. Lors de l'observation, la fonction d'onde se réduit à l'une des possibilités qu'elle décrit, c'est-à-dire à l'une des probabilités décrites par l'équation de Schrödinger. C'est ce qu'on appelle la « réduction du paquet d'onde ».

Ainsi, le « mathématisme positiviste » de la physique quantique selon l'interprétation de Copenhague est un rationalisme de circonstances et non un rationalisme de principe. Il ne survit que lorsque le réalisme ne parvient plus à nous donner une image satisfaisante des phénomènes quantiques. Mais dès qu'une image réelle sorte des ténèbres vers la lumière, le rationalisme est remplacé par une interprétation réaliste. Par ailleurs, les prédictions du rationalisme sont soumises au verdict de l'expérience alors que le réalisme possède sa propre raison d'être puisqu'il est d'origine expérimentale.

On voit bien à travers cette belle histoire de la mécanique quantique, que le conflit entre ces deux courants philosophiques n'est survenu que lorsqu'ils luttent pour interpréter un domaine particulier comme la structure de l'atome, la spectroscopie des atomes et la nature des particules quantiques. Mais un physicien peut être rationaliste et empiriste à la fois. Einstein disait qu'une théorie n'est que le fruit de l'imagination ce qui fait de lui un rationaliste mais il croyait aussi à un monde objectif dont les constituants peuvent être observables dans l'espace et le temps. Bien avant lui, les philosophes ont adopté des idées rationalistes et empiristes en même temps. Locke par exemple a rejeté le rationalisme dans sa version préconisant la connaissance innée en affirmant que la source des idées n'est autre que l'expérience. Mais il a adopté les principes de déduction et d'intuition qui sont étroitement liés au rationalisme.

Notre propos n'est donc pas de rejeter corps et bien le mathématisme positiviste de la mécanique quantique mais de montrer que le réalisme a été considérablement affaibli dans le contexte historique de l'évolution de la mécanique quantique. Affaibli mais non totalement remis en cause.

Un exemple suffit à le montrer : les chambres de Wilson ou chambre de brouillard. Une chambre à brouillard est un détecteur de particules qui montre sous la forme de traînées de condensation, le passage des particules nucléaires dans la matière.

Il s'agit d'une enceinte dans laquelle une phase vapeur d'eau ou d'alcool sursaturée se produit. Lorsqu'une particule nucléaire chargée traverse la matière, elle perd de l'énergie en ionisant sur son passage les atomes qu'elle rencontre. Des ions vont alors se former, ce qui entraine la formation de vapeurs instables qui vont passer à l'état liquide en se formant en gouttelettes là où les ions se sont condensés. Ce processus physique (la condensation des ions tout au long du trajet de la particule) permettra de matérialiser le tracé de la particule dans la matière sous la forme de gouttelettes d'alcool. On peut remarquer ici que le processus physique se déroulant dans l'appareil expérimental qu'est la chambre de Wilson permet de « visualiser » la trajectoire des particules atomiques ce qui conforte le réalisme.

Cette petite histoire de la mécanique quantique si elle ne remet pas en cause définitivement le réalisme scientifique, montre néanmoins que l'argument du miracle n'est plus suffisant pour fonder le réalisme. Par conséquent, des alternatives à ce principe se sont développées. Ces alternatives sont :

1. L'inférence à la meilleure explication
2. La sous-détermination de la théorie par les données de l'expérience
3. La discontinuité des théories scientifiques et l'induction pessimiste

L'inférence à la meilleure explication se résume comme suit : lorsqu'on infère une hypothèse et qu'elle s'avère vraie, elle fournit la meilleure explication possible. L'inférence à la meilleure explication (IME), encore connue sous le nom d'abduction, de raisonnement adductif, de rétroduction, de raisonnement rétroductif, ou encore de raisonnement par hypothèse, est une des trois formes de raisonnements révélées et reconnues par le philosophe pragmatiste Charles Sander Peirce. Mais les antiréalistes ont émis des réserves concernant ce principe parmi lesquels il y a la nécessité de tenir compte des hypothèses rivales en considérant l'hypothèse vrai qui fournit la meilleure explication qui est l'explication vraie. Une première critique consiste à admettre que certains critères peuvent être utilisés en faveur d'une théorie comme la simplicité, l'unité et la cohérence alors que ces critères n'ont rien à voir avec la vérité.

Par ailleurs, les antiréalistes admettent qu'il est très difficile de choisir entre plusieurs hypothèses théoriques rivales.

Ce problème a été radicalisé dans le cadre du deuxième principe relatif à la sous-détermination de la théorie par l'expérience qui a été élaboré par Pierre Duhem et W.V.O. Quine. Selon ce principe, une hypothèse théorique ne peut pas constituer à elle seule une base solide aux prédictions si elle n'est pas appuyée par d'autres hypothèses auxiliaires. Dans le cas où l'expérimentation produit des résultats qui ne concordent pas avec les prédictions, une hypothèse donné ne peut à elle seule être coupable. Il faudrait se référer à d'autres hypothèses pour ce faire. D'autres versions de ce principe permettent de comprendre qu'il y a plusieurs théories qui sont empiriquement équivalentes mais qui sont toutefois différentes par le contenu épistémique (par exemple en ajoutant ou en excluant des entités inobservables prévues par la théorie).

Le dernier principe qui constitue un « coup dur » pour le réalisme est l'induction pessimiste. Selon ce principe, de nombreuses théories scientifiques se sont révélées comme fausses par le passé. Une telle discontinuité dans l'évolution de la science nous incite à inférer que les théories actuelles peuvent subir le même sort. On peut aborder l'induction pessimiste de la manière suivante : la science contient des théories qui ont réussi sur le plan empirique. Il est donc naturel qu'on puisse affirmer qu'elles sont vraies. Mais l'histoire de la science nous apprend également que des efforts conceptuels similaires ont abouti à des théories fausses. Aucune discipline scientifique n'est immunisée contre les risques du changement. Beaucoup de théories dans le passé qui ont été reconnues comme vraies et qui ont formé un pilier du monde scientifique de l'époque se sont révélées comme erronées.

La théorie calorifique de la chaleur était considérée comme très satisfaisante au 18ème siècle. Elle n'est plus regardée aujourd'hui que comme approximativement vraie. Il est impossible que la théorie qui nous dit que la chaleur est une substance fluide soit une approximation de la théorie qui stipule que le phénomène de la chaleur est le résultat du mouvement des molécules. Si cette dernière théorie est vraie, alors la première est complètement erronée. Il en est de même pour des théories comme celles de l'éther ou de l'espace et du temps absolus qui ont été remises en cause par la théorie de la relativité restreinte.

Le rejet de théories qui décrivent les entités et phénomènes physiques a amené les philosophes à considérer l'évolution de la science comme reflétant une « discontinuité ».

Karl Popper a montré que l'expérience est orientée beaucoup plus vers la réfutation que vers la confirmation des théories dans la mesure où l'expérience porte sur des termes théoriques qui sont testables donc réfutables. Une telle philosophie est similaire à la thèse de l'induction pessimiste.

Les expériences sont réalisées beaucoup plus selon le schéma de la discontinuité de la science que dans le sens de la continuité.

Le refuge des réalistes semble être le progrès que la science réalise en permettant petit à petit des prédictions de plus en plus précises. La vérité est approchée de manière progressive et non définitive. Mais cet argument n'est pas réellement suffisant pour maintenir le réalisme dans toute sa vigueur en raison, d'une part, des attaques sérieuses des antiréalistes comme Van Fraassen qui reflète une incapacité des réalistes à prouver que les théories cherchent la vérité et la description objective de la réalité et non comme l'affirme Van Fraassen l'adéquation empirique (Van Fraassen Bas C., [1980], p.4) et, d'autre part, des redoutables arguments de l'induction pessimiste et de la sous-détermination des théories par les données empiriques. A cela s'ajoute les difficultés d'interprétation de la mécanique quantique qui sont étroitement liées à la discontinuité de la science et l'induction pessimiste.

Cette situation a amené certains philosophes réalistes à opter pour un réalisme sélectif et non un réalisme radical en sacrifiant en quelque sorte le réalisme des théories. Ce choix est le point de départ du réalisme des entités. On peut défendre une position réaliste à propos des entités inobservables décrites par les théories, sans pour autant que cette démarche soit motivée par des raisons que l'on a de considérer comme vraies les théories qui décrivent ces entités. Ian Hacking change le fusil du réaliste d'épaule : selon lui, la réalité n'a rien à voir avec les représentations et les théories mais plutôt avec l'expérience qui nous permet d'observer des choses presque microscopiques et de manipuler des entités inobservables. La position de Hacking a reçu un appui considérable avec l'approche de Nancy Cartwright qui dans sont livre de 1983 *How the Laws of Physics Lie* (Nancy Cartwright [Janvier 2003], p.203-224 in Philosophy of Science) admet la possibilité de croire à la réalité des entités par une simple explication causale et non par des théories.

Selon elle, les théories ne sont pas vraies alors que les lois phénoménologiques le sont, ce qui confirme l'antiréalisme des théories.

Le réalisme structurel

Un vif débat entre les réalistes a tourné pendant de longues années autour des théories scientifiques : dans une tentative peut être inconsciente, voire désespérée de sauver les théories fondamentales que le réalisme des entités réfute ou plutôt le postulat que les théories approchent la vérité, totalement ou approximativement, la réflexion a été portée non plus au contenu de ces théories mais simplement et uniquement aux relations et aux structures qu'elles dénotent. C'est Henri Poincaré qui a inauguré ce grand courant de pensée qu'est le réalisme structurel.

Lorsque ce dernier a commencé à réfléchir à la réalité objective, il découvre qu'elle se limite toujours à la structure et dans les relations. « Pour Poincaré, ce qui objectif est uniquement ce qui est ou peut être commun à tous les esprits connaissant, et ce qui peut être commun à tous les esprits connaissant réside uniquement dans les rapports, et non dans le contenu » (Bouveresse [2003] p.25). Depuis cette déclaration, une vaste littérature a vu le jour autour du réalisme structurel. Il n'est donc pas possible d'aborder le réalisme des entités sans donner un aperçu rapide du réalisme structurel et voir de près les limites de ce réalisme comme une dernière escale auprès du réalisme scientifique dont il constitue une partie intégrante avant de quitter définitivement cette planète pour s'arrimer ensuite uniquement au réalisme des entités.

L'objectif de ce chapitre est de démontrer que le réalisme structurel qui est une position métaphysique dominante aujourd'hui n'est pas la seule réponse au problème de l'inaccessibilité cognitive aux propriétés physiques intrinsèques. En effet, le réalisme structurel soulève un certain nombre de difficultés ontologiques et épistémologiques qui ne peuvent être surmontées qu'en recourant au réalisme des entités et à son concept clé : la manipulation des propriétés intrinsèques des entités physiques inobservables.

D'après le réalisme structural, ce que nous pouvons connaitre ce sont les relations entre les entités physiques et non leurs propriétés physiques intrinsèques.

Cette définition repose sur des arguments physiques qui sont déduits de certaines connaissances empiriques tirées des théories de la physique. Par exemple, les relations d'intrication de la mécanique quantique sont un argument physique de taille pour le réalisme structural.

La mécanique quantique nous enseigne qu'il existe dans le monde microscopique des corrélations entre les systèmes quantiques ainsi que des superpositions entre les états quantiques. Ces situations prennent le nom de phénomène d'intrication quantique. Nous avons donc affaire à des relations entre les systèmes quantiques et non à des propriétés intrinsèques. Par exemple, il existe une corrélation entre un système quantique possédant la valeur spin plus dans une direction donnée et un autre système quantique possédant la valeur spin moins dans la même direction. Ainsi les relations d'intrication sont l'objet principal du réalisme structural. Steven French et James Ladyman affirment dans ce sillage que tout ce qui existe dans le monde quantique ce sont les relations d'intrication (French, Steven, and Ladyman James (2003a) p.73–77).

Le deuxième argument physique du réalisme structurel est lié aux relations spatio-temporelles. Selon la théorie de la relativité générale, le champ métrique n'est pas séparé de l'espace-temps physique. La gravitation qui est représentée par le champ métrique est identique à la courbure de l'espace-temps. Par conséquent, l'espace-temps ne possède pas de propriétés intrinsèques qui seraient indépendantes du champ métrique. On voit ici un autre argument en faveur du réalisme structural.

Les notions de relations et de structure sont devenues dominantes dans le réalisme structurel en raison de la difficulté ontologique d'identifier un système quantique ou un objet quantique aux notions classiques de particule et de champ. L'interprétation basée sur la notion de champ soulève des difficultés qui entravent la notion de champ quantique : le champ quantique est une « perversion » de la notion de champ classique étant donné qu'un champ quantique fait correspondre à chaque point de l'espace-temps non pas une quantité physique mais une entité mathématique abstraite qui représente le type de mesure que l'on peut effectuer.

De même, Il n'est pas facile de croire que l'univers soit composé de particules si on stipule que la localisation, l'individualité et le comptage sont des éléments importants étroitement liés au concept de particule.

Les entités les plus fondamentales de la théorie quantique des champs ne se comportent pas du tout comme des particules de la physique classique.

Selon le réalisme structurel, ce qui compte vraiment, ce sont les relations entre les objets quantiques, abstraction faite de leur nature et de leur identité. Par exemple, la notion de masse ne prend une signification précise qu'en relation avec d'autres entités comme lorsque un corps massif est attiré par un autre corps par l'action de la force gravitationnelle. Le réalisme structurel s'appuie sur l'enseignement tiré de nombreuses théories physiques, selon lequel la structure basée sur les relations entre les objets physiques est l'élément le plus stable de ces théories (Roberts -2010-, Kuhlmann -2010, Kantorovich -2003-Cao -1997-, Lyre -2004).

Il y a cependant différentes versions du réalisme structurel : il y a d'abord la version la plus radicale qui est le réalisme structurel ontique selon lequel la structure est la seule chose qui existe dans le monde physique (position métaphysique). Cette position a été défendue par French et Ladyman. Il y a également une version moins radicale qu'on appelle le réalisme structurel épistémique selon laquelle il n'y a pas que la structure dans le monde physique mais cette structure est la seule chose qui peut être connue. Le réalisme ontique est la version la plus critiquée et c'est ce type de critiques qui nous permettra de nous orienter vers le réalisme des entités.

Le réalisme structurel tire son origine des travaux d'Henri Poincaré et Bertrand Russel. Dans son livre "The Analysis of Matter" (Bertrand Russel [2007] Première publication 1927), Russel a adopté le structuralisme. Il a ainsi développé une théorie causale de la perception selon laquelle il est raisonnable de supposer l'existence de causes externes à notre esprit. Il a affirmé que même si nous avons une connaissance directe de la nature intrinsèque des percepts, il n'en est pas de même pour les évènements se déroulant dans le monde extérieur. La seule manière d'accéder à une connaissance de ces évènements c'est en élaborant des inférences à partir de nos perceptions. En assumant que des causes similaires (évènements) ont des effets similaires (percepts), Russel a argué que les relations entre les effets reflètent les relations entre les causes. On peut donc inférer beaucoup de choses sur le monde physique à partir de la structure de nos perceptions. La structure telle qu'élaborée par Russel est un système de relations similaires ou isomorphes.

Par conséquent, Russel ne s'intéresse qu'au caractère logico-mathématique des relations et non aux relations intrinsèques. Cette position a suscité les critiques des philosophes et des mathématiciens à l'instar de M.H. Newman. Le moins que l'on puisse dire est que le travail de Russel a ouvert la voie à ce qu'on appelle le réalisme structurel ontique qui stipule que la seule chose qui existe dans le monde physique est la structure mathématique et abstraite. Cette position a été retenue par le réalisme structurel ontique.

French et Ladyman ont développé un structuralisme ontique dans les prémisses principales sont : -les objets physiques doivent être re-conceptualisés en des termes purement structurels (2003). Les objets jouent un rôle heuristique qui permettra de reconnaitre les structures comme des réalités ontologiques (1999). Par contre, les éléments non-structuraux renvoient à des considérations d'ordre métaphysiques et non physiques.

L'idée sous-jacente au réalisme structural est la mise entre parenthèses de la nature des entités microscopiques et l'intérêt porté aux relations entre ces entités. Le rejet de toute discussion sur la nature des entités du monde microscopique a amené certains philosophes comme Kantorovich (2003) à adopter une version platonicienne du réalisme structurel. Ce dernier prétend que juste après le Big bang, l'univers était dépourvu de baryons et que tout ce qui existait est la symétrie de la grande unification entendue comme structure abstraite (Kantorovich [2003]).

Cette dernière approche est radicale et elle est peu reconnue parmi les spécialistes du réalisme structurel mais elle reflète très bien la portée du réalisme structurel : celui-ci est basé essentiellement sur l'idée de structure. Lyre (2004) a, soutenu que les théories de jauge en physique des particules sont des exemples-types de structures qui accréditent la thèse du réalisme structurel.

La critique du réalisme structurel

Selon le mathématicien Newman évoquer la structure d'une collection définie de choses n'a pas de sens. Il n'y a aucune information importante concernant l'ensemble *A* hormis le fait que son nombre cardinal figure dans une proposition selon laquelle il existe un système de relations dont *A* représente un champ dont la structure est déterminée une fois pour toute.

Pour n'importe quel ensemble A, un système de relations entre ses membres peut être déterminé et qui possède une structure compatible avec le nombre cardinal de A. cette critique remet en cause le postulat réaliste selon lequel il existe des structures abstraites qu'il est possible de connaitre et qui soient les seules réalités ontologiques du monde physique.

En fait, au-delà de la critique mathématique de Newman, les structures ne permettent pas de faire abstraction des propriétés intrinsèques et des *relata* qui sont de nature causale. Pour résumer la critique de Newman, il suffit juste d'affirmer la trivialité des structures abstraites de Russel.

Cette critique de Newman s'attaque à toute approche visant à limiter le champ de notre connaissance aux propriétés purement structurelles ou propriétés d' « ordre supérieur » (high order) comme l'évoque A. Chakravartty en opposition aux propriétés de premier degré (de nature intrinsèque) (A. Chakravartty [2007]). Cette distinction entre les propriétés du monde physique est très importante. Newman (1928) a affirmé à ce propos que c'est seulement en portant notre connaissance sur ce type de propriétés en opposition à une simple allusion à leur existence et à une connaissance des propriétés structurelles de second ordre qu'on peut distinguer entre les manifestations substantielles des structures en opposition aux structures triviales de Russel. En prenant l'exacte mesure de cette distinction, Chakravartty a adopté un semi-réalisme (ibid.) qui met l'accent sur l'importance des propriétés de premier ordre. Un autre auteur, Redhead (2001) distingue entre les structures abstraites et les structures concrètes. Les structures abstraites sont celles de Russel alors que les structures concrètes sont le résultat des relations entre les propriétés de premier ordre. De cette manière, la connaissance des structures concrètes est immunisée contre la critique de Newman. On va voir dans les sections suivantes que non seulement la structure abstraite est sujette à caution mais également le fait que les structures concrètes mettent en jeu les relations causales entre les propriétés intrinsèques ou de premier ordre.

Le réalisme structurel ontique est une position métaphysique intenable en raison de l'impossibilité de réduire le monde physique à des structures abstraites. Psillos a démontré que la notion de structure n'est pas pertinente parce qu'elle occulte quelque chose de différent de la structure. La structure est une notion trop abstraite qui ne s'accorde avec la variété empirique (Psillos [2004], p.561).

Par exemple, un ensemble d'objets peut avoir n'importe quelle structure : il peut avoir une structure W qui serait isomorphe à n'importe quelle structure, disons W1 (ibid. p.562). Des ensembles différents d'objets peuvent avoir la même structure : une notion arbitraire déjà critiqué par Newman.

De plus, une structure dépend des propriétés qui sont contenues dans un système physique. Selon Psillos, le fait que certaines relations et non pas d'autres déterminent la structure d'un système n'est pas une caractéristique structurelle. Ainsi, il faudrait distinguer entre les structures *ante rem* qui sont abstraites et indépendantes des relations et des propriétés et les structures *in rem* qui n'existent que parce qu'il y a des systèmes prédéfinis aux structures (ibid.).

Par ailleurs, les structures *ante rem* conduisent à une régression à l'infini parce qu'il n'existe aucune structure privilégiée : chaque structure et relative et isomorphe à une autre structure. Par conséquent, les structures ne peuvent pas faire abstraction des objets et des propriétés intrinsèques. Cette situation inévitable se retrouve dans toutes les formes du réalisme structural, y compris dans l'empirisme structurel de Van Fraassen qui est se situe en marge des courants les plus traditionnels du structuralisme.

L'empirisme structurel de Van Fraassen stipule qu'il est possible de connaitre la structure des apparences. Une théorie est couronnée de succès si la structure des apparences est intégrée de manière isomorphe à un modèle ou à sous-modèle d'une théorie, ce qui permet à cette théorie d'être adéquate empiriquement (Fraassen [1980]). On peut voir que l'empirisme de Fraassen n'est pas un pur réalisme structurel et il n'est pas contradictoire avec une approche qui suppose l'existence de propriétés intrinsèques ou des propriétés *in re*. Il n'exclut pas que les apparences dont il parle reflète des propriétés concrètes. De cette manière, le structuralisme de Van Fraassen n'exclut pas que les apparences reflètent l'existence de systèmes physiques causalement connectés entre eux. Les apparences ne sont que les reflets de ces systèmes interconnectés causalement. En effet, le structuralisme fait face à un obstacle majeur : il n'explique pas pourquoi et comment les systèmes physiques sont connectés causalement. De cette manière les structures sont inadéquatement liées aux relations causales.

La structure du monde physique est de nature causale. French et Ladyman ont affirmé que les relations causales constituent l'aspect le plus fondamental de la structure du monde (2003). Toutefois, le réalisme structurel ontique ne s'accommode pas de la causalité. De cette manière, la notion de persistance structurelle qui est à la base des travaux de Russel n'est pas suffisante pour expliquer les relations causales. Russel lui-même à reconnu qu'il y a des changements causaux qui n'impliquent pas une persistance structurelle.

Par ailleurs, si on a deux systèmes isomorphes l'un à l'autre (c'est-à-dire identiques), on ne peut pas savoir si l'un et la cause de l'autre. Si la causalité est une relation de dépendance entre des systèmes physiques, l'idée d'un isomorphisme entre la cause et l'effet est remise en cause. Le fait que *c* cause *e* dépend d'un principe non structurel. Deux systèmes physiques peuvent avoir la même structure tout en étant pas causalement liés. Les relations causales sont intrinsèquement liées aux propriétés ou ce qu'on appelle les *relata* et non rien à voir avec les structures.

Notre survol des questions liées à la causalité va nous permettre d'aller plus loin et de voir que les concepts les plus sophistiqués du réalisme structurel comme les symétries ne peuvent faire abstraction de l'existence d'objets physiques concrets qui n'ont finalement rien à voir avec les structures.

Les symétries sont des exemples de structures qui reflètent une certaine continuité dans le développement des théories de la physique des particules comme les théories de jauge. Afin de comprendre cette notion, il faudrait partir des transformations T dans un système lagrangien en regardant de près les éléments qui demeurent inchangés durant ces transformations. Les symétries sont par conséquent un ensemble composé des transformations et des éléments invariants. Les symétries ne sont pas identifiées uniquement pour les systèmes lagrangiens mais également pour des données empiriques. Elles sont par conséquent très utiles pour combler le fossé entre les informations purement empiriques et les descriptions les plus abstraites des théories. Les symétries sont par ailleurs étroitement liées aux lois de conservation dans la mesure où l'invariance de certains éléments d'un système physique est un aspect stable de ce système sous certaines transformations. Les symétries ont également joué un grand rôle dans l'unification de certaines forces.

La symétrie spécifique en mécanique quantique des champs nécessite la détermination des transformations T ainsi que l'invariance I de certains éléments de ce système durant ces transformations. Une symétrie est une paire [T, I] ou I est une transformation et I l'invariance de certaines parties du système sous cette transformation.

Concernant plus particulièrement les transformations T, il y en a deux types : les transformations de l'espace-temps qui sont universelles et s'appliquent à toutes les interactions de la mécanique quantique des champs. Il y a également les transformations internes au système physique qui sont caractéristiques de certains types de forces comme les interactions électromagnétiques. Les transformations internes de symétrie permettent de définir les propriétés des entités quantiques qui sont conservées lorsque la symétrie n'est pas brisée. La distinction symétrie interne/symétrie d'espace-temps, renvoie à l'objet sur lequel la symétrie agit. S'il s'agit d'un objet physique, comme le champ électromagnétique par exemple, alors on parle de symétrie interne. Si la symétrie agit sur l'espace dans lequel les objets physiques baignent, alors on parle de symétrie d'espace-temps.

Le rôle heuristique et informationnel des symétries comme étant une invariance de certains éléments durant certaines transformations a amené certains philosophes à leur reconnaitre un statut ontologique dans la formulation des théories de la mécanique quantique des champs. Kosso (2003) a affirmé que les symétries contribuent à retenir ce qui est objectif dans un ensemble complexe de descriptions et de conventions. Auyang (1995) a mis l'accent sur le lien entre les propriétés d'un groupe de symétrie et l'interprétation de l'identité d'un système quantique.

Dans ces transformations, on peut distinguer nettement le rôle de l'intervention et de l'invariance. Ces deux notions ont été développées dans le cadre de la théorie interventionniste de Jim Woodward qui est appelée aussi théorie de l'explication causale basée sur la manipulation. Selon cette théorie, l'explication causale est suffisamment profonde si la structure d'un système physique reste invariante sous les interventions. Si on prend deux variables a et b représentant respectivement la cause putative et l'effet, on peut affirmer que *a* cause *b* si la relation entre *a* et *b* demeure invariante sous des interventions sur la cause putative *a* (Woodward 2002). Il existe une similarité pertinente entre cette définition et celle liée aux transformations de symétrie.

Lorsqu'on parle par exemple des équations de Maxwell qui restent inchangées lorsqu'on change simultanément le potentiel électrique par la dérivée par rapport au temps, c'est le même type d'invariance dont il s'agit dans la théorie interventionniste de Woodward : selon cette théorie, les relations d'explication doivent être des relations invariantes et une relation est invariante si elle reste stable et inchangée lorsqu'on change certaines variables putatives.

Le réalisme structurel dans ses versions les plus récentes accordent de plus en plus de l'importance aux propriétés intrinsèques comme la masse, la charge et le spin.

Le réalisme structurel des Tropes repose sur la notion d'un ensemble de propriétés pour affirmer quoi que ce soit sur l'identité de l'entité quantique. La notion de propriété est cruciale pour sortir de l'impasse à laquelle a abouti l'interprétation des notions classiques de particule et de champ dans la mécanique quantique des champs.

D'ailleurs, la notion de structure et celle de relation, des notions traditionnelles du réalisme structurel, sont insuffisantes et abstraites en l'absence de notions de nature causale au sein des théories de la mécanique quantique des champs.

C'est la réponse des réalistes à la question suivante : si le réalisme structurel repose *in fine* sur la notion de structure et sur les relations entre les objets de la physique des particules, ces concepts demeurent tout de même énigmatiques. Si les relations entre les objets sont aussi importantes, qu'en est-il des objets eux-mêmes ? Le réalisme structurel des Tropes repose sur la notion d'un ensemble de propriétés pour affirmer quelque chose sur l'identité de l'entité quantique.

La notion de propriété est cruciale pour sortir de l'impasse à laquelle a abouti l'interprétation des notions classiques de particule et de champ dans la mécanique quantique des champs. Il est difficile de comprendre des notions comme les relations et les structures qui sont essentiellement de nature mathématique plutôt que physique. Par exemple, l'existence d'un groupe de symétrie en mécanique quantique des champs ou une invariance de jauge ne signifient pas que cette théorie physique repose uniquement sur de telles notions mathématiques. Les théories de jauge prévoient l'existence de particules comme les bosons de jauge. Un boson de jauge est une particule élémentaire de la classe des bosons qui agit comme porteur d'une interaction élémentaire.

Plus spécifiquement, les particules élémentaires dont les interactions sont décrites par une théorie de jauge exercent l'une sur l'autre des forces par échange de bosons de jauge, généralement sous forme de particules virtuelles. Par conséquent, lorsque le réalisme structurel parle de la théorie de jauge en mettent l'accent sur l'invariance de la structure par exemple, il occulte l'existence des particules, ce qui laisse le problème de l'interprétation de leur concept entier et non résolu.

Pour résumer l'évolution du réalisme structurel, on peut retenir la pertinence de deux éléments de base qui ont été rapidement évoqués ci-dessus : la notion de propriété qui permet de ne plus retenir les notions classiques de particule et de champ dans la description des entités quantiques en mécanique quantique des champs.

Au lieu d'affirmer que le photon est une particule sans masse ou un champ quantique, il convient plutôt de voir cette entité quantique comme un ensemble de propriétés physiques comme la masse, le spin et la polarisation.

Le deuxième élément est la notion de transformation T qui est liée à la symétrie d'un système physique : nous avons vu que la symétrie spécifique en mécanique quantique des champs nécessite la détermination des transformations T ainsi que l'invariance I de certains éléments de ce système durant ces transformations. Une symétrie est une paire [T, I] ou I est une transformation et I l'invariance de certaines parties du système sous cette transformation. En combinant ces deux éléments, on peut voir de près que la particularité significative du réalisme est la manipulation/intervention des propriétés causales intrinsèques ainsi que l'invariance des relations causales au moment de l'intervention/manipulation qui peut prendre le nom de transformation.

C'est donc la notion d'intervention sur les propriétés causales d'une entité quantique qui permet à la théorie d'avoir une profondeur d'explication. Cette notion telle que présentée dans la théorie de Woodward permet de débuter une analyse de l'entité quantique qui fait l'économie d'une interprétation de son identité là ou le réalisme structurel a permis d'aboutir aux notions les plus sophistiquées : l'invariance et la transformation de symétrie.

Toutefois, nous poursuivrons notre examen en remplaçant le réalisme structurel par le réalisme des entités de Ian Hacking : au lieu de croire à l'existence de toutes les entités prédites par la théorie en portant uniquement notre attention aux relations structurelles et à la symétrie, nous limiterons notre intérêt uniquement aux entités qui peuvent être manipulées ou qui font l'objet d'interventions sans aucune interprétation hormis l'invariance d'un système physique.

Ce que nous allons proposer en fait est de suspendre notre jugement sur les notions de particule et de champs comme en mécanique quantique des champs et de focaliser notre attention sur notre capacité à intervenir sur les relations causales entre les propriétés des entités quantiques. Nous reconnaissons néanmoins la notion de propriété physique et nous considérons une entité quantique comme l'électron comme un faisceau de propriétés comme le spin, la masse, le moment cinétique et l'impulsion. Nous reconnaissant également l'importance de l'invariance des relations causales (la théorie) entre ces propriétés durant ces interventions ou ces manipulations.

Plaidoyer pour le réalisme des entités d'Ian Hacking : une alternative au réalisme structurel

En récapitulant la critique du réalisme structural, nous pouvons dire que depuis les critiques sérieuses dont le réalisme structurel ontique a fait l'objet, ce dernier a évolué. La notion de structure a été préservée mais la notion de propriété a pris plus d'importance dans le cadre des nouvelles approches comme le réalisme structurel étendu de Lyre ou l'ontologie des tropes de Kuhlmann. Lyre a apporté des modifications à sa première version du réalisme structurel en développant un réalisme structurel étendu selon lequel les propriétés les plus importantes sont non seulement les relations structurelles mais également les propriétés intrinsèques qu'il appelle les « invariants de structures » comme la masse, le spin et la charge (Lyre [2004]).

Kuhlmann (2012) a proposé une approche intitulée l'Ontologie des Tropes. Cette approche considère les objets quantiques comme des ensembles de propriétés. Un ensemble de propriétés reste inchangé même si les objets quantiques qu'il représente sont différents. Un ensemble de propriétés est identifié grâce aux caractéristiques d'un secteur sélectionné en physique des particules comme les différents types de charges, de masse et de spin.

Etant donné que ces propriétés ne changent pas avec une transition d'état du système quantique, elles reflètent par conséquent l'identité ultime de l'entité quantique. Ces propriétés forment un ensemble que Kuhlmann appelle Tropes.

Mais on analysant profondément le réalisme structurel dans toutes ses versions, on peut remarquer le rôle de plus en plus important accordé aux relations causales des propriétés et non aux propriétés elles-mêmes.

A. Chakravartty (Anjan Chakravartty [2007], p.47) distingue par exemple entre les propriétés de détection et les propriétés auxiliaires. Les propriétés de détection sont des propriétés causales qui interagissent d'une certaine manière avec les détecteurs. C'est donc le comportement caractéristique de la propriété qui prend de l'importance. Toutefois, l'exploitation des propriétés causales va au-delà de la détection pour couvrir toutes les formes d'exploitation de ces propriétés causales.

Cette idée de l'exploitation des propriétés causales va nous amener à au réalisme des entités de Ian Hacking qui est une approche purement heuristique de la manipulation.

Hacking plaide en faveur du réalisme des entités selon lequel nous sommes forcés de croire en l'existence des entités que nous « manipulons » dans une expérience. Selon ses termes « faire des expériences sur une entité ne nous oblige pas à croire à son existence. Mais la manipuler, dans le cadre d'une expérience par exemple, vous y contraint. » (Hacking, 1983). Il évoque deux arguments en faveur du réalisme des entités : le premier concerne les termes qui dénotent putativement les entités observables (comme les atomes grâce aux techniques modernes) et le deuxième a trait aux termes qui dénotent putativement des entités qui ne peuvent être en principe observées (comme les électrons et les quarks). Il soutient que lorsqu'une entité putative peut être observée par une variété d'instruments qui opèrent grâce à une panoplie de moyens physiques non liés entre eux, nous avons alors des raisons de supposer que cette entité est réelle (Ian Hacking [1983], p.262). S'agissant des termes théoriques qui dénotent putativement les entités inobservables, Hacking développe un argument simple : lorsque nous parvenons à manipuler d'autres parties de la nature par une entité qui est considérée jusqu'alors comme conjecturale, nous pouvons considérer cette entité comme réelle (ibid.).

Les scientifiques sont en mesure de manipuler des entités dans le but d'intervenir pour agir sur d'autres entités de la nature en utilisant ces entités comme des outils de la recherche scientifique et en exploitant leurs propriétés causales. C'est à cette condition que l'existence de ces entités est révélée comme réelle.

Nous ne pourrons peut-être jamais vaincre les obstacles conceptuels soulevés par la nature des entités quantiques dans le cadre de la mécanique quantique des champs, mais nous pouvons vérifier si ces entités peuvent être manipulées. C'est ce que font les expérimentateurs de la physique quantique.

On peut construire une théorie parfaitement viable de la manipulation des entités quantiques en s'appuyant sur des arguments valides sur les conditions de cette manipulation et ses résultats diversifiés et en analysant minutieusement les expériences les plus récentes de la physique quantique.

On manipule un électron en exploitant ses propriétés que sont la masse, la charge, le spin, la position, la vitesse et l'impulsion sans supposer qu'il soit une particule ou un champ.

Seule sa manipulation importe : en fait la manipulation n'est autre chose qu'une intervention sur la relation causale entre la variable x (cause) et la variable y (effet). L'expérimentateur agit sur la variable x afin de changer la variable y. Cette relation causale aboutit à plusieurs résultats et elle obéit à des conditions.

Le concept de manipulation, concept clé du réalisme des entités

Après avoir révélé les limites du réalisme structurel qui ouvrent la voie au concept de manipulation des entités quantiques (si on ne peut plus savoir ce que sont les concepts de particule et de champs quantiques, il n'en demeure pas moins vrai que la manipulation des propriétés physiques de ces entités -masse, spin, charge-est la seule manière d'admettre la réalité de ces entités), on va voir toute la portée philosophique du réalisme des entités, une école de pensée qui reconnait justement le rôle de la manipulation pour le réalisme.

En fait, la leçon importante qu'on a tirée de cette critique est que des propriétés physiques existent comme la charge électrique et le spin qui ne peuvent être décrites comme des structures ainsi que l'invariance d'un système physique qui est régi par des relations causales. L'entité inobservable comme l'électron est en fait un ensemble de propriétés intrinsèques et réelles régies par des relations causales invariantes (lois physiques). Ainsi on peut définir ces propriétés comme causales. Quant à l'objet physique *stricto sensu,* entendu comme une ontologie, on ne peut le déterminer.

On ne peut que reconnaitre que la réalité de ses propriétés intrinsèques qu'on peut manipuler dans les expériences. C'est grâce à cette manipulation, qu'on sait que quelque chose existe dans le monde microphysique sans pouvoir déterminer et décrire une ontologie précise. Le réalisme des entités de Ian Hacking remplit ainsi son office qui débouche vers le réalisme. Mais c'est quoi au juste le réalisme des entités ?

Selon le réalisme des entités, nous avons de bonnes raisons de croire que les entités décrites par les théories scientifiques existent dans la réalité indépendante de l'entendement humain ou de l'observateur.

En général, ce courant de pensée admet l'existence d'entités inobservables[7]. Le réalisme des entités est une combinaison entre une vision positive et un constat négatif. La vision positive concerne l'existence et la réalité de ces entités. Mais il contient un constat négatif qui n'est autre qu'un certain scepticisme à l'égard des théories. C'est ce qui est désigné du nom d'antiréalisme des théories. Mais entre ces deux visions, il y a la manipulation des entités inobservables qui compte et sur laquelle repose le réalisme des entités. Nous allons maintenant analyser ce concept de la manière la plus précise possible et voir comment il s'arrime concrètement dans la pratique expérimentale.

---

[7] On peut parler indistinctement d'entités théoriques ou d'entités tout court ou d'entités expérimentales dans la mesure où ces notions sont équivalentes. En réalité, on peut parler d'entités théoriques, parce que les entités sont décrites et mentionnées par les théories. Nous utiliseront la notion d'entité expérimentale en évoquant le réalisme expérimental de Ian Hacking qui est plus précis.

Nous pouvons en fait distinguer deux types de manipulations : une manipulation que nous appelons active et une manipulation qu'on qualifie de passive. La manipulation active implique une ou plusieurs opérations physiques sur une entité microscopique *x* qui induit un changement des propriétés d'une autre entité *y*. Ce changement est ce qui constitue l'essence même de la manipulation. Ce type de manipulation est au cœur du réalisme des entités de Hacking et lui donne toute sa dimension philosophique : « intervenir » dans le monde physique microscopique et inobservable et asseoir sa réalité des entités qui servent à la manipulation. S'agissant de la manipulation passive, c'est un type de manipulation qui n'implique aucune intervention sur les entités *x* mais des changements sur ces entités se produisent en raison d'une mise en disposition particulière, c'est-à-dire la mise en place d'un arrangement expérimental particulier qui permet de manipuler d'autres entités *y* en explorant aussi profondément que possible ses propriétés causales. Ce type de manipulation va au-delà d'une manipulation *stricto sensu* et dont la portée n'a pas été prévue par Hacking.

Revenant maintenant aux aspects philosophiques de la manipulation version Hacking : le réalisme des entités qui est une position métaphysique a eu comme point de départ le livre de Hacking *Representing and Intervening* ainsi que le livre de Nancy Cartwright *How the Laws of Physics Lie* qui ont été publiés la même année (1983).

Nous allons aborder les arguments philosophiques appuyant cette position métaphysique qui représente l'approche la plus sophistiquée pour sauver le réalisme des attaques redoutables des antiréalistes. Notre analyse doit couvrir l'ensemble de ces arguments qu'ils soient cités par la littérature de Hacking lui-même, ou celle des autres philosophes. Mais également le résultat de nos propres recherches sur le sujet.

A ce propos, il y a trois arguments supplémentaires qui s'ajoutent à ceux qui ont été élaborés par Hacking et ces défenseurs : le faillibilisme général des théories scientifiques, les incertitudes ontologiques de la mécanique des champs et l'autonomie/générosité de l'expérience.

Le faillibilisme général des théories de la mécanique quantique et les incertitudes ontologiques de la mécanique quantique des champs sont des arguments antiréalistes par excellence qui montrent que la réalité des entités n'a rien à voir avec le réalisme des théories qui est d'ailleurs sujet à caution à la lumière des développements théoriques les plus récents de la physique quantique et la physique des particules. Hacking a prévu cette situation en affirmant clairement que l'inférence à la meilleure explication n'est plus suffisante pour former une base solide au réalisme scientifique.

Quant aux incertitudes ontologiques, ils s'ajoutent à cet antiréalisme théorique en empêchant les physiciens de déterminer la nature et la réalité des entités de la mécanique quantique des champs comme les particules et les champs. On ne sait plus si les entités qui peuplement le monde microscopique sont des particules ou des champs. Cette incertitude métaphysique ouvre la voie au réalisme des entités : dans la mesure où nos connaissances théoriques ne nous permettent pas de savoir ce que sont en réalité les entités quantiques, on est alors obligé de suspendre notre jugement sur la vérité des concepts théoriques et admettre que les théories ne sont pas nécessairement vraies ou approximativement vraics. Selon Hacking, le problème avec les théories et les concepts théoriques c'est le fait qu'elles relèvent de la représentation. Or, il cherche à s'éloigner de toute représentation en faveur de l'intervention dans le monde expérimental.

Sa démarche est expérimentaliste à outrance puisque son analyse débouche grâce à l'expérimentalisme vers la manipulation des entités comme seule critère pour la détermination de la réalité des entités inobservables. L'autonomie de l'expérience est également un argument pour le réalisme des entités. L'expérience est non seulement autonome de la théorie mais elle possède aussi une valeur inductive en permettant de développer des concepts théoriques. En inversant la relation entre la théorie et l'expérience, nous pouvons renforcer le réalisme des entités qui repose exclusivement sur l'expérience et la manipulation.

La discontinuité et l'induction pessimiste qui sont reflétés dans l'évolution de la physique quantique et qui montrent que les concepts théoriques de la mécanique quantique sont fragmentés en n'obéissant à aucun schéma d'unification sont également des arguments en faveur du réalisme des entités.

L'induction pessimiste signifie que certains concepts théoriques ont été dépassés et dans le futur des concepts seront encore réfutés. Par exemple le principe de complémentarité de Bohr et le théorème de Von Neumann en mécanique quantique ont perdu aujourd'hui de leur importance pour la physique quantique. Avec un tel éclairage, la démarche de Hacking qui repose sur un renoncement au réalisme des théories est justifiée. Sa position métaphysique est en fait une réponse à l'échec du principe de l'inférence à la meilleure explication et aux attaques des antiréalistes comme Van Fraassen.

La stratégie de Hacking est de préparer un terrain d'entente entre le réalisme scientifique qui admet la vérité des théories et l'antiréalisme qui refuse cette vérité. Cette stratégie s'appuie sur deux axes majeurs : le premier est la distinction entre les entités observables et les entités inobservables et il montre de quelle manière il vérifie la réalité des uns et des autres sans recourir à des théories. Ensuite, il admet l'existence de concepts qui ne sont pas essentiellement théoriques qu'il appelle « généralisations de haut niveau » qui sont des références pour désigner les entités inobservables dans un contexte marqué par des changements profonds dans les théories. Ces généralisations de haut niveau permettent une explication des relations causales entre les entités sans recours aux théories de premier niveau. Cette façon de voir a été appuyée par Nancy Cartwright dont le travail principal a été de montrer qu'on peut admettre la réalité des entités par une simple explication causale en utilisant des instruments qui se situent entre les théories et l'expérience comme les lois phénoménologiques et les modèles.

Ce travail est vraiment décisif pour renoncer aux théories et solidifier les fondements du réalisme des entités. La première section sera consacrée à ce débat très important en mentionnant certaines critiques adressées à Hacking par certains auteurs qui veulent remettre en cause la possibilité de constituer un terrain d'entente pour le réalisme.

On va également montrer que ces critiques sont loin d'être suffisantes pour remettre en cause le réalisme des entités. On va enfin montrer que les généralisations de haut niveau de Hacking ont été largement utilisées par les auteurs qui se réclament de son école pour expliquer comment des entités sont reconnues par les physiciens alors que les théories qui les décrivent changent constamment.

Le réalisme des entités comme « terrain d'entente » pour le réalisme

Le réalisme des entités est un « terrain d'entente » entre le réalisme scientifique et l'antiréalisme empirique. En fait, il concilie entre ces deux grands courants de pensée en acceptant les arguments antiréalistes contre les théories tout en maintenant l'argumentation du réalisme scientifique, en particulier l'explication causale et en admettant le réalisme concernant les entités inobservables en recourant au concept de manipulation dans l'expérimentation. Cette position métaphysique originelle est une tentative pour sauver le réalisme en évitant de le faire reposer sur le principe de l'inférence à la meilleure explication. Bien que ce principe a été cité dans les pages précédentes, il convient de le définir à nouveau parce tout l'enjeu du réalisme des entités est de se démarquer de ce principe dans une démarche visant à immuniser le réalisme des attaques redoutables des antiréalistes comme Van Fraassen, ce qui provoque la naissance du réalisme des entités.

Hacking lui-même lui donne une définition précise : « lorsqu'on est confronté à un phénomène et lorsque vous parvenait à une explication même plausible et approximative mais qui semble acceptable et à défaut de laquelle le phénomène demeurera inexplicable, alors on doit conclure que cette explication est probablement vraie » (Hacking [1983], p.5]. Les conséquences de ce principe pour le réalisme scientifique sont de différents ordres : (1) les théories scientifiques corroborées sont vraies ou approximativement vraies. (2) en acceptant une théorie scientifique, nous acceptons qu'elle est vraie et (3) les entités décrites par les théories scientifiques sont réelles dans le sens ou les termes théoriques se réfèrent à ces entités.

Ian Hacking considère que le principe de l'inférence à la meilleure explication et ses conséquences ne sont pas valides parce qu'elles sont étroitement liées aux représentations. Celles-ci représentent selon lui un véritable cul-de-sac idéaliste ou ce qu'il appelle l'écran des représentations. Hacking va s'attaquer dans une grande partie de son livre « anthologique » à la notion de représentation. Selon lui, la philosophie de la connaissance du XXe siècle a simplement perpétué les épistémologies et philosophies de la connaissance du XVIIe siècle, mais en nous enfermant cette fois-ci complètement dans la représentation (Hacking, p.218).

Cet enfermement est considéré par Hacking comme le résultat d'une propension à privilégier la théorie du savoir conçue comme « spectacle » en créant un fossé entre la pensée et l'action (ibid.). Il ajoute même un argument psychologique en qualifiant l'intérêt de la philosophie de la connaissance pour la représentation d'obsession qui obscurcit l'importance de l'intervention et de l'action qui se déploient dans l'expérimentation (ibid.).

C'est pour cette raison que les arguments des antiréalistes contre le principe de l'inférence à la meilleure explication ont fait long feu comme ceux de Laudan (1981), de Fine (1984) et de Boyd (1991) mais aussi de Van Fraassen.

Une fois la représentation évitée, le réalisme et l'antiréalisme sont renvoyés dos à dos puisque les arguments antiréalistes contre la théorie (c'est-à-dire une forme de représentation) ne sont plus nécessaires. Un terrain d'entente est donc établi qui permet d'aborder la question de la réalité des entités observables et des entités inobservables indépendamment des théories, ce qui concorde avec les arguments antiréalistes des théories. Mais ce terrain d'entente tente aussi de sauver la réalité de certaines entités, en particulier inobservables en adoptant une démarche originelle, alternative et nouvelle qui est tournée vers l'intervention et l'expérimentation et qui permet de sortir du dilemme antiréaliste de Fraassen qui consiste à ne croire ni à la vérité des théories scientifiques ni à l'existence des entités inobservables de la science.

Ainsi, le travail expérimental fournit la meilleure preuve du réalisme des entités. Non pas en raison du fait que nous testons des hypothèses concernant les entités. « Mais plutôt du fait que les entités qui ne sont pas en principe «observés» sont régulièrement manipulés pour produire un nouveau phénomène et de faire des expériences sur d'autres phénomènes de la nature.....Plus nous comprenons certaines forces causales des électrons, plus nous pouvons construire des instruments qui peuvent réaliser des effets très bien connus dans d'autres parties de la nature. Avec le temps lorsque nous utilisons l'électron pour manipuler d'autres parties de la nature de manière systématique, l'électron cesse d'être quelque chose d'hypothétique et d'inféré » (ibid.).

Il y a en fait comme une dualité épistémologique dans le raisonnement de Hacking : l'utilisation des électrons ou de toute autre entité inobservable permet non seulement d'intervenir dans le monde microscopique mais également de croire en leur réalité.

Il y a ainsi un cercle vertueux qui n'a pas été prévu par les philosophes de la théorie entre le réalisme et l'intervention. C'est notre capacité à utiliser les électrons comme des outils pour manipuler d'autres entités inobservables qui permet de croire, en même temps, en leur réalité. C'est pour cette raison que certains ont suggéré que Hacking s'intéresse uniquement aux entités inobservables. C'est dans l'inobservabilité que le travail de Hacking prend toute sa signification et pour le réalisme et pour la manipulation. Mais pour parvenir à ce résultat, Hacking prend comme point de départ une distinction nette entre ce qui est observable et ce qui n'est pas observable.

La manipulation comme critère de distinction entre entités putatives : premier élément

Dans un article très critique (Richard Reiner et Robert Pierson [1995], p.60 à 69), sont évoqués deux types de réalisme chez Ian Hacking. Le premier concerne les entités qui sont putativement observables. Quant au deuxième réalisme, il concerne les entités qui ne peuvent être en principe observées. La réalité de ces deux types d'entités est déterminée par des voies différentes : en se référant au premier domaine (le réalisme des observables), quand une entité putative peut être observée grâce à une variété d'instruments qui opèrent en recourant à des moyens physiques différents, nous avons alors de bonnes raisons de supposer que l'entité en question est réelle.

Hacking parle ici d'entités observables mais à peine (tiny). Se sont presque des entités microscopiques mais qui peuvent être observées par des systèmes physiques différents. En fait, Hacking souligne que si la coïncidence nous offre l'occasion que des processus physiques très différents produisent des configurations visuelles identiques (….), alors on est sûrs que les entités en question sont réelles (ibid.).

L'exemple du microscope électronique en transmission (ou MET, en anglais TEM pour *Transmission Electron Microscopy*) a été donné par Hacking pour démonter que ce système est équivalent au microscope ordinaire puisqu'il permet d'observer l'entité à peine observable (tiny observable) et de la considérer comme réelle et non comme un « artefact ». Dans ce genre de microscope, un faisceau d'électrons est « transmis » à travers un échantillon très mince. L'interaction entre les électrons et l'échantillon donnent naissance à une image.

La technique utilisée dans ce microscope consiste à placer un échantillon suffisamment mince sous un faisceau d'électrons, et à utiliser un système de lentilles magnétiques pour projeter l'image électronique de l'échantillon sur un écran phosphorescent qui la transforme en image optique. Peu importe la différence en techniques entre le microscope ordinaire et le microscope électronique, le fait le plus important pour Hacking est l'observation d'entités putatives par des moyens différents dont les techniques ne sont pas du tout similaires. Dans ce cas, nous avons alors de bonnes raisons de supposer que cette entité soit réelle et non un simple « artefact » (ibid. p.61 et 62).

Cette affirmation remet en cause le postulat positiviste selon lequel seule la théorie décide de ce qui peut être observé ainsi que tout argument antiréaliste et elle repose sur le principe de la coïncidence qui remplace l'inférence à la meilleure explication : « les objets observés sont soit réels, soit des artefacts. Ce sera une pure coïncidence s'ils sont des artefacts : par conséquent, ils sont réels » (ibid., 201).

Hacking ajoute au principe de la coïncidence qui est sous-jacent à la logique de la multiplicité des microscopes, les arguments suivants : (1) nous réussirons toujours à supprimer les aberrations et les artefacts ; (2) nous pouvons interférer avec les entités que nous observons ; (3) nous avons de bonnes connaissances de la physique qui servent à construire les microscopes. Ce genre d'arguments est intitulé généralisations de haut niveau qui nous permettent de contrôler et de créer des phénomènes à travers le microscope (ibid. 208).

Hacking a ainsi élaboré en fin de compte une démarche épistémologique permettant de déterminer la réalité des entités observables (logique de la multiplicité des microscopes et principe de coïncidence) ainsi que la réalité des entités inobservables.

Ceux-ci sont considérés comme des entités réelles et non comme des « objets de la pensée » grâce à la manipulation des propriétés causales de ces entités. Par exemple la manipulation de l'électron grâce aux instruments scientifiques comme PEGGY II est le seul critère qui permet de révéler sa réalité. Les électrons sont manipulés comme des instruments.

On peut affirmer sans broncher que le mot « instrumental » désigne des instruments et des équipements comme les cyclotrons, les dynamos et les pompes et non pas seulement des instruments d'observation comme les microscopes et les télescopes.

Mais c'est l'exemple de la relation entre l'électron et le quark dans l'expérience sur les courants neutres qui convainquit définitivement Ian Hacking : il n'y a aucune preuve de la réalité des quarks en raison de leur furtivité (dès qu'on tente de les séparer du noyau atomique, ils se regroupent pour devenir invisibles). Mais grâce aux électrons, on peut changer leur charge électrique. Dès lors que l'électron agit sur le quark, il devient réel. Le plus intéressant dans cette petite histoire est que les expériences sur les quarks ne sont possibles que grâce aux effets des électrons et des positrons (antiélectrons). L'approche de Hacking permet donc d'établir un parallèle entre l'antiréalisme des théories, la manipulabilité des entités et la philosophie de l'expérimentation.

Cette façon de voir les choses a fait l'objet de plusieurs critiques qui ont été bien résumées par Richard Reiner et Robert Pierson [ibid. p.65 à 67]. Il est important d'aborder ces critiques afin de voir si le réalisme des entités représente bien ce terrain d'entente entre le réalisme et l'antiréalisme.

Un premier type de critique est de considérer l'appel de Hacking pour un changement du centre de gravité du réalisme de la théorie vers l'expérience et de la représentation vers l'intervention comme purement « psychologique ».

Cette attitude permet de jeter la lumière sur les causes de certaines convictions mais ne peut établir les fondements épistémologiques du réalisme des entités [ibid. p.65]. Il est vrai que Hacking recourt au mot « croyance », ce qui laisse penser que sa démarche n'est pas ontologique et métaphysique. Ceci est bien reflété lorsqu'il affirme « expérimenter sur une entité, nous vous engage pas à croire qu'elle existe. C'est seulement en manipulant une entité dans le but de réaliser une expérience sur quelque chose d'autre qui permet de faire cette croyance » (1983, p.263).

Par ailleurs, Reiner et Pierson soulignent que les arguments de la manipulation et de l'engineering ne peuvent justifier le réalisme des entités à moins que l'inférence à la meilleure explication ne soit reconnue à l'avance, ce qui alimente systématiquement la critique antiréaliste [ibid. p.65].

Mais ces deux auteurs ne nous expliquent pas de quelle manière cette critique s'articule contre le réalisme des entités.

Mais ce sont A.Gross (1990) et J.Agassi (1988) qui se sont attaqués au critère de la manipulation de manière nouvelle et intéressante : selon Gross, Hacking travaille ses arguments en recourant à des analogies (ibid. p.66). Lorsque ce dernier compare des entités comme les électrons aux machines comme les cyclotrons en leur attribuant une utilisation similaire, c'est-à-dire une manipulation, il recourt à l'analogie. Or, l'analogie ne possède pas une qualité ontologique qui est nécessaire pour appuyer le réalisme des entités (ibid.). Considérer les électrons comme des outils, ne confère pas également au réalisme des entités, un fondement épistémologique qui nous permet de justifier notre croyance en la réalité des électrons. Agassi pour sa part nous explique de manière plus explicite en quoi l'analogie est vague : son caractère suggestif ne permet pas de conclure à quelque chose de réel.

Les analogies sont simplement suggestives (ibid.). Elle n'évoque que des ressemblances, ce qui laisse la question ouverte de la nature de cette ressemblance (identité, co-extentionnalité, taxonomie). La question de la réalité des entités ne peut donc se réduire à une simple ressemblance (ibid.).

Reiner et Pierson ajoutent un argument de taille : en réalité, dans la pratique expérimentale, on n'a jamais accès aux entités inobservables. Tout ce qu'on peut obtenir ce sont des interactions entre des observables. Ces deux auteurs précisent que c'est l'argument de l'inférence pour une meilleure explication qui permet de croire que les interactions entre les observables cachent la présence d'entités inobservables (ibid.). Au fur et à mesure de l'utilisation de méthodologies diverses que des théories sophistiquées sont élaborées qui expliquent les propriétés causales des entités inobservables. Mais on n'a jamais un accès direct dans les expériences à ces entités inobservables.

Cette critique procède d'une logique qui laisse entendre une réhabilitation du réalisme des théories à l'encontre du réalisme des entités. Alain Musgrave résume cette situation en affirmant « Nous somme amené à croire à des entités scientifiques….sans croire à la vérité d'aucune théorie décrivant ces entités. Nous somme des réalistes des entités sans être des réalistes des théories….Cette attitude est incohérente. Pour croire à une entité tout en ignorant tout de cette entité, c'est ne croire à rien » (Musgrave [1996], p.20).

C'est une difficulté qui a attiré l'attention d'auteurs comme Resnik, lequel a critiqué Hacking en affirmant que le réaliste des entités ne peut avoir une connaissance suffisante des entités que s'il reconnait que les théories décrivant ces entités sont approximativement vraies et que l'expérimentation n'est pas indépendante de la théorie (Resnik 1994, 395). Il donne l'exemple des quarks que nous allons maintenant examiner attentivement.

Les preuves de l'existence des quarks colorés proviennent d'expériences « très chargées » théoriquement sur les dispersions inélastiques lepton-hadron qui ne peuvent être interprétées de manière satisfaisante sans un engagement en faveur de la chromodynamique quantique (QCD) et à l'ensemble de son appareil théorique. L'expérience et la théorie sont inextricablement liées *a fortiori* lorsqu'il s'agit d'expérimentations hautement élaborées comme celles faisant intervenir les Quarks.

Selon la chromodynamique quantique les hadrons sont composés de quarks[8]. Les quarks ont des propriétés physiques différentes comme la charge, l'isospin et l'étrangeté[9].

Les trois premiers types de quarks qui ont été découverts sont *up* (u), *down* (d) et strange (s) quarks. Les mésons consistent en des paires quark-antiquark qq tandis que les baryons sont des triplets qqq (les protons sont des uud triplets et les neutrons sont des udd triplet). Les mêmes quarks (comme les deux u quarks dans les protons) sont différenciés par différentes couleurs : rouge (r), bleu (b) ou vert (g). (Gell-Mann Murray [1997] p.205). Les particules qui portent les couleurs ont des masses nulles appelées « gluons ».

---

[8] Selon le modèle standard, les particules élémentaires se divisent en leptons et hadrons. Les leptons sont des particulières avec des masses très légères comme les électrons, les neutrinos et les muons. Les hadrons comprennent les mésons comme les pions et les kaons ainsi que les baryons aux masses importantes comme les nucléons (protons et neutrons). La classification actuelle des particules en leptons, mésons et baryons ne reflète pas nécessairement la distinction par la masse (par exemple, le tau qui est une particule appartenant à la famille des leptons a une masse de 1777 MeV, soit deux fois la masse des baryons comme les protons et les neutrons.

[9] L'étrangeté S a été introduite à l'origine par analogie avec la conservation de la charge dans les annihilations électron-positron comme une propriété qui est conservée dans les interactions forte et qui violée dans les interactions faibles.

Se sont les particules-vecteurs de la force forte comme le sont les bosons pour la force faible et les photons pour la force électromagnétique. L'intégration forte véhiculée par les gluons permet de maintenir les quarks confinés les uns aux autres pour former les baryons et les mésons. Les quarks échangent les gluons et changent par conséquent leurs couleurs (ibid.).

Comment les scientifiques sont parvenus à mettre en place ce modèle des quarks ? Durant les années 1960, les preuves expérimentales ont permis de suggérer que la structure des hadrons comme les protons et les neutrons n'est pas homogène et qu'elle consiste en une structure fragmentée d'entités appelées « partons ». Pendant une dizaine d'années, le modèle des partons a été retenu par les scientifiques (Bjorken et Paschos 1969 et Feynman 1972).

Les dispersions inélastiques sont la technique la plus éprouvée dans l'étude de la structure intime des nucléons. Les quarks ont été introduits par Gell-Mann (1964) afin de mieux représenter les propriétés connues des hadrons. Dans le but d'expliquer certaines anomalies dans les spectres hadroniques, il a été suggéré que les quarks possèdent une propriété supplémentaire qu'ont appelle la couleur (Han et Nambu 1965).

Les modèle coloré des quarks a été initialement développé sur une base purement théorique et abstraction faite des expériences sur les collisions-dispersions inélastiques qui à l'époque confirmèrent le modèle des partons.

Cette percée théorique très importante a été réalisé dans un contexte marqué par l'équivalence empirique parfaite des entités que sont les partons et les quarks (spin, charge, nombre de constituants des baryons). Il était naturel que les deux entités soient identifiées comme similaires. Mais il existe d'autres propriétés que possèdent les quarks qui sont inexistantes dans le modèle des partons. Contrairement aux quarks colorés, les partons n'échangent pas entre eux les gluons que sont les vecteurs de la force chromodynamique quantique. Les partons se comportent comme des particules libres à l'intérieur des nucléons tandis que les quarks sont confinés par la force forte et ne peuvent jamais être observés à l'état libre (Michaela Massimi [2004], pp. 36-60).

Dans le cadre des expérimentations sur les collisions-dispersions inélastiques, les entités que sont les partons et les quarks partagent les mêmes caractéristiques et les résultats expérimentaux sont presque les mêmes.

Il y a donc une équivalence empirique parfaite entre les partons et les quarks[10]. Ces résultats expérimentaux concordent aussi bien avec les partons qu'avec les quarks. Malgré le fait que les deux entités ont des propriétés dynamiques différentes (les partons n'émettent pas les gluons et ne possèdent pas les couleurs des quarks), les preuves expérimentales des dispersions inélastiques ne permettent donc pas de les distinguer. Par conséquent, le choix entre ces deux entités vis-à-vis des constituants ultimes et fondamentaux des nucléons a été sous-déterminé par les preuves empiriques.

Historiquement parlant, c'est uniquement à partir des mesures effectuées sur la fonction de structure F2 dans les dispersions inélastiques neutrino-hadron lors des expériences CDHS[11] que l'équivalence empirique parfaire entre ces deux entités a cédé la place au triomphe du modèle des quarks. Il convient de souligner ici que le critère de manipulation de Ian Hacking n'a pas fait ses preuves dans ces expériences étant donné le confinement des quarks. Etant donné le confinement des couleurs des quarks, les physiciens ne pouvaient pas savoir qu'elles étaient les particules en jeu dans les interactions (ibid.). La raison qui permet d'expliquer l'existence des quarks est la croyance dans certaines considérations théoriques qui tournent autour de la chromodynamique quantique qui mettent l'accent sur l'émission par les quarks des gluons ainsi que sur le fait que les gluons émis transportent une quantité du moment initial du quark (ibid.53).

Lors des expériences CDHS, les physiciens savaient grâce à la chromodynamique quantique que les gluons sont responsables de la production massive de pairs quarks-antiquarks et que cette production croit de manière logarithmique (ibid.).

---

[10] En utilisant la règle appelée Gross-Llewellyn Smith (1969) sur les dispersions des neutrinos, il a été révélé qu'il y a trois constituants valences à l'intérieur des nucléons. C'est-à-dire qu'il y a soit trois quarks, soit trois partons. Les informations expérimentales sur la dépendance x (x Ξ Q/2 Mv ou M est la masse du proton, Q représente le transfert du moment durant les dispersions électrons-protons et v est égal à E-Ë –l'énergie transférée dans les dispersions inélastiques ou les énergies initiales et finales des électrons dispersées sont mesurées grâce à un spectromètre) de F2 à travers la relation Callan-Gross[10] nous enseignent que ces particules doivent avoir un spin – ½ et que les charges 2/3 et – 1/3 et qu'ils sont au nombre de trois à l'intérieur des nucléons (ibid).

[11] CDHS est l'abréviation de la collaboration entre le CERN (Genève), Dortmund, Heidelberg et Saclay (France).

C'est donc les enseignements théoriques de la chromodynamique quantique qui sont en jeu dans les expériences CDHS.

Michaela Massimi a utilisé ces faits pour faire une distinction nette entre deux niveaux de compréhension qui permet de rompre avec l'équivalence empirique parfaite entre les entités. Au niveau réaliste et expérimental bas (c'est-à-dire les expériences auxquels s'ajoutent les lois phénoménologiques) les partons et les quarks sont empiriquement équivalents. Par contre, au niveau scientifique et réaliste haut (expériences plus la théorie QCD), les partons et les quarks ne sont plus équivalents empiriquement (ibid. p.54).

Lorsque nous introduisons les propriétés du quantum chromodynamique dans le modèle des partons, l'échelle (scaling) de Bjorken est violée. La violation de l'échelle de Bjorken est le signal de l'émission des gluons et par conséquent les quarks colorés sont les entités en jeu dans les dispersions inélastiques. Les violations de l'échelle signifient que la fonction F2 de la structure des nucléons ne reste pas invariante par le changement du transfert du moment Q (ibid.).

Si les constituants des nucléons sont les partons, l'échelle de Bjorken maintient sa validité. Mais si les constituants intimes sont les quarks colorés échangeant les gluons et produisant un jet massif de pairs quarks-antiquarks quand x approche de 0, l'augmentation de Q permet de sonder davantage la structure intime du nucléon. Nous serons alors capables de « voir » un nuage croissant de quarks qui ont perdu une bonne partie de leur moment en émettant les gluons (ibid.).

Par conséquent, les croyances concernant les quarks sont des croyances d'ordre théoriques. C'est la théorie QCD qui a permis de sonder les propriétés physiques nouvelles des quarks en fournissant un cadre mathématique et réaliste qui a permis de comprendre et d'analyser les propriétés nouvelles des quarks (ibid.).

En rappelant les enseignements citées en haut sur la dépendance des expériences aux théories, il convient de rappeler que l'une des conséquences importantes du modèle des quarks et que ces particules possèdent une charge fractionnée ±1/3e ou ± 2/3e (plutôt que des multiples intégrales de *e* qui est la charge de l'électron). Ce qui est intéressant à savoir concernant ces expériences est que durant les années 1970, un physicien italien du nom de Giacomo Morpurgo n'est pas parvenu à détecter la charge fractionnée tandis que William Fairbank de Stanford a réussi à la trouver.

En 1981, Fairbank a trouvé que dans onze cas parmi trente-six, il y avait des changements résiduels de charge dans chaque cas de ±1/3e. Les changements de charge représentent uniquement des valeurs de zéro ou de $\pm 1/3^e$ ce qui confirme ses conclusions sur la charge fractionnée. Dans chaque cas, les données sont consistantes avec les hypothèses retenues par les deux scientifiques. La consistance des données a été utilisée pour justifier que les résultats ne proviennent pas de l'appareil expérimental.

Les premières recherches de Morpurgo ont abouti à la découverte de la charge continue qui n'a confirmé aucune hypothèse. Il a alors modifié son appareil ce qui a permis de produire les résultats conformément avec l'hypothèse sur la charge non fractionnée. La croyance dans les résultats expérimentaux est étroitement liée aux convictions relatives aux succès des appareils expérimentaux (Margaret Morrison 1990, pp 1-22).

Par ailleurs, l'idée d'un quatrième quark (charme) a été introduite en 1964 afin de préserver la symétrie entre les quarks et les leptons.

Mais l'absence de preuves expérimentales qui permettent d'ajouter aux trois quarks, un quatrième a marqué un désintérêt des physiciens. Au début des années 1970, cette hypothèse a été relancée afin d'expliquer certains aspects des interactions faibles. Le modèle de Glashow-Salam-Weinberg décrivant ces interactions a prédit l'existence d'un courant neutre électriquement consistant en une partie qui permet de modifier l'étrangeté des particules et une partie qui permet la conservation de cette propriété. En 1967, lorsque Weinberg a proposé cette théorie, aucune preuve expérimentale n'a permit de révéler l'existence d'un courant faible. De plus, cette théorie s'adresse uniquement aux électrons, aux muons et aux neutrinos. Toutefois, en 1971 les croyances sur les courants faibles ont émergé de nouveau grâce à la possibilité de renormaliser les théories sur les symétries de Gauge. C'est à la suite de cela que l'hypothèse sur les quarks charme sera liée au modèle de Glashow-Salam-Weinberg. La propriété charme permet d'annuler le changement étrangeté de courant, ce qui a été confirmé expérimentalement en 1974. Un modèle permettant d'expliquer la propriété cachée charme des quarks a été élaboré par analogie avec les états des paires électrons-positrons (ibid.).

Cette histoire montre clairement que les considérations théoriques concernant l'existence des quarks transcendent les recherches expérimentales et permettent de révéler de nouvelles propriétés. La manipulation des quarks est impossible en raison du confinement de ces particules et les recherches sur ces entités suivent de près les conclusions de la théorie QCD et des théories périphériques comme la théorie sur les quarks charme.

Cette conclusion ne concorde pas avec les thèses de Ian Hacking. Il semble ici que le critère de manipulation n'est pas suffisant dans la construction scientifique, pour justifier le réalisme et pour conforter les croyances sur la réalité des entités étudiées. Il ne représente qu'une étape dans le processus de théorisation qui conforte et oriente les recherches expérimentales. Les dernières recherches expérimentales sur les bosons de Higgs reflètent cet état de fait. Les preuves expérimentales comportent une forte dimension théorique. Si les expériences justifient le réalisme à propos d'entités comme les quarks, ils justifient du même coup les théories scientifiques qui les décrivent.

Par ailleurs, Morrisson (1999, p. 6) a affirmé que la position de Hacking ne parvient pas à établir l'existence d'entités « indépendantes des théories ». Des difficultés insurmontables empêchent de séparer la théorie de l'expérience. Pour comprendre le comportement des entités expérimentées et le fonctionnement de l'appareil expérimental, il est nécessaire, selon elle, de recourir à une multitude de théories élaborées ou accessoires.

Par conséquent, on revient aux arguments des réalistes scientifiques selon lesquels il y a seulement deux sources pour nos croyances dans l'existence de ces entités : l'observation directe et les théories scientifiques supposées vraies qui démontrent l'existence de ces entités en recourant à l'inférence à la meilleure explication (IME). L'exemple de la découverte des quarks qui a nécessité un effort théorique soutenu montre que même si le réalisme des entités est vrai, les arguments du réalisme scientifique et plus particulièrement IME ne sont pas nécessairement invalidés. Nous allons voir dans les pages qui suivent que cette critique ne réussit pas nécessairement à affaiblir le réalisme des entités

En reprenant les critiques de Gross, Agassi et Reiner et Pierson qui font référence au caractère approximatif de l'analogie avec les outils scientifiques sur laquelle repose le rôle d'utilisation des entités inobservables, on remarque qu'elles peuvent être classées dans la même catégorie que l'abduction et l'IME. L'argument phare du réalisme scientifique jette constamment son ombre imposante sur le réalisme des entités.

L'inférence à la cause probable : deuxième élément du réalisme des entités

En agissant de la sorte et en limitant les sources de croyance à l'observation, aux théories et à l'IME, le réalisme scientifique a négligé une source importante qui est l'interaction causale, laquelle est étroitement liée à la pratique expérimentale. La meilleure alternative à l'argument de l'inférence à la meilleure explication (IME) est l'inférence rendue possible simplement par l'interaction causale. Steve Clark dans un article intéressant (Steve Clarke [2001], p. 710) donne un exemple familier de cette inférence : derrière un ordinateur dans le coin en bas droit, il y a un bouton on/off. Une personne n'ayant jamais observé directement ce bouton quoique elle sache qu'il est situé dans l'endroit indiqué et que c'est un bouton on/off ignore en même ce que c'est et il n'a aucune notion théorique de ce qu'est un ordinateur (ibid.).

Ses connaissances lui permettent cependant de supposer que des ordinateurs possèdent des boutons on/off dans des endroits autres que le coin bas droit (ibid.). Toutefois, cette personne est convaincue que le bouton est situé dans ce coin et que c'est est un bouton on/off en raison du fait qu'elle a utilisé un stylo pour manipuler le bouton ce qui provoque l'allumage et l'éteinte de l'ordinateur. Ainsi, c'est l'interaction causale qui justifie ma croyance en l'existence de ce bouton on/off. Cette personne comprend qu'elle puisse interagir causalement avec ce bouton sans que cette interaction soit fondée théoriquement (ibid.).

Les connaissances dont elle dispose sont empiriquement fondées et non pas théoriquement comme par exemple le fait que les ordinateurs s'allument et s'éteignent et que les boutons on/off contrôlent le flux d'électricité vers l'ordinateur. De telles connaissances ne reposent sur aucune théorie fondamentale et élaborée (ibid.).

S'agissant des expériences de physique, les scientifiques possèdent des connaissances empiriques similaires qui leur permettent d'interagir avec les entités inobservables en les manipulant et en intervenant sur leurs propriétés causales. Ces scientifiques conduisent ces expériences en l'absence de théories fondamentales sur les entités qu'ils manipulent (ibid.).

La source des croyances des scientifiques ne sont pas des théories mais seulement des croyances formulées sur ces entités qui permettent une interaction causale réussie avec elles.

L'inférence qui est la base de ces croyances est ce qu'on appelle l'inférence à la cause probable (ICP) qui a été élaborée par Nancy Cartwright (1983, p.92). Grâce à cette inférence, le scientifique intervient dans le processus causal en manipulant les entités impliquées (ibid.). A travers une telle inférence, on peut déterminer qu'elles sont les entités manipulées qui interagissent causalement avec d'autres entités, ce qui permet de ne prendre en considération que les entités qui interagissent dans ce processus (ibid. p. 712). On peut ainsi inférer que ces entités sont probablement celles qui interagissent causalement dans les expériences sans tenir compte de celles qui n'ont pas cette propriété. C'est une forme d'inférence qui est intitulée par Nancy Cartwright inférence à la cause probable (ICP) (Cartwright [1983], p.92).

Cette inférence fournit au réalisme des entités de Hacking une base solide et le consacre comme un véritable « terrain d'entente » entre le réalisme scientifique et l'antiréalisme empirique car il a été conçu pour dépasser l'inférence à la meilleure explication (IME). Ce principe repose sur deux arguments fondamentaux qui reflètent à eux seuls le bien fondé de ce terrain d'entente : 1/ l'argument de la coïncidence, selon lequel, l'utilisation de ICP ne nécessite pas un choix entre plusieurs causes probables. La coïncidence est bien reflétée par le fait qu'il est possible de mener de multiples expériences qui démontrent chacune et de manière indépendante que la même entité est la cause probable du même effet (ibid. p82). Cette coïncidence permet de s'assurer que toutes ces expériences mettent en jeu un unique processus causal. 2/ l'argument de la non-redondance : l'inférence à la cause probable permet d'inférer l'existence d'une entité qui est la cause de l'effet sans opter pour une quelconque théorie fondamentale décrivant cette entité (Steve Clark, p.713). Cette inférence est « neutre » par rapport à la diversité des théories et à l'équivalence empirique entre ces théories.

Le mot « neutre » signifie que notre croyance en l'existence d'une entité causalement efficace est compatible avec la diversité des théories fondamentales décrivant ces entités.

On va donner quelques exemples et montrer que l'inférence à la cause la plus probable (ICP) permet d'inférer l'existence d'une entité sans opter pour une quelconque théorie fondamentale. Les expériences d'Hertz et la reproduction de résultats similaires par les expérimentateurs a renforcé la confiance des physiciens à propos de l'existence des ondes électromagnétiques.

Il y a non seulement eu une consolidation des expérimentations néo-hertziennes mais également une prise de conscience sur la possibilité de manipuler les entités physiques qui étaient inobservables (ondes électromagnétiques). Par ailleurs, la notion de preuve a fait son apparition depuis ces expériences (Pestre D. et Atten M.[2002]).

Les résultats des expériences d'Hertz sont autant de preuves de l'existence de ces ondes. Il existe dans les expériences d'Hertz une inférence à l'existence des ondes électromagnétiques qui sont la cause probable des effets enregistrés dans ces expériences.

Ces effets sont par exemple les arcs électriques qui se produisent dans la boucle réceptrice qui sont le résultat d'un courant électrique induit par l'émission d'ondes électromagnétiques (la cause efficace) produites par l'émetteur qui est un circuit LC oscillant au-delà de la limite de claquage. L'oscillateur comprend deux sphères de cuivre, d'environ 30 cm de diamètre, reliées par un conducteur rectiligne d'environ 3 m, coupé en son milieu par un éclateur constitué de deux petites sphères dont la distance peut être réglée. Les sphères sont reliées à une bobine de Ruhmkorff de forte puissance. Les charges s'accumulent dans les grandes sphères jusqu'au moment ou l'étincelle éclate entre les petites sphères de l'éclateur.

Cette expérience reflète une manipulation de la cause efficace qui est l'onde électromagnétique, ce qui permet d'inférer l'existence de cette cause. Comme l'écrivent les historiens des sciences Michel Atten et Dominique Pestre, « c'est moins de prouver l'existence des ondes (ou de les rendre visibles) *qui convainc que de les manipuler* » (ibid.).

Cette inférence est indifférente aux théories qui décrivent les ondes électromagnétiques. La théorie de Maxwell qui a réalisé une synthèse des diverses lois expérimentales grâce au concept de courant de déplacement ne permet pas de faire une telle inférence.

Il en est de même de la théorie d'Einstein formulée en 1905 qui introduit le concept de photon et qui donne la seule explication du phénomène photo-électrique. Les électrons ne peuvent être arrachés du métal que par des particules du même genre que la lumière intense que les électrons selon une logique basée sur le choc de particules. Lors du phénomène photo-électrique, l'énergie du photon se transmet à l'électron. Cette théorie révolutionnaire est indépendante de l'inférence de l'onde électromagnétique comme cause des effets enregistrés dans les expériences d'Hertz.

Le principe de non-redondance est applicable également à l'électron. Cartwright a rappelé que cette entité n'est liée à aucune théorie particulière dans un contexte marqué par l'existence de plusieurs théories qui sont irréductibles les unes aux autres (Cartwright 1983, p. 92).

Par exemple, lorsqu'on analyse minutieusement le travail de Millikan sur l'électron réalisé au début du XXe siècle, on se rend compte que son expérience peut ne pas être interprétée comme révélant explicitement et directement l'existence de l'électron. Millikan a mesuré la charge de cette particule en suspendant des gouttelettes d'huile dans le champ gravitationnel et en soumettant un champ électrique dans la direction opposée. Il a calculé leur charge *e* selon la formule suivante : Mg/E (M est la masse déterminée sur la base du taux constant de descente ou de chute en l'absence du champ électrique et E et la valeur du champ électrique). Millikan, par simple mesure de vitesse par le rapport de la distance parcourue sur le temps mis pour la parcourir sur une gouttelette d'huile qu'il ionisait en l'irradiant par rayons X, observa expérimentalement que les valeurs d'ionisation étaient toutes multiples entières de $e=1{,}592\times10^{-19}$ C, constante que l'on connaît aujourd'hui sous le nom de charge élémentaire (avec une valeur mise à jour légèrement différente : $e=1{,}60217646\times10^{-19}$ C) et que l'on note *e* ; cette expérience s'est avérée être la première preuve de la quantification de la charge électrique qui est strictement toujours un multiple *entier* positif ou négatif de cette valeur fondamentale *e*.

La description du travail de Millikan a permis aux théoriciens de faire l'hypothèse de l'existence de l'électron. Mais à regarder de près ce travail, on remarque que dans cette expérience il n'y a aucune inférence à la cause probable qui est matérialisée par cette particule dans la mesure où Millikan ne visait pas à déterminer l'existence des charges élémentaires mais à les mesurer.

En réalisant cette expérience, il n'a rien dit de la théorie de l'électron en vigueur à l'époque. Mais il a beaucoup parlé de l'amélioration des méthodes de mesure étant donné qu'il était un expérimentateur (Millikan [1917] p.231).

En tout cas, la valeur de la charge de l'électron ne joue aucun rôle dans la théorie de Lorentz. La théorie de l'éther de Lorentz, qui a été développée principalement entre 1892 et 1906 par Hendrik Lorentz et Henri Poincaré introduit une séparation stricte entre les électrons et l'éther où ce dernier est totalement immobile (et donc pas entraîné par les corps en mouvement). Ici encore, il n'y a pas d'inférence à l'existence des électrons mais juste une théorie décrivant l'éther en relation avec les électrons.

Les recherches de Richardson au Cavendish Laboratories réalisées dorant la période 1901-1916 ne relèvent pas de théories fondamentales sur l'électron: dans un courant électrique alternatif de forte intensité parcourant un fil métallique, les corpuscules en mouvement sont confinés dans une couche légère proche de la surface.

De cette manière, il était prévu que ce fil métallique émet un certain type de radiation, soit sous la forme d'ions ou corpuscules (comme la radiation radioactive), soit sous la forme d'une radiation de Röntgen lorsque les corpuscules oscillant rapidement entrent en collision avec les atomes du fil métallique. Richardson a tenté alors de détecter une telle radiation par le moyen d'une plaque photographe. A la suite d'un échec de l'expérience (une buée s'est formée juste au contact du fil métallique en raison d'une décharge lumineuse autour de ce fil), il a recouru à un électromètre sensible afin d'observer l'ionisation dans le gaz à proximité du fil sous l'effet d'une pression de un (01) atmosphère (Jed Z. Buchwald and Andrew Warwick, p. 228-229). Toutefois, de nombreuses expériences utilisant des fils de différents métaux et en recourant à une plus grande sensibilité de l'électromètre se sont révélées infructueuses.

Mais ces expériences ont permis à Richardson de mieux maitriser les instruments de mesure et ceux qui permettent de créer le vide. Ainsi, l'expérience de Richardson ne donne aucune idée de ce qu'est l'électron. Thomson qui a été le précurseur dans la révélation de l'existence de ces particules a imaginé l'atome comme un pudding dans lequel les électrons sont comme des raisins placés sur ce gâteau. L'électron est selon lui un corpuscule microscopique

Au XIXe siècle, Bohr a théorisé encore plus l'électron en quantifiant les orbites dans lesquels ils gravitent autour du noyau atomique. « [...] Il postule que le rayon de l'orbite circulaire ne peut varier de façon continue, mais qu'il faut au contraire lui assigner des valeurs déterminées dans lesquelles intervient la constante de Planck...Donc, ils ne risquent pas de s'écraser sur le noyau » (Sven Ortoli/Jean-Pierre Pharabod [1984] p. 35). La quantification par Bohr de l'atome n'a rien à voir avec une inférence sur l'existence d'une entité comme l'électron.

Il y a même un renoncement à une telle inférence dans la mesure où l'image de l'atome léguée par ce savant a entrainé l'émergence d'un dualisme presque rédhibitoire entre deux visions. Il y a celle de la physique classique et celle de la nouvelle physique quantique : les électrons obéissent à la physique classique lorsqu'ils sont dans les orbites et deviennent des entités quantiques en émettant et en absorbant des photons lorsqu'ils quittent leurs orbites pour d'autres (ibid.).

La théorie de Broglie et Schrödinger s'éloigne encore plus d'une telle inférence étant donné que les entités recherchées causalement deviennent dans cette théorie des ondes stationnaires. En conclusion, on peut dire que des savants comme Thomson, Millikan, Rutherford et ceux du vingtième siècle partagent certaines croyances sur l'existence de l'électron. Mais il est très difficile de croire qu'ils parlent de la même chose étant donné que ces savants ont cru à des conceptions très différentes à propos de l'électron (Ortoli/ Pharabod [1984], p. 35).

Nous pouvons voir l'étendue du décalage entre ces conceptions théoriques lorsqu'on compare l'« ancestrale » notion de corpuscule inventée par Thomson avec l'onde de probabilité de Jordan et Born.

Par conséquent, l'inférence à la cause probable qui permet en principe d'inférer l'existence d'une entité qui est la cause de l'effet n'opte pour aucune théorie fondamentale décrivant cette entité (Steve Clark, p.713). Par ailleurs, une connaissance causale d'une entité dans un contexte marqué par la discontinuité des théories scientifiques qui sont souvent irréductibles les unes aux autres permet de consacrer le réalisme des entités comme un terrain d'entente entre le réalisme scientifique et l'antiréalisme empirique :

C'est ICP qui permet de sauvegarder ce terrain d'entente (Steve Clark, p.705) car cette inférence se démarque de IME qui est le socle du réalisme scientifique tout en refusant d'adopter l'antiréalisme de Van Fraassen qui a entrainé la formulation d'une réfutation d'IME et en adoptant l'explication causale par l'intervention et la manipulation sur des entités inobservables pour croire à leur réalité. Une telle explication permet d'immuniser le réalisme des entités et de l'antiréalisme et du réalisme scientifique.

Baas Van Fraassen a adressé une critique au réalisme scientifique come celui de Sellars en affirmant qu'il n'est pas possible que ce réalisme puisse choisir qu'elle est la meilleure explication (IME) permettant de conclure à la vérité en raison du fait que les théories recourent à des critères comme la simplicité et la cohérence qui incitent les scientifiques à préférer des théories indépendamment de la question de la vérité. Une explication d'un phénomène pour X n'en est pas nécessairement valable pour Y pour des considérations internes aux théories qui n'ont rien à voir avec la vérité. C'est ce que Van Fraassen appelle les « vertus pragmatiques ».

Mais le réaliste scientifique ne parvient jamais à prouver que ces critères permettent à l'avance de conclure que la meilleure explication dont il dispose est vraie. Au-delà des vertus pragmatiques, le réaliste scientifique n'est pas en mesure de choisir parmi les explications dont il dispose, laquelle, est vraie ou approximativement vraie en raison de l'équivalence empirique entre ces explications (ou théories) selon la thèse Duhem-Quine (Steve Clarke, p 707).

Par ailleurs, Van Fraassen a ajouté un deuxième obstacle dirimant au réalisme scientifique en soulignant que la vérité n'est pas nécessairement le résultat d'une explication. Le scientifique peut s'arrêter à des considérations « plus modestes » comme l'adéquation empirique ou « sauver les phénomènes » (Van Fraassen [1988] *Scientific Image,* 88). La vérité est souvent un objectif hors de portée et il n'est pas reconnu que les théories scientifiques ont besoin de décrire parfaitement la réalité.

Elles aspirent tout au plus à sauver les phénomènes. Van Fraassen a associé les deux concepts de manière étroite dans une même définition : « une théorie est empiriquement adéquate » si son contenu à propos des choses observables et des évènements dans le monde est vraie dans le sens où elle « sauve le phénomène » » (Van Fraassen, p.54).

Le contenu empirique d'une théorie couvre les conséquences observationnelles qui lui sont liées. « Il s'agit plus précisément de l'ensemble des expressions bien formées de nature soit théorématique soit axiomatique, où entre de surcroît des termes appartenant au sous-vocabulaire décrété être celui des termes observationnels » (Franck Varenne [2012], p.163). Le mot « observationnelle » ne doit pas ici nous égarer : il suffit juste de préciser que Van Fraassen développe un constructivisme empirique s'agissant des entités observationnelles qui rejette totalement le réalisme.

Mais en ce qui concerne les entités inobservables, il est complètement antiréaliste. Il est selon lui impossible de prouver l'existence de ce genre d'entités.

Le défi qu'a lancé Van Fraassen au réalisme scientifique et à son concept phare qui est l'IME ne peut être relevé par le réalisme des entités que si celui-ci démontre qu'il existe un type d'inférence qui n'a rien à voir avec IME permettant de décrire les entités inobservables. Une telle inférence ne doit pas dépendre des « vertus pragmatiques » utilisées dans les explications et se conformer au principe de « non-redondance » (un choix possible entre explications empiriquement adéquates) (Steve Clark, 707). Cette inférence doit également permettre de démontrer que ce genre d'entités existe et ne pas se satisfaire de l'« adéquation empirique » (ibid.).

Nous avons déjà parlé de l'inférence à la cause probable (ICP) qui a été élaboré par Nancy Cartwright et nous avons également évoqué sa capacité à relever tous ces défis. Il est donc inutile de reprendre la discussion sur les vertus d'ICP. Si nous avons parlé ici de la critique antiréaliste de Van Fraassen c'est simplement en raison du fait que nous ne pouvons nous contenter de la démonstration relative aux vertus d'ICP par rapport à IME concernant les principes de non-redondance, de coïncidence, de frugalité (selon le principe de frugalité, on peut se contenter de l'adéquation empirique dans toute explication et ne pas chercher si elle est vraie ou approximativement vraie) et du recours aux vertus pragmatiques de Van Fraassen. Toutefois, il reste une question importante : comment le réalisme des entités puisse être un « terrain d'entente » entre le réalisme scientifique et l'antiréalisme empirique de Van Fraassen en se débarrassant de tout contenu théorique.

En d'autres termes si l'inférence à la cause probable (ICP) permet de déterminer les entités causalement impliquées dans le processus causal abstraction faite de l'équivalence empirique entre différentes explications tout en étant certain que cette entité existe réellement par la manipulation et l'intervention causale, cela signifie-t-il que nous avons obtenu une explication (de nature causale) sans le recours aux théories ? L'explication causale est de quelle genre si elle n'est pas théorique ?

Van Fraassen admet l'existence de théories concernant les entités inobservables mais ces théories ne peuvent décrire la réalité et être vraies ou approximativement vraies. Il croit aux théories mais il est antiréaliste dans un sens large en s'opposant au réalisme scientifique qui consacre la prééminence de la vérité de la théorie et sa description de la réalité. Nancy Cartwright, pour sa part, ne partage pas l'antiréalisme de Van Fraassen concernant les théories ou ce qu'elle appelle les « lois fondamentales ». Selon elle, les lois fondamentales ne sont pas utilisées par les scientifiques pour décrire la réalité.

Le seul contenu théorique qu'elle reconnait parallèlement à l'inférence de la cause probable est ce qu'elle appelle les « lois phénoménologiques » qui sont plus des modèles idéalisés que des théories élaborées. Grâce à cette contribution « infra-théorique » elle consolide le « terrain d'entente » que représente le réalisme des entités et elle rejoint dans ce sens l'effort de Ian Hacking qui a développé son concept de « home truths » (vérités minimales) et son rejet des théories considérées comme ni vraies, ni fausses. Son analyse rejoint la démarche de Hacking dans deux directions principales : la première est l'importance accordée à l'expérience par rapport à la théorie s'agissant de nos croyances concernant la réalité des entités inobservables. On a déjà vu que l'expérimentation est le terreau dans lequel se développent la manipulation et l'intervention. Cartwright renforce le terrain d'entente que représente le réalisme des entités en se référant exclusivement à l'expérience au détriment de la théorie. Ce réalisme se démarque ainsi du réalisme scientifique en rejetant l'affirmation selon laquelle c'est la théorie qui décrit la réalité et non l'expérience. Elle se démarque également de l'antiréalisme empirique de Van Fraassen qui rejette cette affirmation mais en substituant l'adéquation empirique à la description de la réalité tout en reconnaissant la théorie comme source de nos croyances et de nos connaissances sur le monde observable.

Dans un autre sens, Cartwright rejoint la réflexion de Hacking sur le fait que nous ne possédons dans la manipulation et l'intervention causale dans le monde inobservable que des « généralisations » descriptives de faible niveau et de nature causale et étroitement liées aux données empiriques.

Par exemple, nous savons que l'électron possède une charge qui est l'unité minimum et l'une des constantes de la nature, une masse, un spin et bien d'autres choses. Millikan a déterminé cette charge. Quant à la notion de spin, elle a été introduite pour les électrons, par George Eugene Uhlenbeck et Samuel Abraham Goudsmit en 1925, pour rendre compte de propriétés particulières des spectres atomiques, notamment les dédoublements de raies. Ce sont là des connaissances empiriques sur les électrons. Ian Hacking et Nancy Cartwright admettent le recours des scientifiques à ce genre de connaissances empiriques qui cohabitent en harmonie avec le réalisme des entités.

En revanche, une théorie comme celle de Bohr qui décrit les orbites des électrons autour du noyau atomique ne peut avoir droit de cité dans le réalisme des entités. Les théories fondamentales et globales comme celle de Bohr et de Lorentz qui prétendent expliquer toutes ces propriétés causales (masse, spin, etc.) et toute la réalité au sujet de l'électron ne sont pas reconnues par ces deux auteurs.

Examinons d'abord, le travail de Cartwright avant de rappeler la réflexion de Hacking sur les « généralisations de faible niveau » qui est fondamental pour le réalisme des entités en raison de son rôle décisif dans la relativisation et la dilution du rôle des théories dans la description de la réalité.

Cette affirmation reflète bien l'idée de Cartwright sur le sujet : « La route de la théorie à la réalité passe de la théorie au modèle puis du modèle à la loi phénoménologique. Les lois phénoménologiques sont certes vraies des objets dans la réalité – ou pourraient l'être ; mais les lois fondamentales [les théories] sont vraies seulement des objets dans le modèle » (Cartwright [1983], p. 6). On remarque dans cette affirmation toute la quintessence du réalisme des entités dans son refus de recourir aux théories : il est illusoire de penser que les théories accèdent à la réalité car il existe quelque chose entre les théories et l'expérience : ce sont les lois phénoménologiques qui sont le plus liées aux données empiriques. Les théories fondamentales en sont les plus éloignées.

Il n'est pas possible de vérifier si les énoncés théoriques disent vraies dans la mesure où ces énoncés ne peuvent être confrontés directement à la réalité (Varenne, p.226). Il est important de souligner que cette vision des choses est étroitement liée à la notion d'explication causale qui est au cœur du réalisme des entités en tant que « terrain d'entente » entre le réalisme scientifique et l'antiréalisme empirique.

Selon Cartwright il y deux sortes d'explications : l'explication causale et l'explication théorique[12] : tandis que l'explication causale permet de vérifier directement la réalité des entités ou des phénomènes qui font l'objet de cette explication, l'explication par les théories décrit l'entité en relation avec beaucoup d'autres entités et phénomènes dans le cadre d'un cadre théorique et très élaborée incluant des lois fondamentales. Ces lois « dématérialisent » les données empiriques en faveur d'une explication théorique élargie qui prétend expliquer beaucoup de choses concernant cette entité.

Ce genre d'explication n'atteint jamais l'objectif d'être directement vérifiable dans les objets de la réalité. En revanche, l'explication causale dont on a vu toutes les vertus dans la satisfaction des principes de non-redondance grâce à l'ICP permet le recours aux lois phénoménologiques qui sont vérifiables par l'expérience.

Mais comment Cartwright développe son antiréalisme à l'égard des théories ? : C'est précisément en reprenant la critique antiréaliste de Van Fraassen contre elle-même. Dès lors que les raisons qui nous amènent à retenir des théories ne sont pas nécessairement liées à la confrontation avec la réalité mais plutôt à des critères de commodité, de simplicité, de cohérence et généralement de tous ce qui relèvent de ce que Van Fraassen appelle les « vertus pragmatiques » et que Cartwright désigne par le terme « commodité » (Cartwright, p.1) et contextualisme (les théories dépendent du contexte et de l'époque durant laquelle on les élabore (Varenne, p. 227)), les lois fondamentales qui forment le contenu de ces théories ne sont pas nécessairement la source des lois phénoménologiques (ibid.), lesquelles sont directement confrontées aux données empiriques.

[12] Ce terme est de notre invention et il ne peut être attribué à Nancy Cartwright.

Par exemple, la théorie de Théodore Franz Éduard Kaluza (1921) proposant d'ajouter à l'espace-temps quadridimensionnel une cinquième dimension afin d'unifier dans un même appareil mathématique force électromagnétique et gravitation a été « abandonnée» mais non « réfutée », alors même qu'elle était en parfaite cohérence avec la théorie de la relativité générale. Einstein lui-même, dans un article, disait qu'il ne pensait pas que la théorie à cinq dimensions de Kaluza soit susceptible de contenir beaucoup d'arbitraire.

Il est du moins douteux que le mot « arbitraire » puisse concorder avec le réalisme et la vérification expérimentale. Même si Einstein avait évoqué, comme exigence supplémentaire pour la validité d'une théorie, en sus de l'expérimentation, le critère de la « perfection interne ». L'on ne peut finalement que se résigner à l'idée que ce critère n'a pas fait ses preuves avec la théorie de Kaluza. Cette dernière a été, en dépit de sa cohérence mathématique, sa simplicité et sa séduisante architecture, tout de même abandonnée pour des raisons de commodité parce que les chercheurs avaient emprunté une autre voie pour établir des théories sur l'unification des forces (Daniel Z. Freedman et Peter Van Nieuwenhuizen [1985], p.56).

Au lieu d'enrichir l'espace–temps à quatre dimensions en lui ajoutant une dimension supplémentaire, le mathématicien Hermann Weyl proposa en 1918 de conserver l'espace quadridimensionnel, mais de compliquer sa structure[13]. Pour les mêmes raisons de commodité, la théorie de Kaluza et sont concept d'« introduction de dimensions supplémentaires » a été reprise par la théorie des cordes à dix dimensions. *Mutatis mutandis* la théorie de Weyl fut également abandonnée par les physiciens parce qu'elle ne reproduisait pas correctement la gravitation, mais le concept d'« invariance de jauge » lui survécu, et fut inclut dans un nouveau formalisme mathématique utilisé par les théories des champs (comme le modèle standard).

---

[13] L'idée centrale de la théorie de Weyl était que l'on ne modifie pas la description d'une force si l'on change les échelles de longueur ou de temps des instruments de mesure que l'on utilise en différents points de l'espace. Le principe est appelé invariance de jauge (d'après les jauges, c'est-à-dire les instruments de mesure auxquels Weyl faisait référence). Cette théorie est appelée théorie des champs de jauge, ou plus brièvement théorie de jauge.

Il convient juste ici d'ouvrir une parenthèse qui nous permettra de conforter notre critique du réalisme structurel. Dans la mesure où les lois fondamentales sont imprégnées de fictions et de représentations idéalisées et irréelles, le réalisme structurel ne peut plus refléter la réalité des structures dans les théories physiques et des autres invariants fondamentaux. En suivant le raisonnement de Cartwright, on peut conclure que ces structures et ces invariants sont tout aussi fictifs que les lois fondamentales qui les portent (ibid.).

Par ailleurs, en poursuivant jusqu'au bout sa réflexion sur les lois fondamentales, elle affirme que les théories « mentent », c'est-à-dire que les énoncés théoriques sont faux. Etant donné qu'il existe une certaine subjectivité et un contextualisme dans la genèse des théories scientifiques en ajoutant qu'une théorie n'est que le résultat d'une construction en utilisant des « matériaux symboliques divers », la plupart des énoncés théoriques deviennent par conséquent des fictions (ibid.).

Par exemple, le modèle de Bohr qui est une théorie établie en 1913 sur le modèle planétaire de Rutherford, cherchant à expliquer la constitution d'un atome, et plus particulièrement, celui de l'hydrogène et décrivant de manière simple les raies spectrales des éléments hydrogénoïdes tout en effectuant un rapprochement entre les premiers modèles de l'atome et la théorie des quanta contient des énoncés faux.

Par exemple « l'intégration de l'équation de Schrödinger pour l'atome H à un seul électron introduit 3 nombres quantiques : n, 1, m. Le moment cinétique dépend des deux derniers : 1 et m ; l'énergie, du premier : n. La condition de quantification posée par Bohr, n k, est…fausse » (Guinier [1980], p.1294). Par ailleurs, les « orbites de Bohr » sont une « fiction » si on applique l'équation de Schrödinger.

« L'électron de l'atome d'hydrogène ne tourne pas autour du proton en décrivant une orbite képlérienne, circulaire ou elliptique ; mais, sauf si 2 = 0, il a un moment cinétique non nul. Dans un autre atome, les électrons ayant un moment cinétique sont souvent assez nombreux : 6 sur 11 dans celui de sodium ; 78 sur 92 dans celui d'uranium » (ibid..). « Toutefois, par suite de compensations, le moment cinétique résultant pour l'ensemble des électrons de l'atome soit est nul, comme pour Na, soit correspond à un quantum petit » (Ibid.). C'est pour cette raison que le modèle de Bohr a survécu.

Par ailleurs, ce modèle tel que reconnu inclut des notions comme les couches électroniques et la longueur de la fonction d'onde qui n'ont pas été prévus par Bohr dans son modèle de l'atome mais proviennent des versions ultérieurs de la mécanique quantique (ibid..).

Ces caractéristiques « subjectives » et « négatives » des lois fondamentales disqualifient les théories dans le processus de confrontation avec la réalité et ne peuvent ainsi être considérées comme vraies. Mais les modèles reflètent, selon Cartwright, des relations causales et peuvent par conséquent prétendre à la vérité.

Par conséquent, les théories deviennent des guides de formulation pour les modèles qui se situent à mi chemin entre les lois fondamentales, les lois phénoménologiques et les objets d'expérience et sont beaucoup plus des structures formelles utiles (Varenne, p. 228).

En abandonnant les lois fondamentales et en rapprochant les lois phénoménologiques des données empiriques à travers les modèles, Cartwright a réhabilité l'explication causale car les lois fondamentales ne peuvent être considérées comme vraies contrairement à l'explication causale. C'est ce qu'elle appelle la « réalité des causes » (Ibid.). Elle affirme à ce propos « bien que les philosophes croient généralement en des lois et nient les causes, la pratique explicative en physique montre juste l'inverse » (Cartwright, p. 86).

Cette réhabilitation de l'explication causale qui est la véritable source des lois phénoménologiques est partagée par Hacking qui affirme « il existe certainement d'innombrables entités et processus que les humains ne connaîtront jamais. Peut-être existe-t-il une catégorie qu'il nous est *a priori* impossible de connaître. La réalité est plus grande que nous. La meilleure preuve que l'on puisse fournir de la réalité d'une entité postulée ou inférée, c'est de commencer à la mesurer ou de comprendre d'une quelconque manière ses pouvoirs de causalité » (Hacking, p. p. 438). Cette référence à la causalité permet de considérer le terrain d'entente qu'est le réalisme des entités comme un terrain partagée entre Cartwright et Hacking. Mais ce qui plus est important est que le recours à une référence « infra théorique » afin d'appuyer l'antiréalisme des théories et contourner la critique de Van Fraassen est également partagée entre Cartwright et Hacking.

La caractéristique principale de cette référence et son lien étroit avec les données empiriques qui garantissent la confrontation avec la réalité.

Tandis que cette référence prend le nom de « loi phénoménologique » et « modèle » chez Cartwright, elle est désignée chez Hacking par cet intitulé : « généralisations de faible niveau ». Dans une autre partie de sa littérature, il recourt à une autre désignation : « vérités familières » (*home thruths*).

Les « vérités familières » de Hacking et la théorie de la référence de Putnam : troisième élément

Il faut voir maintenant de quelle manière Hacking justifie le recours à ces « vérités familières » en se débarrassant des théories. Alors que Cartwright déclare que les théories ou les lois fondamentales sont fausses et « mentent », Hacking met plutôt l'accent sur la discontinuité et les contradictions qui existent entre les théories. Les vérités familières appuyant la manipulation des entités et l'exploitation de leurs propriétés causales permettent de faire référence à ces entités malgré des changements significatifs dans les théories. L'existence des vérités familières est donc conforme au principe de non-redondance. Ainsi, ce n'est pas parce que les théories « mentent » et sont fausses que les vérités familières sont utilisées mais parce que l'exploitation des propriétés causales des entités exige des modèles pour formaliser les données empiriques sur ces propriétés.

Par exemple, une propriété comme le spin de l'électron est formalisée sous forme d'équations afin d'analyser sa relation avec d'autres paramètres (le champ électrique ou le champ magnétique) sans pour autant recourir à une théorie élargie. Toutefois, une vérité familière désigne des entités causales de la même manière qu'une loi phénoménologique (Cartwright).

Mais la particularité de « la vérité familière » de Hacking est le rôle qu'elle joue pour se conformer au principe d'existence en tant que réponse satisfaisante au défi ontologique que pose l'antiréalisme de Van Fraassen au réalisme. Il s'agit donc d'expliquer cette question avant de poursuivre notre examen de la vision de Hacking concernant le recours à des énoncés « infra théoriques » : Cartwright a rappelé que l'explication causale implique nécessairement une « composante existentielle » (Steve Clarck, p. 713). Elle donne l'exemple de la maladie qui affecte un citronnier (Cartwright [1983], p. 91).

Un excès d'eau est la cause de la maladie du citronnier. Par conséquent, l'excès d'eau existe réellement. Selon elle, dès lors que l'explication d'un effet par une cause comporte une dimension existentielle, il n'est plus nécessaire de recourir à l'adéquation empirique comme objectif ultime de l'explication causale. Dans la mesure où l'explication causale révèle l'existent d'une entité, le défi antiréaliste de Van Fraassen est relevé.

Il n'est plus nécessaire de se réfugier derrière un tel critère face à l'échec de l'inférence à la meilleure explication. En revanche, l'inférence à la cause probable (Cartwright) qui permet une explication causale dont nous avons mesuré toutes les vertus pour consolider le « terrain d'entente » que représente le réalisme des entités possède une dimension existentielle. Dès lors, qu'une cause est identifiée dans sa relation avec un effet, on peut affirmer que cette cause existe. Mais certains auteurs (Steve Clarck) rejettent cette démonstration en soulignant que même si l'explication causale implique un « engagement » vis-à-vis de l'existence des entités, cela ne signifie pas que toute explication causale implique *nécessairement* un tel engagement. Le langage ordinaire peut se tromper en réclamant un tel engagement existentiel (ibid.).

En revanche, la « vérité familière » de Hacking ne repose pas sur le langage causal mais plutôt sur une théorie de la référence qui permet d'être certain que quelque chose (disons une entité inobservable) existe même si on a aucune description précise de cette entité dans un contexte marqué par une réelle incertitude sur la bonne théorie à choisir pour la décrire et l'identifier (Margaret Morrison).

C'est grâce à une théorie de la référence comme celle d'Hilary Putnam, qu'il est possible de parvenir à désigner une entité tout en agissant dans les limites d'une théorie approximative, erronée ou incertaine. De manière plus précise, l'objet de référence chez Putnam est déterminé par des relations causales, lorsqu'on est en présence de son référent. Ainsi, la nature propre du référent peut ne pas être accessible à l'utilisateur de l'expression bien que ce dernier puisse le maitriser.

Putnam donne l'exemple de la référence « eau » (Hillary Putnam, [1979]). La référence du terme "eau" (et des termes correspondants dans d'autres langues) est fixée en partie par des relations causales entre les usagers de ce terme avec la substance eau.

La référence du terme n'a pas changé lors d'importantes découvertes à son sujet, par exemple lorsqu'on a découvert que l'eau est composée de molécules H2O. Avant cette découverte, la référence au terme "eau" était déjà la substance qui est en fait H2O, mais les usagers du terme "eau" ignoraient que l'eau est H2O. Néanmoins, même si on ne possède aucune idée de la composition de l'eau, on sait que cette substance existe en vertu des relations causales entre ceux qui utilisent ce terme et cette substance lors de toutes les expériences possibles menées sur celle-ci.

Nous pouvons donner un exemple fantaisiste (David Baird [1988], p 165-173) qui nous permet de voir comment une théorie de la référence fonctionne. Supposant que les disquettes d'ordinateur ne stockent pas l'information magnétiquement mais de manière radioactive. Mais cette vérité est cachée au public par IBM qui déclare que les disquettes fonctionnent magnétiquement. De cette manière, la plupart d'entre nous qui somment dupés, croyons de manière erronée que les disquettes sont magnétiques. Néanmoins, cette théorie fausse est empiriquement adéquate. Les théories peuvent décrire le monde indépendamment des entités inobservables. Nous ne doutons pas qu'il y a quelque chose dans les disquettes qui stocke l'information. Cette croyance est due au fait que nous utilisons les disquettes de différentes manières. C'est-à-dire en exploitant les différentes relations causales avec les disquettes.

La théorie selon laquelle les disquettes stockent magnétiquement l'information n'est pas la source de notre croyance. Par conséquent, nous pouvons croire à l'existence des entités en reconnaissant, en même temps, que nos connaissances sur ces choses sont très limitées et faillibles. Le réalisme des entités de Hacking n'est donc pas seulement un refuge contre la discontinuité historique de la science. Il est également un refuge pour faire face à la faillibilité de nos connaissances théoriques.

Hacking rappelle en quelques mots comment il croit à l'existence d'une entité même s'il ne possède aucune théorie fiable lui permettant de la décrire : « Il est également possible d'être un réaliste à propos des entités tout en étant un antiréaliste concernant les théories. De nombreux pères de l'Eglise ont cru à l'existence de Dieu, mais ils se sont forgé une conviction sur l'impossibilité en principe de former une quelconque théorie positive et intelligible sur Dieu. Tout au mieux, on peut dresser une liste de ce que Dieu n'est pas. [...] La version scientifique de tout cela peut être résumée de la façon suivante : nous avons de très bonnes raisons de supposer que les électrons existent, même si une description toute naissante des électrons n'a aucune chance d'être vraie. Nos théories sont constamment revues ; pour différentes raisons, nous utilisons des modèles différents et incompatibles sur les électrons que nous pensons ne pas être vraies littéralement. Mais ce sont tout de même des électrons » (Hacking [1983] p.27).

D'où vient cette certitude que les électrons existent et qu'ils sont bien les objets physiques dont parle les physiciens même s'il y a une incommensurabilité du sens engendrée par les différentes théories qui décrivent ces particules (l'incommensurabilité du sens signifie par exemple qu'une désignation de la masse dans la mécanique quantique n'a pas le même sens dans la mécanique newtonienne. Ainsi, il n'existe pas une seule désignation de la masse qui sera admise par les toutes les théories qui inclut la notion de masse dans le corpus) ?

C'est grâce à la théorie de la référence de Putnam que nous pouvons comprendre cette situation. Ce philosophe a inventé deux concepts majeurs : les stéréotypes et la référence d'un terme désignant quelque chose. Les stéréotypes sont les idées que l'on possède sur quelque chose : disons les électrons. On peut former une liste de ce qu'est l'électron qui nous permet de le reconnaitre. Par exemple, l'électron est la première particule qui a été découverte. C'est Johnston Stoney qui a réalisé des expériences sur cette particule depuis 1874 qu'il nomma électron. Lorentz a élaboré une théorie décrivant cette particule qu'il appela également électron. En 1897, J.J. Thomson a découvert que ces particules ont une charge négative et qu'ils composent les rayons cathodiques. En 1908, Millikan a mesuré la charge prévue par Lorentz. Ce sont là des stéréotypes qui changent au fur est à mesure. Même si ces stéréotypes sont différents, ils désignent la même chose. C'est là qu'intervient la référence de Putnam. Stoney, Lorentz, Thomson et Millikan parlaient de la même chose : l'électron. A défaut d'une telle certitude, il sera hasardeux de dire que Millikan a mesuré la charge d'une particule autre que celle de Lorentz ou Thomson (Hacking [1983], p.147).

La solidité de la référence se maintient même si les stéréotypes des physiciens deviennent de plus en plus complexes : O. Stern et W.Gerlach ont découvert que les électrons ont un moment magnétique et en 1925 le spin de cette particule a été mis en évidence par S.A.Goudsmit et G.E.Uhlenbeck.

On ne cesse de parler de l'électron dans un contexte marqué par l'accumulation de découvertes nouvelles sur cette particule. Les stéréotypes sont parfois réfutés. C'est pour cette raison que la référence putnamienne est nécessaire. Par exemple, on sait aujourd'hui que les électrons ne sont plus les particules qui possèdent la charge électrique minium. Les quarks ont une charge équivalente à 1/3 e (charge électrique de l'électron) (Ibid.). Ceci montre qu'on peut abandonner tel ou tel stéréotype.

Mais un tel changement n'affecte pas la réalité de l'électron (ibid.). Par ailleurs, la référence à l'existence des électrons se maintient même si les stéréotypes deviennent contradictoires.

Dans la théorie de Bohr, les électrons sont des particules qui effectuent des sauts quantiques entre les orbites de l'atome. Schrödinger considère pour sa part que les électrons ne sont pas des particules mais des ondes stationnaires conformément à la théorie de Louis de Broglie. L'équation qui porte son nom est basée sur la nature ondulatoire des particules et elle est valable en mécanique quantique jusqu'à aujourd'hui. Une telle incommensurabilité entre les théories décrivant les électrons n'empêche pas que les physiciens font toujours référence aux mêmes particules.

Lorsqu'on est en face de croyances de plusieurs générations de scientifiques sur ces particules et même si les physiciens possèdent des conceptions radicalement différentes de leurs propriétés, on peut conclure qu'on est en face d'une affirmation existentielle sur l'électron. La référence à des entités se maintient même lorsqu'il n'y a aucune théorie décrivant ces entités. Par exemple, James Watt a utilisé au XIXe siècle les propriétés de l'eau dans la machine à vapeur en ignorant que l'eau soit un composé d'oxygène et d'hydrogène puisque il croyait à l'existence du phlogistique. En fait, Watt n'avait pas une théorie précise pour l'eau et plus particulièrement sur sa composition alors que les propriétés causales de cette substance ont été utilisées à merveille dans un contexte historique marqué par la révolution industrielle.

La stabilité de la référence putnamienne est la meilleure garantie à une affirmation existentielle sur les entités dans un environnement théorique marqué par une grande discontinuité. Aucune théorie ou modèle n'est immunisé contre le changement à travers l'histoire. Cette affirmation est étrange car elle présuppose qu'il faudrait qu'elles le soient, alors que rien n'indique que ce soit une nécessité.

Beaucoup de théories dans le passé qui ont été reconnues comme vraies et qui ont été largement acceptées en formant un pilier du paysage scientifique de l'époque se sont révélées erronées (Jarret Leplin [1988] p. 370-376). La théorie calorifique de la chaleur a été très satisfaisante au 18ème siècle. Elle n'est plus regardée aujourd'hui comme approximativement vraie. Il est impossible que la théorie selon laquelle la chaleur est une substance fluide soit une approximation de la théorie qui stipule que le phénomène de la chaleur est le résultat du mouvement des molécules (ibid.). Si cette dernière théorie est vraie, alors la première est complètement erronée.

La théorie de la relativité générale a bouleversé les concepts de temps et d'espace en montrant que la mécanique céleste newtonienne n'est qu'approximative. Un tel environnement scientifique instable explique pourquoi une théorie de la référence et si précieuse pour croire à l'existence des entités.

On remarque à travers cette histoire que le réalisme des entités de Hacking repose en fait sur deux éléments de base : une référence langagière inspirée de Putnam qui permet de s'assurer que les physiciens parlent de la même chose en identifiant les entités dans un contexte marqué par des stéréotypes divergeant et changeants. Le deuxième élément n'est autre que l'intervention causale sur ces entités en exploitant leurs propriétés.

Ces deux éléments coïncident pour appuyer une forme de réalisme qui est un terrain d'entente entre le réalisme scientifique et l'antiréalisme empirique. Ce réalisme est la meilleure réponse au défi antiréaliste de Van Fraassen qui décourage le réaliste d'aller au-delà de l'adéquation empirique en affirmant quoi que ce soit sur l'existence des entités. Contrairement à Cartwright qui a cherché à relever ce défi en admettant que l'explication causale appuyée par les lois phénoménologiques impliquent nécessairement une affirmation existentielle sur les entités, Hacking recourt à la fois à la théorie de référence qui est la réponse la plus sophistiquée et la plus robuste au problème de l'incommensurabilité du sens pour identifier une espèce d'entité sur une large période marquée par des changements profonds dans les stéréotypes que les physiciens possèdent sur les entités ainsi qu'à une théorie de la manipulation des entités qui trouve toute sa dimension dans le champ de l'expérimentation.

Tandis que l'explication causale (Cartwright) est insuffisante pour démontrer l'existence d'une entité parce qu'elle relève simplement du « sens commun » (l'utilisateur d'un langage ordinaire peut se tromper en affirmant une telle existence) (Steve Clarck), la théorie de la référence appuyée par une manipulation des entités parviennent à une telle conclusion parce que la référence à une même espèce d'entités résiste à des changements profonds dans les stéréotypes (théories) décrivant les entités.

Cette situation est confirmée par l'histoire de la science. Bien entendu, il ne suffit pas d'étudier les électrons même à travers la théorie langagière de la référence et le contact causal lors des expériences pour déterminer la réalité de ces entités. C'est seulement en manipulant ces entités, qu'on pourrait être certains de leur existence et de leur réalité. Cette conclusion importante est la meilleure réponse à la critique antiréaliste de Van Fraassen et sur l'autosuffisance de l'adéquation empirique et sa supériorité à toute explication.

Cartwright a jeté son dévolu sur l'explication causale pour affirmer l'existence des entités. Le mérite de cette approche est le recours aux causes, ce qui est d'une grande importance pour n'importe quelle explication scientifique et qui est certainement l'élément de base du réalisme des entités.

Mais une explication causale n'aurait aucune chance d'aboutir à un engagement sur l'existence des entités, s'il n'y a pas l'assurance qu'on parle de la même entité à chaque fois qu'un stéréotype désignant cette entité (modèle ou théorie) change dans le temps. Par ailleurs, le recours de Cartwright aux lois phénoménologiques et aux modèles, lesquels sont étroitement liées aux données empiriques n'est pas immunisé contre l'incommensurabilité de sens. En revanche, le rôle que joue la référence putnamienne dans le réalisme des entités de Hacking assure sa cohérence.

Chaque élément est à sa place dans la relation entre la cause et l'effet. La référence à la cause est parallèle à la possibilité d'une intervention causale sur cette cause. La cause est reconnue par un système de référence stable. Ensuite l'intervention causale agit sur cette cause, ce qui permet de conclure à son existence certaine. De cette manière, la référence en plus de l'intervention causale sur la cause dépasse l'adéquation empirique (Van Fraassen).

Par contre, le schéma de Cartwright ne bénéficie pas du même résultat : la relation entre l'explication causale, l'inférence à la cause probable (ICP) et la loi phénoménologique n'est pas suffisamment claire pour déterminer l'existence de la cause.

Fig. (02) : Le rôle de la référence putnamienne dans le schéma de la « vérité familière » (home thruth) du réalisme des entités de Hacking

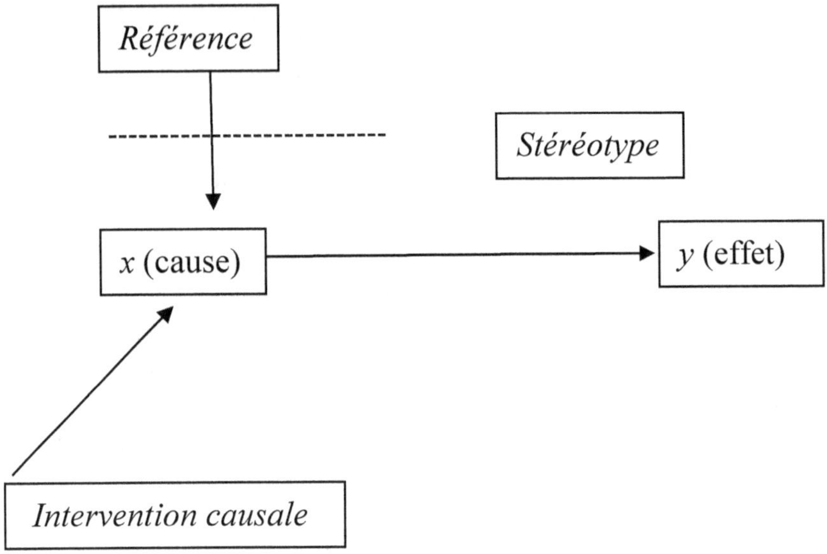

Par conséquent, le réalisme des entités est véritablement un « terrain d'entente » pour le réalisme. Il parvient grâce aux travaux de Cartwright sur ICP et l'explication causale et à ceux de Hacking sur la manipulation expérimentale des entités inobservables et les vérités familières avec la référence putnamienne comme point d'ancrage solide pour faire face à l'incommensurabilité des « stéréotypes » de toutes sortes (théories, modèles, lois phénoménologique) à relever le défi antiréaliste de Van Fraassen en matière de non-redondance et de la prétendue inévitabilité des « vertus pragmatiques » pour justifier l'adéquation empirique comme but ultime et indépassable de la théorie et de l'explication.

Le réalisme des entités parvient également à corriger les faiblesses de l'inférence à la meilleure explication qui est au cœur du réalisme scientifique. Voilà donc le cadre de référence du réalisme des entités fixé. C'est un véritable « terrain d'entente » entre les deux plus grands courants, réaliste et antiréaliste.

Toutefois, certains auteurs réalistes (Margaret Morrisson [1990], p.6) se sont attaqués à la démarche de Hacking qui tend à établir la réalité des entités inobservables par la manipulation expérimentale et par le recours aux vérités familières sur les propriétés causales de ces entités.

Ils s'interrogent sur la capacité de ces vérités familières en tant que « généralisations de faible niveau » à décrire le comportement causal des entités comme étant réel. Dans la mesure où ces vérités familières sont intégrées dans des théories ou des modèles, comment alors distinguer la partie théorique pour laquelle il est nécessaire d'être antiréaliste des vérités familières qui sont supposées obéir aux préoccupations du réaliste des entités ? (ibid.).

Mais en dépit du fait que les croyances sur l'existence des entités et les croyances sur les énoncés théoriques sont des choses différentes, il n'en demeure pas moins vrai qu'il est très difficile qu'elles soient séparées lorsqu'il s'agit de la connaissance et de l'explication des entités inobservables. Il est plus difficile de forger une connaissance sur l'existence des entités de manière isolée du cadre théorique. Dans le but de savoir si une entité inobservable existe, il est nécessaire de connaître les détails de ses relations avec d'autres parties de la nature ainsi qu'avec une variété d'autres choses – relations avec les instruments de détection, les instruments de manipulation et les autres aspects des phénomènes sur lesquels le scientifique souhaite exercer une manipulation par l'entremise des entités en question (ibid. p.7).

Si les entités ont de telles relations, c'est en raison des propriétés qu'elles possèdent et les propriétés des entités et les relations qu'elles ont avec d'autres phénomènes sont précisément ce que les théories décrivent (Chakravartty [1988], p.32). L'autre difficulté avec les *Homes Truths* de Hacking est représentée par l'absence d'exemples spécifiques et concrets (autres que les propriétés générales des entités inobservables) (Morrisson, p.14).

Margaret Morrisson donne l'exemple de la chambre de Wilson (ibid.). Un tel appareil fonctionne de manière telle que la théorie électromagnétique devient nécessaire pour comprendre son fonctionnement ainsi que le comportement des entités inobservables à l'intérieur de cet appareil. La théorie électromagnétique devient nécessaire pour comprendre le processus d'ionisation qui intervient dans le processus de détection des particules ainsi que la trajectoire de celles-ci.

Cette théorie est également utilisée pour comprendre comment un champ électromagnétique se comporte dans un appareil (ibid. p.7).

Par ailleurs, Peter Galison and Alexi Assmus (1989) ont rappelé que Charles Wilson s'est inspiré des théories météorologiques dans la fabrication de la chambre à brouillard (Galison et Assmus [1989]). Bien avant ses recherches sur ce détecteur, ce dernier était préoccupé par la production de nuages (ibid.). A la lumière de ces exemples, la conclusion de Morrisson est la suivante et elle est sans appel : les vérités familières de Hacking sont tellement pauvres théoriquement qu'elles deviennent insuffisantes pour décrire de manière réaliste le comportement des entités inobservables (ibid. p.16) dans les contextes expérimentaux qui impliquent l'utilisation d'équipements sophistiqués. Il n'est donc pas possible de développer un antiréalisme des théories, ce qui menace le terrain d'entente que le réalisme des entités s'efforce de bâtir.

Toutefois, cette critique n'est pas pertinente pour les raisons suivantes :

1/ Morrisson parle de la séparation entre la théorie et les vérités familières d'emblée et avant même de poursuivre sa critique. C'est donc un argument *prima facie*. En revanche, Hacking évoque l'utilité de ces vérités familières en étant antiréaliste à propos des théories. Morrisson suppose tacitement que l'antiréalisme des théories est inconcevable parce qu'elle est précisément réaliste à propos des théories.

2/ Loin de cette critique des *Home Truths*, nous pensons qu'il n'est pas facile de déterminer dans certains cas si ces vérités familières sont suffisantes pour décrire les propriétés des entités dont nous affirmons l'existence et si elles peuvent être distingués d'un appareil théorique sophistiqué.

Dans le cas de la chambre de Wilson par exemple, les généralisations de niveau inférieur semblent être suffisantes. Ces détecteurs fonctionnent sur la base de principes basiques selon lesquelles des particules chargées perdent de l'énergie par ionisation, en laissant une trajectoire d'atomes et d'électrons ionisés lorsque ces particules traversent d'autres matériaux comme les gaz et les liquides.

Dans la chambre de Wilson, l'air est sursaturé avec de la vapeur d'eau (ibid.). La perturbation de l'air provoque dans l'eau une condensation, ce qui forme des gouttelettes. « Les particules ne sont pas observées directement mais lorsqu'une particule comme l'électron se déplace dans la chambre à haute vitesse, elle ionise les atomes de gaz en laissant derrière elles des jets d'ions autour desquels se forment des gouttelettes d'eau » (ibid.).

Il est même possible de déterminer si les particules observées sont chargées en observant la forme des orbites qui sont formées. Les particules chargées provoquent des orbites courbes en présence d'un champ magnétique.

La partie concernée de la théorie électromagnétique qui a été utilisée dans le cas de la Chambre de Wilson n'est pas à proprement parler une théorie très élaborée. Les processus d'ionisation et de courbure de la trajectoire d'une particule chargée en présence d'un champ magnétique sont devenus aussi élémentaires que les propriétés de l'électron dans l'expérience de Millikan. On n'est pas certain des limites des généralisations de niveau inférieur de Ian Hacking dans ces cas de figure.

D'ailleurs, la théorie électromagnétique de Maxwell est composée de deux éléments qui se juxtaposent dont le premier occupe une place importante dans cette théorie. Vers 1865, Maxwell a fusionné ces deux éléments (les diverses lois expérimentales découvertes par ses prédécesseurs sont en fait des modèles ou des lois phénoménologiques, voir des vérités familières selon la définition de Cartwright et Hacking). Ces lois sont formulées sous forme d'équations : a) l'équation de Maxwell-Gauss décrit la création d'un champ électrique : le champ électrique est orienté des charges positives vers les charges négatives. Plus précisément, cette loi relie le flux électrique à travers n'importe quelle surface de Gauss fermée avec la charge électrique contenue dans le volume délimité par cette surface. b) L'équation de Maxwell-Thomson énonce qu'il n'existe aucune "charge magnétique" (ou monopôle magnétique) analogue à une charge électrique. Au contraire, le champ magnétique est engendré par une configuration nommée dipôle, qui n'a pas de charge magnétique mais regroupe une charge positive et une charge négative reliées entre elles et inséparables. À titre d'exemple, cela permet de montrer que le flux magnétique total à travers n'importe quelle surface de Gauss est nul, ou que le champ magnétique est un champ solénoïdal.

c) L'équation de maxwell-Faraday décrit comment la variation d'un champ magnétique peut créer (induire) un champ électrique. d) L'équation de Maxwell-Ampère énonce que les champs magnétiques peuvent être générés de deux manières : par les courants électriques (c'est le théorème d'Ampère) et par la variation d'un champ électrique (c'est l'apport de Maxwell sur cette loi).

La partie purement théorique de la théorie de Maxwell est l'introduction dans une équation d'un nouvel élément : le courant de déplacement, dont la présence assure la cohérence de l'édifice unifié. Par conséquent, une grande partie de la théorie de Maxwell (les équations de Maxwell) est un regroupement de plusieurs théorèmes (Gauss, Ampère, Farady) qui régissaient l'électromagnétisme avant que Maxwell ne les réunisse sous forme d'équations intégrales.

Bien que cette théorie fournisse un cadre mathématique au concept fondamental de champ introduit en physique par Faraday dans les années 1830, il n'en demeure pas moins vrai que les lois phénoménologiques ou les modèles qui sont représentés par les théorèmes précités en forment la plus grande partie. La théorie électromagnétique est beaucoup plus un conglomérat de lois phénoménologiques (Cartwright) et de vérités familières (Hacking).

Au fur et à mesure que les physiciens ont manipulé les phénomènes électriques et magnétiques, ils ont révélé certaines découvertes qui sont devenues progressivement des « vérités familières » pour ces physiciens comme par exemple la possibilité de produire un champ magnétique par des courants électriques ou l'orientation des charges positives vers les charges négatives. Ces connaissances se sont renforcées à mesure que les stéréotypes acquis depuis l'époque de Faraday se sont enrichis. Ce sont donc ces vérités familières qui sont le plus étroitement liées aux données empiriques et qui permettent de comprendre le fonctionnement d'un appareil comme la chambre de Wilson.

Ces vérités familières sont à la chambre de Wilson ce que les stéréotypes développés par Thomson, Millikan, Lorentz sont *mutatis mutandis* à l'électron.

3/ Il faudrait distinguer entre les vérités familières liées au fonctionnement des instruments et équipements scientifiques et celles qui sont étroitement liées aux entités inobservables elles-mêmes.

Morrisson confond entre les deux catégories des vérités familières de Hacking. Bien que les connaissances infra théoriques sur les équipements confirment notre croyance en la réalité des entités étant donné que ces équipements sont conçus précisément pour étudier ces entités, il est nécessaire néanmoins de faire une nette distinction entre ces deux catégories.

4/ Morrisson affirme en guise de conclusion que Hacking ne parvient pas à prouver que son concept de manipulation puisse constituer une base solide à la croyance sur la réalité des entités inobservables. Il laisse croire que cette croyance doit obéir à des considérations épistémologiques et ontologiques qui n'ont rien à voir avec la manipulation et l'engineering et qui sont le plus liées aux lois fondamentales des théories. Mais en procédant de la sorte, il est passé d'un raisonnement à un autre en laissant un fossé entre les deux.

La manipulation permet d'exploiter les propriétés causales des entités pour manipuler d'autres entités ou créer de nouveaux phénomènes. Elle fournit également une explication causale (Cartwright) des processus sous-jacents aux interactions entre les entités. Morrisson parle de la manipulation comme concept « déconnecté » de la théorie, alors même qu'il occulte l'explication causale qui en découle de source.

Ce processus a été bien révélé par Cartwright comme il a été évoqué dans les pages précédentes. La manipulation et l'explication causale qui en découle sont en plus appuyées par la théorie de la référence putnamienne qui permet de conforter la conviction des physiciens qu'ils parlent de la même chose et de la même entité. A défaut de cette référence, la notion même d'entité perdrait tout intérêt conceptuel. En fait, Morrisson tente d'isoler le concept de manipulation de tous les éléments constitutifs du réalisme des entités élaborés par Hacking et Cartwright. Ce réalisme des entités étant, rappelons-le, un « terrain d'entente » entre le réalisme scientifique et l'antiréalisme de Van Fraassen.

Cette attitude est sujette à caution en raison du fait que le réalisme des entités est un « conglomérat » constitué de l'explication causale, de l'inférence à la cause probable, des lois phénoménologiques /vérités familières ainsi que de la manipulation des entités inobservables. Un tel conglomérat est un ensemble cohérent dont les éléments constitutifs sont étroitement liés les uns aux autres.

5/ Morrisson admet implicitement la supériorité de la théorie sur la manipulation en donnant deux exemples qui reflètent, selon elle, cet état de fait et notamment l'inséparabilité des vérités familières de Hacking des théories. Toutefois, il existe beaucoup d'exemples qui montrent que les physiciens ne recourent pas souvent à des théories pour appuyer leurs recherches expérimentales.

Ils sont plus préoccupés par leurs expériences que par la confirmation des théories et des lois fondamentales. A condition d'admettre que la notion de vérité familière désigne plusieurs choses (modèles, lois phénoménologiques, hypothèses de travail), on peut voir que beaucoup d'expériences ont été menées grâce à un matériel « infra théorique ».

Par exemple, le champ le plus important des recherches de O.W. Richardson qui ont été menées au début du XXe siècle tourne autour de l'émission thermique des électrons dans un métal et la manipulation de ces corpuscules subatomiques de charge négative en vue, d'une part, de prouver leur existence et, d'autre part, de démontrer que l'émission thermoïonique des électrons est un phénomène physique authentique et non un effet secondaire d'un autre phénomène comme l'émission photoélectrique (sur lequel des travaux expérimentaux décisifs ont été menés par Planck et Einstein).

Afin de mener à bien cet objectif, Richardson a intégré l'expérience à la théorie et non la théorie à l'expérience. D'une part, il s'est contenté d'utiliser les lois en vigueur en matière d'électrodynamique (Maxwell) et de mécanique statistique (constante de Boltzmann) comme « vérités familières » afin de déduire des équations valables qui lui ont permis de dériver les lois de l'émission thermique des électrons (loi de Richardson) et, d'autre part, il a recouru à des hypothèses de travail qui ont été testées grâce à des expériences menées avec des appareillages très élaborées. Grâce à ces appareillages, il est parvenu à manipuler les électrons et de manière corollaire, il a réussi à prouver leur existence.

Devant un phénomène aussi complexe que l'émission thermique des électrons, Richardson a procédé par approximations successives en prenant comme point de départ les hypothèses les plus simples.

Le style de recherche de Richardson est basé sur des « hypothèses de travail ». Cette manière de procéder a été héritée de Thomson qui a été contraint d'y recourir dans le but d'examiner l'électrification du gaz et de la matière dans n'importe quel état.

Les hypothèses de travail permettent de poser des questions grâce aux expériences affinées. C'est l'expérience qui a permis à Thomson d'être persuadé que certaines de ses hypothèses de travail sont confirmées. Mais c'est l'utilisation des appareillages qui a le dernier mot dans le processus d'élimination des hypothèses erronées.

Afin de prouver que l'hypothèse selon laquelle l'émission des électrons des métaux chauds est un effet invariablement secondaire provoqué par une action chimique est inexacte, Richardson a effectué une expérience en utilisant des filaments de tungstène (O.W. Richardson [Jul. 11, 1913] pp.57-61). Les tests qui ont été décrits dans un article publié en 1913, ont été menés sur des lampes de tungstène contenant un filament vertical de tungstène ductile qui est placée axialement au-dessous d'une électrode cylindrique concentrique composé de cuivre. Les filaments de tungstène sont soudés électriquement à une plombure de métal robuste entouré par de l'hydrogène. Ce métal c'est de l'argent soudé avec des fils de platine qui sont contenus dans un récipient de verre. L'électrode de cuivre et la plombure sont contenues de la même manière dans un récipient de verre. Les lampes sont remplies par de l'air liquide ou du charbon grâce à des pompes Geade durant plusieurs heures et en les maintenant à une température de 550-570 degré Celsius grâce à un four à vide. En même temps, les filaments de tungstène sont chauffés grâce à un courant électrique. Grâce à un tel appareillage, les gaz absorbés et les impuretés qui sont la source de nombreuses difficultés dans les expériences dans ce type, sont réduits au maximum.

Les expériences sur cet appareillage ont été menées afin de tester différentes hypothèses de travail permettant d'expliquer les causes de l'émission électronique. Ces hypothèses de travail s'articulent comme suit (ibid.p.58) : l'émission est due à une interaction entre le gaz en évolution et les filaments. Richardson est parvenu à calculer précisément le nombre des molécules et le nombre des électrons émis pour chaque molécule de gaz.

La valeur de ces nombres permet d'exclure l'hypothèse selon laquelle l'émission électronique du métal est provoquée par le comportement du gaz. Par ailleurs, l'émission est provoquée par une action chimique ou par une autre cause dépendant des chocs entre les molécules de gaz et les filaments. Quel que soit la pression du gaz dans l'appareillage, l'intensité de l'émission électronique reste constante. De même, la vapeur du mercure dans la chambre de température n'apporte aucun changement dans cette émission.

Par conséquent, ce phénomène n'a rien à avoir avec l'évolution des molécules et des interactions chimiques entre elles.

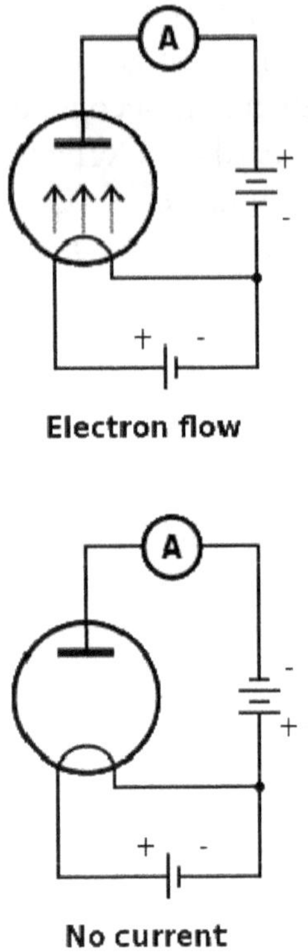

Fig. (03) : Schéma montrant les expériences de thermoïnique de Richardson

L'émission est le résultat d'un certain processus impliquant une consommation du tungstène. A des températures très élevées, la résistance des filaments augmente progressivement par l'effet de l'évaporation du tungstène. Ce processus est proportionnel au temps d'incandescence tandis que le courant thermoïonique demeure constant quelque soit le type et la configuration du filament. Il n'y a donc aucune raison de croire que la perte du tungstène est due à une autre cause que l'évaporation. Les tests ont démontré que la masse des électrons émis peut, dans certaines conditions, excéder la perte du tungstène, ce qui prouve que la perte du tungstène n'est pas la cause de l'émission électronique (Ibid. p.60).

Par conséquent, l'émission électronique du tungstène est un pur phénomène physique et n'a rien à voir avec une prétendue interaction entre le filament chauffé et le gaz l'entourant ou les vapeurs ou n'importe quelle consommation du composé du filament. Les expériences ont également prouvé que les électrons ne sont pas créés à l'extérieur du tungstène ou du gaz environnant.

Les électrons circulent dans le tungstène à partir de points extérieures au circuit. Ces expériences fournissent la preuve expérimentale directe de la théorie électronique de la conduction des métaux (ibid. p. 61).

Les hypothèses de travail sont des vérités familières parce que leur point de départ sont les propriétés causales des entités inobservables comme les électrons et non des lois fondamentales qui sont un cadre élargi permettant de décrire beaucoup de choses qui tournent autour de cette entité (de manière fictionnelle selon Cartwright).

Elles sont testées systématiquement par l'expérience en recourant à des appareillages élaborés avec comme objectif de définir celle qui est la plus vraisemblable possible. Dans le cas de cette dernière expérience de Richardson, l'hypothèse de travail la plus cohérente et la seule possible stipule que l'émission électronique du métal est un phénomène physique provoqué par les électrons et se déroule dans les métaux et non dans les gaz les entourant.

Au-delà de cette hypothèse qui se trouve entièrement confirmée, l'apport le plus important et le plus décisif des expériences de Richardson est la démonstration directe du fait que le courant thermoïonique qui est produit dans les solides incandescents est composé d'électrons. Ce fait a été prédit par Thomson. Richardson, pour sa part, à développé l'idée selon laquelle l'émission des électrons de charge négative est le résultat de l'énergie thermique provoquée par l'énergie cinétique des électrons en agitation thermique qui dépasse les forces qui maintient les électrons dans le métal et prévient leur libération à de basses températures.

Les recherches expérimentales de Richardson représentent une étape décisive vers la manipulation des électrons, ce qui va dans le sens du réalisme des entités de Hacking et de Cartwright lequel est basé sur la manipulabilité des entités inobservables. Un nouveau domaine ayant des applications industrielles a ainsi vu le jour sous le nom de thermoïonique.

Une émission thermoïonique est un flux d'électrons provenant d'un métal ou d'un oxyde métallique, qui est provoqué par les vibrations des atomes dues à l'énergie thermique lorsque ceux-ci parviennent à surmonter les forces électrostatiques. L'effet croît de manière importante avec l'augmentation de la température, mais il est toujours présent pour les températures au-dessus du zéro absolu.

La science en rapport avec ce phénomène s'appelle la thermoélectricité. Les particules chargées sont appelées « thermions » (Richardson [1913]). Par un détour imprévu de l'histoire, la manipulation des électrons atteint un niveau inégalable.

Le phénomène thermoïonique qui a été profondément exploré par Richardson a été découvert accidentellement en 1880, par Thomas Edison (ibid.), alors qu'il essayait d'expliquer la rupture du filament et le noircissement du verre des lampes incandescentes. Edison fabriqua une ampoule avec la surface interne recouverte d'une feuille d'étain. Quand il augmentait la tension de la feuille de manière à atteindre une tension positive par rapport au filament, une petite circulation de courant était indiquée par le galvanomètre : des électrons étaient émis par le filament chaud et attirés par la feuille, fermant ainsi le circuit. C'est ce qu'on appelle l'effet Edison (ce terme est parfois utilisé comme référence à l'effet thermoïonique lui-même). Bien qu'Edison ne voyait pas d'application pour cet effet, il le breveta en 1883 est il ne l'étudia plus.

Le physicien anglais John Ambrose Fleming, alors qu'il travaillait pour la société « Wireless Telegraphy », découvrit que l'effet Edison pouvait être utilisé pour la détection des ondes radios. Fleming développa un tube électronique à deux éléments connu sous le nom de diode à vide, qu'il breveta le 16 novembre 1904.

Des recherches plus poussées ont permis de découvrir que le vide qu'on appelle « trou » situé dans la partie supérieure d'une bande électronique comporte une charge positive. Née théoriquement comme concept physique et entité théorique inobservable dans un article de Rudolf Peierls publié en 1929, il est devenu réalité en 1947 avec l'invention des semi-conducteurs et du transistor par John Bardeen et Walter Brattain chez Bell Laboratories (Jed Z. Buchwald and Andrew Warwick, p.327).

Nous pouvons considérer sans broncher que les travaux de Richardson sur la thermoïonique ont permis d'achever les recherches sur la théorie électronique de la matière en 1916 et ont été le point de départ de développements technologiques fulgurants des décennies postérieures. Nous pouvons remarquer que le destin des recherches expérimentales de Richardson est étroitement lié à l'expérimentalisme empirique et à la manipulation des entités inobservables que sont les électrons.

Ces recherches ont évolué jusqu'à leur aboutissement final dans le monde technologique alors que la physique dominante en 1916 pour ce genre de travaux était la physique classique (électromagnétisme et électrodynamique). Elles ne furent aucunement menacées par l'apparition inattendue et bouleversante de la mécanique quantique. Bien au contraire, la théorie quantique a représenté l'un de ces prolongements prodigieux en intégrant aux hypothèses de travail de Richardson de nouveaux concepts comme le spin de l'électron.

On voit donc bien que certaines recherches sur des entités inobservables comme les électrons ne recourent pas à des théories élaborées et se contentent de « vérités familières » progressivement acquises.

Ces vérités permettent de perfectionner les appareils expérimentaux car elles sont basées sur une connaissance de plus en plus affinée des propriétés causales de ces entités inobservables. Mais il est erroné de croire que Hacking admet l'existence des électrons simplement parce que les physiciens sont capables de fabriquer des appareils qui exploitent les propriétés causales des électrons pour intervenir dans d'autres parties de la nature (Hacking, p.265).

Une telle affirmation va dans le sens de la démarche de Morrisson qui tente d'isoler le concept de manipulation de Hacking du conglomérat que représente le réalisme des entités, un conglomérat qui est constitué, entre autres, de l'explication causale (Cartwright) mais surtout de vérités familières (Hacking) dont la particularité la plus intéressante est la stabilité de la référence dans un environnement expérimental marqué par un changement profond dans les « stéréotypes » acquis par les physiciens. Cette référence permet notamment de préserver nos croyances sur les entités inobservables face aux incertitudes marquées par l'incommensurabilité du sens des théories.

Lorsque Morrisson affirme que « la difficulté la plus évidente est que l'engagement vis-à-vis du réalisme concernant une entité déterminée n'est pas nécessairement lié à cet élément de manipulation ou à cet engineering réussi » (Morrisson, p.18), il utilise bien cette stratégie d'isolement d'un élément du réalisme des entité en éclipsant les autres éléments (comme la référence) qui sont tout aussi importants.

Lorsqu'il sous-entend que la manipulation relève de l'épistémologie et que la réalité et l'existence sont liées aux considérations d'ordre ontologique et métaphysique (ibid. p.18), il ignore que le réalisme des entités est constitué de l'un des plus importantes contributions de Cartwright qui est l'inférence à la cause probable et de la référence putnamienne qui permet de satisfaire à l'engagement vis-à-vis de l'existence des entités. De toutes les manières, l'expérimentateur ne fait que constater dans ses expériences que les résultats de la manipulation d'entités inobservables ne sont autres que des effets observables qui ne sont pas des garanties suffisantes à la croyance en la réalité de ces entités. Il est contraint, d'une part, d'inférer à une cause en intervint sur elle et, d'autre part, de faire référence à quelque chose de stable et de bien identifié (disons un électron). Même si les scientifiques ont été engagés dans un processus historique qui les a amenés à inventer la théorie de l'électron ou la théorie de l'électromagnétisme, il n'en demeure pas moins certain que les termes que nous avons inventés désignent des entités et des phénomènes qui existent réellement. Il est bien entendu que nous ne pouvons par définition observer que les effets observables des électrons.

Mais la théorie de la référence de Putnam conjuguée à la manipulation permettent de croire qu'il existe des particuliers qui possèdent tout au moins les propriétés attribuées aux électrons, aux protons et aux quarks et qui sont supposés produire ces effets observables. Ces éléments sont autant ontologiques et métaphysiques que les théories qui d'ailleurs ne sont pas aussi stables comme Morrisson le laisse entendre. Lorsqu'elle donne l'exemple des quarks charmés (voir les pages précédentes), elle affirme que « ce n'est pas la manipulation qui a été l'origine de la conviction sur l'existence de cette entité mais c'est plutôt l'interaction entre la théorie et l'expérience qui est apparue à différentes étape de l'investigation qui a finalement crée un engagement et une croyance » (ibid.).

Mais ce faisant, il n'aborde pas le fait que la théorie peut faire l'objet à tout moment d'une réfutation. Quelle place peut prendre ces croyances et ces engagements dans le réalisme si leur source nourricière qui est la théorie est sujette à la variation, au changement, à la faillibilité et à la réfutation ? Cette discontinuité qui a été bien constatée dans l'évolution passée de la science permet d'inférer le futur de certaines théories.

Concernant le passé, l'histoire de la science nous apprend que des inférences ont conduit à des conclusions fausses de manière qui ne laisse aucun doute. Des théories comme celles de l'éther ou de l'espace et du temps absolus ont été réfutées par la théorie de la relativité. Selon cette théorie, l'éther n'existe pas et l'espace et le temps ne sont pas absolus.

Exprimons les choses d'une autre manière : de nombreux termes qui ont désigné par le passé des entités inobservables ont été rejetés à l'époque moderne. L'espace et le temps absolus, le phlogistique, l'éther sont des termes qui sont rejetés à l'époque moderne et à ce titre, ils ne désignent plus des phénomènes ou des entités qui existent réellement dans le monde physique.

Cette situation qui est appelée « discontinuité » permet à l'antiréaliste de faire une induction sur le futur en déclarant que les théories actuelles sont probablement fausses et font référence à des entités qui seront considérés par la science future comme inexistantes. Par exemple, il se peut qu'un jour on observe des quarks dans un état isolé et non confiné dans le proton et le neutron alors que la chromodynamique quantique qui est la théorie de référence sur les quarks est basée sur le postulat du confinement de ces entités.

Ce postulat est *mutatis mutandis* à la chromodynamique quantique, ce que l'unité de la charge électrique de l'électron est à l'électrodynamique quantique. Les physiciens ont cru pendant longtemps que la charge électrique est une unité non fractionnaire. Mais les quarks ont une charge électrique fractionnaire, ce qui viole cette théorie. Rien n'assure que le confinement des quarks est une vérité absolue. Toutes les théories obéissent au principe de l'induction pessimiste.

Par conséquent, les physiciens ne peuvent que croire qu'à ce qu'ils manipulent et ne peuvent n'admettre dans leur corpus théorique, que ce qui est étroitement lié aux données empiriques et plus particulièrement aux propriétés causales des entités inobservables.

Les connaissances sur ces propriétés causales se sont enrichies au fur et à mesure et les connaissances empiriques sur ces propriétés peuvent être appelées «vérités familières ». Ces vérités familières ne font pas l'objet d'une discontinuité dans le temps. Bien au contraire, elles s'accumulent. Par exemple, les physiciens se sont rendu compte que l'électron n'est pas une particule dépourvue de propriétés causales. Au fur et à mesure, ils ont découvert qu'il possède une charge électrique, un moment magnétique, une masse et un spin. Il est peu probable qu'on puisse un jour se rendre compte que le spin par exemple n'existe pas.

Il est donc possible de bâtir des connaissances familières autour de ces propriétés causales qui nous permettent de construire des appareils de plus en plus sophistiqués capables de manipuler les entités inobservables en exploitant ces propriétés causales et cette capacité perpétuelle est la meilleure assurance qu'on a sur la réalité de ces entités.

A ce propos, Hacking affirme « Nous ne fabriquons pas les instruments et ainsi inférer la réalité des électrons, comme lorsque nous testons une hypothèse pour y croire parce qu'elle a passé le test [...] Nous concevons des équipements qui sont basés sur un nombre modeste de vérités familières sur les électrons dans le but de produire d'autres phénomènes que nous souhaitons étudier » (Hacking, p.265).On peut ainsi ajouter au principe de l'induction pessimiste qui affecte essentiellement les théories, un nouveau principe que nous appelons « générosité » ou « maturité » de l'expérience et du concept qui l'accompagne, la manipulation.

On énonce à travers ce principe que l'expérience et plus précisément l'engineering dépassent toujours les théories en mettant en évidence l'existence de beaucoup de choses qui n'ont pas été prévues par les théories mais aussi en réfutant l'existence de choses prévues par celles-ci.

La « générosité » de la manipulation qui est le corolaire de la « maturité » de l'expérience permet de voir que la manipulation s'applique aujourd'hui à toute la science physique et même à l'astrophysique. On manipule toutes sortes d'entités même si elles sont extrêmement lointaines dans l'univers comme les lentilles gravitationnelles et les trous noirs. Cette maturité de l'expérience est un argument favorable au réalisme des entités et il sera examiné dans le prochain chapitre.

Non seulement l'expérience et le champ par excellence de la manipulation mais sa relation avec la théorie est un enjeu considérable pour la validité du réalisme des entités et son statut de terrain d'entente pour le réalisme.

Même si nous avons relativisé la réflexion de Morrisson qui prétend qu'il est impossible de séparer les vérités familières de Hacking des lois fondamentales contenues dans les théories, il n'en demeure pas moins vrai que les philosophes recourent toujours à cet argument pour remettre en cause le réalisme des entités. C'est l'argument par excellence des réalistes mais aussi des antiréalistes comme Van Fraassen qui considère l'expérience comme « la continuation de la théorie par d'autres moyens ». C'est un défi qu'il faut relever et il fait partie des questions abordées par Hacking en priorité dans ses travaux.

Dans un article intitulé « Les philosophes de l'expérience » (Hacking [2005], p.1 et 2), il évoque la faiblesse de la philosophie de l'expérience provoquée par le vif intérêt des philosophes des sciences pour la théorie et la distinction théorie/expérience et le peu de publications sur l'expérience. En évoquant la création des phénomènes, Hacking considère l'expérimentateur comme un agent qui n'est pas passif, servile et inféodé au théoricien. Ainsi, il affirme « les chercheurs, au laboratoire, ne font pas qu'observer le monde : ils changent le monde, ils interviennent dans le cours de la nature. Ils ne se contentent pas d'enregistrer des observations sur les événements naturels. Ils modifient le monde, ils modifient l'univers. Ils ne font pas que signaler les phénomènes, ils les créent. Oui, dans un laboratoire, on crée des phénomènes. Des phénomènes qui n'avaient pas d'existence avant leur création par les chercheurs » (Ian Hacking [2005, 2006] p.12).

Il cite notamment des instruments scientifiques comme les lasers. Un tel outil technologique reflète le rôle joué par le critère de la manipulabilité qui est tellement fécond pour la science et qui caractérise le plus l'expérimentation actuelle, à savoir la création de nouveaux phénomènes et s'applique à de nouveaux domaines scientifiques qui étaient auparavant disqualifiés par Ian Hacking comme l'astrophysique. Ce critère permet également de sortir de l'antiréalisme.

Le réalisme des entités n'affirme pas que les théories sont vraies ou approximativement vraies mais que des entités inobservables comme les électrons, les neutrinos, le champ électromagnétique sont des choses réelles qui existent dans l'univers. Du moins, une bonne partie des entités inobservables le sont.

Mais il faut examiner la situation au cas par cas. Cette sélectivité qui fait de la manipulabilité un critère pertinent pour le réalisme montre que l'expérimentation est un processus dynamique, ouvert et qui bouleverse le monde théorique.

La supériorité épistémologique et ontologique de l'expérience sur la théorie est au cœur de la réflexion de Hacking. Ce dernier nous explique que le changement du centre de gravité du réalisme, des théories scientifiques vers la pratique expérimentale transforme complètement le réalisme. Les débats sur la question de savoir si les théories sont vraies ou non sont non concluants. Mais au niveau de l'expérimentation, le réalisme scientifique à plus de chances d'être vérifié.

En physique, on est réalistes à propos des entités et non vis-à-vis des théories et on est réalistes à propos des entités comme les électrons non parce que la théorie contenant les entités en question possède la meilleure explication du succès empirique de la science. On a déjà vu que le réalisme des entités de Hacking est la meilleure réponse contre l'induction pessimiste parce qu'il n'utilise pas les arguments des philosophes qui se réclament du réalisme scientifique comme la maturité de la science et l'inférence à la meilleure explication.

Ces principes consacrent la supériorité de la théorie sur l'expérience et c'est précisément cette supériorité que le réalisme des entités veut remettre en cause. Le réalisme des entités que reconnaît Ian Hacking affirme que c'est l'expérimentation scientifique qui permet de reconnaitre l'existence des entités inobservables. Lorsque nous parvenons à manipuler ces entités dans le but d'intervenir dans d'autres phénomènes et de les utiliser comme des outils pour l'investigation scientifique par le truchement de l'exploitation des propriétés causales de ces entités, alors nous pouvons affirmer sans ambigüité quelque chose sur leur réalité.

Nous voulons maintenant expliquer en quoi la position philosophique de Hacking est justifiée par l'évolution de la science aujourd'hui et non les raisons qui nous amènent à croire que c'est un véritable « terrain d'entente » entre la réalisme scientifique et l'antiréalisme empirique de Van Fraassen et les défis que doit relever le réalisme des entités en général par rapport aux attaques des antiréalistes et des empiristes contre le réalisme scientifique en recourant à plusieurs principes comme l'induction pessimiste et à la sous-détermination des théories par rapport aux données empiriques.

Le réalisme des entités est justifié par le rôle autonome de l'expérimentation qui dépasse la théorie. Par ailleurs, la position de Hacking s'adapte parfaitement aux particularités de la physique aujourd'hui qui est marquée par la discontinuité des théories, leur faillibilité et les incertitudes ontologiques de la mécanique quantique des champs.

Après avoir parcouru tous les arguments favorables au réalisme des entités, on possède finalement les premiers éléments sur le réalisme inspirée du réalisme des entités qui respecte les principes de la non-redondance qui est alimentée par l'équivalence empirique des théories et l'incommensurabilité du sens de ces théories, de l'existence qui est un problème ontologique ainsi que la non nécessité des vertus pragmatiques et de l'adéquation empirique des théories dans l'explication causale.

Concernant ce dernier point, le réalisme des entités n'est pas affecté par l'antiréalisme des théories dans la mesure où notre argument sur la maturité et la générosité de l'expérience nous permet d'affranchir complètement le réalisme des entités du réalisme des théories.

Ce réalisme est appuyé par l'inférence à la cause probable de Nancy Cartwright qui remplace l'inférence à la meilleure explication laquelle est la base du réalisme scientifique ou conventionnel ainsi que par la théorie de la référence de Putnam qui nous permet de croire à quelque chose de précis sur l'entité manipulée et de faire face aux changements continuels des stéréotypes, c'est-à-dire de nos croyances sur cette entité et conclure ainsi à son existence réelle. De cette manière on peut atteindre deux objectifs métaphysiques majeurs : une profondeur d'explication causale et la détermination de ce qui est réel dans un système physique.

Mais comment peut-on passer des formes classiques du réalisme qui ont subsisté après les attaques des antiréalistes comme Van Fraassen contre le réalisme scientifique ou conventionnel à l'instar du réalisme structurel au réalisme des entités. Dans cette transition, rien qui appartient à cette forme de réalisme classique n'a subsisté hormis la notion de propriété causale que Hacking a récupérée pour donner de la substance aux entités manipulées. Ce que les physiciens manipulent ce ne sont pas les entités elles-mêmes mais leurs propriétés causales comme la charge, la masse, le spin, etc.

Depuis les critiques sérieuses dont le réalisme structurel ontique a fait l'objet, ce dernier a évolué. La notion de structure a perdu progressivement son intérêt pour le réalisme mais la notion de propriété a pris plus d'importance dans le cadre des nouvelles approches comme le réalisme structurel étendu de Lyre ou l'ontologie des tropes de Kuhlmann.

L'exploitation des propriétés causales des entités est bien démontrée dans une expérience qui a fait l'objet d'un intérêt vif de Hacking.

Cette expérience emporta la conviction de cet auteur sur la réalité de certaines entités inobservables. Il s'agit de l'expérience visant à détecter des charges électriques fractionnelles. L'électron fut longtemps considéré depuis l'expérience de Millikan comme l'unité de charge électrique. Nous appelons *e* cette charge. Les recherches en physique des particules indiquent cependant qu'il doit exister une entité, le quark, dont la charge est 1/3 de e. Rien ne permet de penser que les quarks ont une existence indépendante, la théorie impliquant que, s'ils apparaissent, c'est pour entrer immédiatement en interaction et être ainsi absorbés. Larue, Fairbank et Hebard, de l'université de Stanford, ont mis au point une ingénieuse expérience, inspirée de celle de Millikan pour piéger les quarks « libres ».

Etant donné que les quarks sont probablement assez rares ou que leur vie est très brève, on utilise une gouttelette bien plus grosse que celle de Millikan.

Dans cette expérience également, on remplace l'huile par le niobium, que l'on refroidi à 9°K, température qui est inférieure à la température de transition entre l'état normal et l'état supraconducteur du niobium. Une fois qu'elle est chargée, cette bille très froide le reste pour toujours. Ainsi peut-on la maintenir dans un champ magnétique et la déplacer par simple modification de l'état du champ.

On modifie progressivement la charge initiale de la goutte, et on détermine si le passage d'une charge positive à une charge négative se produit à 0 ou ±1/3 e. Dans ce dernier cas, on peut dire que l'on a trouvé un quark libre (Hacking 1983). Fairbank et ses collaborateurs ont découvert quatre charges fractionnaires égales à + 1/3 e, quatre charges égales à – 1/3 e et treize égales à zéro. Mais comment altère-t-on la charge de la goutte de niobium ? On bombarde la goutte avec des positrons pour augmenter la charge ou avec des électrons pour la réduire. Il faudrait faire attention à ce qui a vraiment poussé Hacking à croire à l'existence des entités inobservables.

Ce ne sont pas les quarks qui le menèrent dans cette voie, c'est plutôt le fait de pouvoir projeter des positrons et des électrons sur la goutte de niobium. « Si on peut les projeter, alors ils sont réels. » disait-il (Hacking, 1983).

Dans cette expérience, les physiciens ont inféré que les électrons et les positrons sont la cause probable de l'augmentation et de la réduction de la charge dans la goutte de niobium.

Ils possèdent ainsi une parfaite explication causale qui permet de déterminer si le passage d'une charge positive à une charge négative se produit à 0 ou ±1/3 e (qui sont les signes de la présence des quarks). En l'absence de cette explication causale, le physicien ne possède aucune explication qui pourrait être la meilleure. Il n'y a donc dans ce cas aucune inférence à la meilleure explication. Ensuite, l'inférence à la cause probable que sont les positrons et les électrons ne souffre pas de la redondance des théories décrivant ces particules. Les physiciens savent depuis Millikan mesurer l'augmentation et la diminution de la charge sans l'aide d'aucune théorie élaborée ou d'unc loi fondamentale qui prétend expliquer tout ce qui concerne ces particules.

D'ailleurs, cette expérience est une réplication parfaite de l'expérience de Millikan sur la charge de l'électron, laquelle ne dépend d'aucune théorie fondamentale sur les électrons, ce qui démontre l'existence de vérités familières (Hacking) qui se sont formées successivement sur les positrons et les électrons depuis Millikan. Les techniques expérimentales utilisées dans l'expérience sur les charges des quarks se sont perfectionnées mais les connaissances étroitement liées aux données empiriques (vérités familières) n'ont pas fondamentalement changées.

Ce sont des connaissances expérimentales et non théoriques qui permettent de réaliser ce genre d'expériences et de les perfectionner à merveille.

On voit bien que beaucoup de théories sur les électrons ont vu le jour mais les méthodes et les techniques utilisées sont restées étroitement liées aux données empiriques et non aux lois fondamentales et aux théories sur ces particules. Dans cette expérience sur les quarks, la goutte de niobium a remplacé la goutte d'huile de Millikan et les entités ciblées ne sont plus les électrons et les positrons mais les quarks. Les propriétés étudiées et manipulées dans l'expérience sur les quarks sont les mêmes que dans l'expérience de Millikan. Il s'agit de la charge électrique. Elle est unitaire dans cette dernière expérience. Mais elle devient fractionnaire dans la dernière. Cette similarité entre les deux expériences n'aurait été possible sans l'accumulation de vérités familières sur le dispositif expérimental utilisé dans ce genre d'expériences et sur les entités manipulées mais aussi grâce à la stabilité de la référence putnamienne qui nous permet de parler de la même chose lorsque les stéréotypes sur les entités changent.

Dans l'expérience sur les quarks, les physiciens ont manipulé ces particules de la même manière que les électrons dans l'expérience de Millikan sans supposer que les quarks sont autre chose que des particules dotées de propriétés causales qui sont les mêmes que celles que les électrons possèdent. L'unité des connaissances sur les deux types de particules prouve que les physiciens mènent leurs expériences sur ces particules grâce à des connaissances stables et qui ont perduré depuis l'époque de Millikan et sans qu'ils se soucient des changements profonds dans les théories sur ces particules. Le fait que les quarks sont confinés dans les protons et les neutrons ne change rien à la manière d'augmenter ou de réduire la charge électrique de la goutte de niobium qui est composé de ces particules.

Des vérités familières se sont solidement établies sur les charges électriques et sur les particules dotées de cette charge ce qui rend possible de mener ce genre d'expériences. Ces vérités familières sont en outre renforcées par la référence aux mêmes termes qui dénotent ces entités microscopiques. Des termes comme charge électrique, augmentation et diminution de la charge et particules mais aussi gravité et viscosité sont similaires que ce soit dans l'expérience de Millikan que dans celle relative aux quarks. Ce sont des références similaires qui résistent à n'importe quelle loi fondamentale ou théorie.

Par exemple, ces références sont valides même si on suppose que les électrons ne sont plus des particules mais des champs étalés dans l'espace et le temps ou des ondes stationnaires obéissant à l'équation de Schrödinger. Toutefois, la manipulation n'est pas totalement neutre en face d'une éventuelle variation dans la nature ontologique des entités manipulées ou ces changements profonds dans les stéréotypes utilisés dans ces expériences.

Même si le physicien reste convaincu de la validité de ses références (Putnam) et de son inférence à la cause probable, c'est-à-dire aux entités manipulées et même si ces convictions sont neutres par rapport aux théories sur l'électron (électrodynamique quantique) et sur les quarks (chromodynamique quantique) (par exemple le problème du confinement des quarks n'affecte pas les données empiriques de l'expérience comme l'augmentation et la réduction de la charge de la goutte de niobium), il n'en demeure pas moins vrai que trois difficultés majeures subsistent auxquelles le réalisme des entités fait face reflétant des limites conceptuelles et justifient un approfondissement philosophique qui va au-delà d'un simple terrain d'entente entre le réalisme scientifique et l'antiréalisme empirique.

Ces difficultés montrent que l'inférence à la cause probable, la référence putnamienne et la manipulation ne sont pas entièrement suffisants pour croire à l'existence et à la réalité de l'entité manipulée : 1/ d'abord, l'inférence à la cause probable (IPC) est similaire à l'inférence à la meilleure explication (IME). IPC se présente comme une simple variante d'IME. Dans IPC on infère tout de même à une meilleure explication même si cette explication (de la production d'effet de cette cause) débouche ultimement sur l'existence d'une cause causalement efficace de l'effet observé (Steve Clarks [2001], p.715) et même si cette explication est séparée du contexte de l'explication théorique (ibid..). La reconnaissance de cet état de fait ouvre la voie au réalisme scientifique et le réalisme des entités cessera alors d'être un terrain d'entente entre le réalisme scientifique et l'antiréalisme empirique (Van Fraassen).

Pour faire face à cette difficulté, Peter Lipton ([1991] a approfondi IME et s'est interrogé sur la nature de cette meilleure explication qui est obtenue par l'inférence. Pourquoi cette explication est la meilleure ? s'interroge-t-il.

La réponse est donnée de la manière suivante : soit c'est la meilleure explication empirique, soit que cette explication possède les vertus pragmatiques qui la rendent attractive et souhaitable.

Lipton utilise le terme « une belle explication » et considère que l'IME serait triviale si elle ne recourt pas à ce critère de « beauté » (loveliness) (Steve Clark [2001], p.717). Devant plusieurs explications, l'explication la plus probablement vraie et celle qui est attractive parce qu'elle est belle.

Les réalistes considèrent que cette spécification d'IPC ne la différencie pas de l'IME du réalisme scientifique parce que le critère de beauté fait partie des vertus pragmatiques auxquelles les théories recourent pour justifier la réalité des entités dont elles postulent l'existence car le réalisme scientifique reconnait les théories comme vraies ou approximativement vraies.

Les réalistes des entités pour leurs parts considère que l'explication causale est la seule qui est valable pour admettre la vérité des entités postulées parce qu'elle va au-delà de ces vertus pragmatiques en rejetant le réalisme des théories et sans invoquer la comparaison entre les explications potentiellement « belles » (ibid. p.718).

Par conséquent, le réalisme des entités comme « terrain d'entente » n'est sauvegardée que si IPC est reconnue comme la seule inférence valide et en occultant totalement IME. Toutefois, ce que le travail de Lipton a montré est qu'il n'est pas facile de tracer une ligne de démarcation nette entre les différentes formes d'inférence et plus particulièrement entre IPC et IME. Il existe en particulier une forme d'inférence qui se situe entre les deux (les explications attractives et belles), ce qui jette un doute sur l'autonomie d'IPC en tant que seule inférence acceptable pour le réalisme des entités.

2/ La deuxième difficulté a été soulevée par Morrisson (Morrison [1990], p18) dans sa critique du critère de manipulation de Hacking : dans l'analyse de ce dernier sur la manipulation des entités, l'engagement vis-à-vis du réalisme qui relève de la métaphysique et de l'ontologie est supposée *a priori* sans explication supplémentaire alors que le critère de la manipulation repose entièrement sur une épistémologie orientée vers la praxis (action dans le monde expérimental) (ibid. p.19). Cette manière de voir qui confond entre la réalité et la connaissance est inacceptable pour cet auteur.

Le physicien qui manipule les entités et qui croit détenir de bonnes raisons de croire aux entités manipulées parce qu'il exploite merveilleusement ces propriétés causales recourent à des convictions d'ordre épistémologique.

Mais rien ne justifie le passage de ces convictions à l'identification ontologique (métaphysique) sur la réalité de ces entités qui ne relèvent pas systématiquement de ce que nous connaissons et de ce que nous savons de ces entités (épistémologie) (ibid..). C'est pour cette raison que Morrisson ne reconnait pas aux vérités familières la qualification ontologique. Celle-ci dépend, selon lui, de la relation entre la théorie et l'expérience et plus particulièrement du contenu des théories qui expliquent la nature ontologique des entités que nous connaissons (ibid.).

Même si nous savons beaucoup de choses sur les propriétés causales de l'électron, la théorie est selon Morrisson irremplaçable pour décrire l'ontologie des entités. Par exemple, la théorie électromagnétique de Maxwell conçoit la charge électrique comme un champ plutôt que comme une particule. C'est de cette manière qu'on sait que cette entité se déploie dans la réalité sous cette forme de champ (ibid. p.15). Un autre exemple est celui de la théorie de Bohr. En 1913, Niels Bohr introduit un modèle qui est compatible avec les observations du spectre de l'hydrogène. Selon ce modèle, il existe des orbites circulaires stables pour les électrons dans lesquels l'électron n'émet aucune énergie. Mais l'électron peut passer d'une orbite stable à une autre (niveau d'énergie) grâce à l'absorption ou l'émission d'un quantum d'énergie qui fait ainsi passer l'électron d'une orbite basse (proche du noyau) d'énergie faible à une orbite haute (loin du noyau) d'énergie plus élevée. L'émission d'un quantum d'énergie entraîne l'effet inverse : l'électron quitte son orbite de haute énergie pour une orbite basse à faible énergie, la différence d'énergie entre les deux orbites correspond à l'émission d'un photon.

Ce modèle fournit une explication pragmatique, attractive et empiriquement adéquate parce qu'elle explique pourquoi on observe un spectre d'émission et pourquoi ils ont les mêmes raies c'est-à-dire les mêmes longueurs d'onde.

Cette théorie est satisfaisante sur le plan ontologique parce qu'elle explique ce qui se passe dans l'atome mais aussi parce qu'elle décrit le processus causal d'émission et d'absorption des photons par les électrons qui évoluent dans les orbites de l'atome.

Là, le modèle de Bohr est vraiment ontologique parce qu'il explique ce que sont les entités et les processus qui sont sous-jacents à leurs interactions et à leur évolution. Contrairement à cette théorie, aucune vérité familière n'atteint une telle description ontologique et ne possède une telle profondeur d'explication.

Cette situation est conçue même si la théorie de Bohr n'est qu'approximativement vraie et elle l'est effectivement (voir les pages précédentes). Il se passe comme s'il est impossible de séparer l'existence de quelque chose, disons une entité, de nos convictions sur ce qu'elle est véritablement.

Cette attitude est aussi vielle que la philosophie grecque qui a très tôt pris ses attaches avec l'ontologie. Thales par exemple, pose comme principe de toutes choses, l'eau. C'est à savoir de quoi les choses sont faites que la philosophie grecque a donné de plus beau et de plus durable.

3/ La troisième difficulté concerne une possible faillibilité de l'explication causale. Non seulement, les expériences peuvent révéler l'existence d'entités qui n'existent pas mais en plus les effets observables peuvent être provoquées par des entités inobservables différentes de ce que nous supposons ou connaissons.

Certains physiciens ont révélé l'existence des « anomalons » qui sont des noyaux atomiques de taille anormalement grande, soi-disant produits lors des collisions atomiques et dont l'existence pouvait sembler solidement établie au début des années 1980. Observées par certains physiciens, ils demeuraient invisibles pour d'autres. Il a été finalement admis qu'ils n'existent pas (*Un cas d'erreur scientifique : les anomalons* La Recherche, juillet/août 1997, p. 904).

On peut admettre également qu'au lieu que ce soit l'électron qui provoque les effets électromagnétiques observables, on peut supposer que c'est une autre particule. Il existe en principe une équivalence empirique entre plusieurs entités possibles qui soient susceptibles de provoquer les mêmes effets observables.

L'exemple suivant suffit à montrer cette équivalence empirique entre entités et il a été abordé : durant les années 1960, les preuves expérimentales ont permis de suggérer que la structure des hadrons comme les protons et les neutrons n'est pas homogène et qu'elle consiste en une structure fragmentée d'entités appelées « partons ». Pendant une dizaine d'années, le modèle des partons a été retenu par les scientifiques (Bjorken et Paschos 1969 et Feynman 1972). Quant aux quarks, ils ont été introduits par Gell-Mann (1964) afin de mieux représenter les propriétés connues des hadrons et notamment le confinement à l'intérieur des protons et des neutrons.

Le reste de l'histoire n'est pas important pour notre cas. Il a été reconnu que contrairement aux quarks colorés, les partons n'échangent pas entre eux les gluons que sont les vecteurs de la force chromodynamique quantique. Les partons se comportent comme des particules libres à l'intérieur des nucléons tandis que les quarks sont confinés par la force forte et ne peuvent jamais être observés à l'état libre (Michaela Missmi 2004).

Peu importe les leçons à tirer de cette histoire, ce qui importe le plus est de savoir que dans les expériences, il est parfois difficile de savoir quelles sont les entités qui sont causalement identifiées dans les processus physiques impliquant des particules subatomiques dans un contexte marqué par l'équivalence parfaite entre les entités causalement responsables des effets observés.

L'exemple des partons et des quarks est réel mais on peut tout aussi clairement donner des exemples fictifs ou de faire des expériences de pensée. Steve Clarke (Steve Clarke [2001], p.719) a imaginé que les effets observés et expérimentés que nous expliquons en admettant l'existence d'une entité particulière, l'électron, peuvent être causés par une autre particule qui est différente qu'on peut appeler le « flectron ».

Mais Clarck suppose que cette particule fictive ne peut être en fait que l'électron peu importe le terme par lequel nous désignons cette particule étant donné que nous avons affaire aux mêmes propriétés causales que nous exploitons pour expliquer les effcts observés.

Il faudrait ajouter à cette conviction que ce sont les propriétés causales qui déterminent l'évolution d'une entité inobservable et son interaction avec d'autres entités. Ce qui a finalement mis fin à la controverse entre les quarks et les partons, c'est l'existence d'une propriété causale particulière, la couleur qui explique le confinement des quarks dans les nucléons.

En fait, l'équivalence empirique parfaite entre les entités causales est rompue dès lors qu'une nouvelle propriété est révélée permettant d'expliquer quelque chose d'important et de structurel dans le processus physique mettant en jeu les entités. Dans le cas de la chromodynamique quantique et l'expérience sur les quarks, la couleur permet d'expliquer le confinement des quarks. Les quatre couleurs fusionnent pour donner la couleur blanche qui signifie que les quarks sont confinés.

Mais que va-t-il arriver si l'équivalence empirique parfaite entre les entités nous entraine dans une situation encore plus difficile dans laquelle il est postulé l'existence d'une troisième particule appelons le « sadron » qui possède une propriété causale particulière autre que la couleur, disons « l'attractivité asymétrique », permettant d'expliquer le confinement des sadrons à l'intérieur des nucléons ?

Là le problème est plus difficile et dans la solution nous plongera dans un autre « univers ». Devant l'équivalence parfaite entre plusieurs entités qui possèdent des propriétés causales mais différentes permettant une explication causale d'un système physique et devant la difficulté de recourir à une quelconque inférence qui risque de nous faire tomber dans le piège du réalisme scientifique, un piège d'autant plus meurtrier pour le réalisme des entités que les théories et les lois fondamentales sont parfois nécessaires pour expliquer certaines choses importantes dans le système physique, l'explication causale, la manipulation des entités et la référence putnamienne ne sont plus suffisants pour déterminer l'existence d'une entité. Comment alors échapper à toutes ces difficultés. Steve Clark annonce les prémisses de la solution sans vraiment la trouver.

Il affirme ainsi « il est nécessaire de discuter davantage de la manière la plus précise possible dont est menée une expérience et il serait d'un grand besoin de réfléchir à la question suivante : comment la manipulation des entités et l'intervention dans leur comportement implique une connaissance causale. Ceci n'est pas une objection contre le réalisme des entités en lui-même mais simplement un appel aux réalistes des entités de mener davantage de travail philosophique. J'espère que démontrer qu'il existe un terrain d'entente défendable se situant entre le réalisme et l'antiréalisme empirique valable pour le réalisme des entités.....motivera tous ceux qui sont persuadés par l'exigence pour le réalisme des entités d'aller de l'avant et de réaliser ce travail » (ibid. p.721).

Il est vrai que Hacking parle de la manipulation sans nous dire en quoi elle consiste. Il a certes révélé son importance pour l'expérimentation et la science en général mais aussi la nécessité d'y recourir pour affirmer quelque chose sur la réalité des entités dont l'existence est postulée par la théorie. Mais il n'a pas expliqué la nature des relations causales ou non-causales qu'implique une telle manipulation.

Ainsi, Clark a bien compris que la solution à toutes les difficultés entravant le réalisme des entités réside dans l'étude approfondie de la relation entre la manipulation et les relations causales entre les entités inobservables.

Dès lors, que la manipulation ou l'intervention interviennent sur une entité, qu'est ce qui se passe après ? Quel est le cadre d'explication qui nous permet de suivre de près le processus causal depuis l'intervention sur les propriétés causales de l'entité *x* jusqu'à la production des effets observés *y*.

Pour ce faire, on doit reprendre les éléments déjà évoqué dans le chapitre consacré à l'explication scientifique. C'est la théorie de l'explication causale basée sur la manipulation de Jim Woodward qui permet de comprendre les relations causales des propriétés intrinsèques des entités physiques inobservables. En fait, on ne peut pas se contenter d'un concept de la manipulation qui a juste une implication sur la réalité des entités inobservables, il faudrait également comprendre comment cette manipulation agit sur les relations causales des propriétés de ces entités et déterminer les conditions de cette manipulation/intervention. On pourra ainsi élaborer une typologie de la manipulation qui couvre une large gamme d'expériences en physique. Mais ce travail ne pourra être réalisé dans le cadre de cet ouvrage. Ce dernier n'est qu'une introduction à la philosophie des sciences avec un nouvel esprit d'innovation. Je me permets à ce stade juste de faire référence au livre impressionnant de Jim Woodward « *Making Things Happen, a theory of causal explanation*: Oxford University Press, 2003 ».

En guise de conclusion, on peut dire que toute réflexion sur le réalisme doit recourir aux éléments développés dans le cadre du réalisme des entités (concept de manipulation, explication causale, inférence à la cause probable, référence de Putnam) tout en approfondissant l'analyse des mécanismes de la causalité que met en jeu la manipulation des entités inobservables.

Chapitre IV
L'expérience scientifique : l'épreuve du réel

C'est quoi au juste l'expérience scientifique et comment elle est parvenue à devenir un objet d'étude privilégiée, non seulement, pour les réalistes des entités comme Ian Hacking et Nancy Cartwright mais également pour de nombreux philosophes de l'époque récente ?

Il y a trois grandes catégories d'expériences qu'on peut reconnaitre dans l'existence humaine : il y a l'expérience de vie qui se rapporte aux différents aspects de l'existence comme les sentiments, le choix, la perception et l'imagination. Il y a également l'expérience philosophique et morale. La troisième catégorie, c'est l'expérience scientifique qui fait partie intégrante de la science. Un grand courant philosophique qui est l'empirisme lui reconnait un statut fondationnel pour la science.

Mais abordant en premier lieu l'expérience dans une démarche élargie. Le premier type d'expérience humaine est un élément sous-jacent à la vie. Elle englobe tous les acquis de l'existence dont bénéficie l'homme au contact du monde extérieur, d'une communauté de personnes ou de la nature. Ces acquis qui peuvent être soit cognitifs, soit psychologiques représentent les atouts indispensables pour affronter des évènements futurs qui ne lui sont pas connus. Le contact avec le monde extérieur représente la source la plus importante des connaissances humaines qui sont à l'origine de la civilisation. Sa caractéristique principale est la réceptivité qui est le résultat de l'inévitabilité du contact entre un sujet et le monde extérieur. Nous ne pouvons éviter de faire face aux différents évènements qui se produisent en vertu de ce contact. Une sensation de chaleur intervient à un moment inattendu. Lorsqu'une personne dit « il fait chaud aujourd'hui », cela veut dire que cette personne a ressenti, sans qu'elle puisse l'anticiper, la sensation de chaleur. Il convient de préciser qu'en plus de la réceptivité qui caractérise l'expérience, il y a également la subjectivité qui constitue une dimension majeure de l'expérience humaine.

Cette subjectivité qui est la caractéristique principale de cette catégorie d'expérience signifie pour nous le fait que lorsque nous affrontons les différents aspects et les évènements qui se déroulent lors de la relation à autrui ou lors du contact avec le monde extérieur nous ne possédons *a priori* aucune théorie.

C'est-à-dire un ensemble de propositions qui constituent des réponses à toute une panoplie de questions suscitées par ces évènements. La subjectivité signifie également que ce contact avec autrui et le monde provoque dans notre vie intérieure la création de choses qu'il est très difficile de décrire et d'expliquer.

La subjectivité est un train d'union entre le monde extérieur et notre vie intérieure. Elle nourrit l'imagination et s'éloigne ostensiblement de la raison, de la rationalité ou de l'objectivité.

Le deuxième type d'expérience est de nature philosophique et dont les corollaires ne sont autres que les expériences religieuse et morale. Le but de l'expérience philosophique rejoint le but ultime de la philosophie qui est la recherche de la vérité. Selon Nietzsche, la philosophie est avant tout une expérience qui fait intervenir la pensée, c'est-à-dire une recherche désignée sous le nom de *Versuch* confondant la connaissance et l'expérience. Cette expérience se rapproche de l'expérimentation scientifique dans le sens où Nietzsche réfute les modes de pensée systématiques de la philosophie traditionnelle en soumettant tout ce que nous connaissons à notre pensée critique au point d'aboutir à un « platonisme inversé » (Friedrich Nietzsche [éd.2007]). Le but que s'est fixé Nietzche n'est autre que l'interprétation du monde d'une manière conforme aux exigences et aux conditions de vie.

C'est grâce à cette expérience critique que ce philosophe est parvenu à comprendre l'inversion des valeurs qui est nécessaire à toute sa généalogie de la morale et de rapprocher les valeurs morales des notions de puissance et de faiblesse : les puissants sont qualifiés de bons alors que les faibles sont considérés comme mauvais.

Le *Versuch* nietzschéen est similaire à l'expérience scientifique. Si le premier concept permet de comprendre la véritable nature des jugements moraux en faisant reposer la philosophie sur des fondements solides tirés de la vie elle-même, l'expérience scientifique permet quant à elle de consolider ou d'ébranler la confiance que nous éprouvons à l'égard des hypothèses formulées par les scientifiques. Cette faculté confirmative ou de réfutation que possède l'expérience est à l'origine de deux concepts importants dans la philosophie et l'histoire des sciences. Le premier est l'*experimentum crucis* (expérience cruciale). Quant au deuxième, c'est la conception classique du rôle de l'expérience dans l'activité scientifique qui relève de l'empirisme.

L'*experimentum crucis* est une expérience permettant de départager entre plusieurs hypothèses ou théories en privilégiant celles qui feront l'objet d'un consensus parmi les scientifiques. La particularité de cette expérience est de bannir toutes les autres hypothèses ou théories concurrentes. Les expériences cruciales les plus célèbres sont celles des couleurs de la lumière de Newton de 1665 et celle de l'éclipse de 1919 confirmant la théorie de la relativité générale.

Les hauts et les bas de l'expérimentalisme

Malgré ce caractère crucial de l'expérience qui a joué un rôle considérable dans la genèse et l'évolution de la science moderne (d'aucun n'ignore que les débuts de la science ont été marqués par l'essor d'une philosophie expérimentale. Bacon, d'Alembert, Mersenne mais aussi Newton et Hume sont les grands noms qui ont jeté les bases de cette philosophie), certains philosophes cherchent à relativiser le caractère décisif de l'expérience cruciale en affirmant que des doutes peuvent persister à l'égard de l'existence d'une théorie qui ne concorde pas avec l'expérience.

Il est nécessaire de préciser que le débat controversé sur la question de l'insuffisance ou de la suffisance de l'expérience a des racines profondes en philosophie et il est lié à la métaphysique des sciences.

Par ailleurs, le rôle de l'expérience a été occulté par certains courants de pensée en philosophie qui se sont développés entre le XIXe siècle et le XXe siècle et dont les plus importants sont la philosophie transcendantale de Kant et le positivisme logique du Cercle de Vienne. Depuis cette période, l'intérêt des philosophes a été porté sur la théorie. En effet, quel que soit le but poursuivi par tel ou tel philosophe de cette période, l'idée centrale et le fil conducteur de la philosophie du XXe siècle est que les données empiriques ou les données d'observation supposées valables en elles-mêmes pour confirmer et tester une hypothèse théorique et dans certains cas l'affaiblir et la réfuter ne sont pas indépendantes des théories. Il a été affirmé que l'expérience est étroitement liée à la théorie et que les concepts théoriques sont interdépendants les uns des autres.

Cette doctrine a réduit l'expérience à un simple prolongement épistémologique de la théorie. L'interdépendance entre l'expérience et la théorie n'est qu'un cas particulier d'une interdépendance plus générale touchant toutes les théories de la physique et bien au-delà jusqu'à des domaines vastes comme la logique, les mathématiques et le langage.

Cette interdépendance est liée à la fois à la signification des énoncés théoriques et observationnels et à l'établissement de leur vérité. Pierre Duhem et Villard Van Orman Quine ont lancé une thèse majeure dans ce sens qui a marqué la philosophie, ce qui a entraîné l'affaiblissement de l'intérêt pour le rôle de l'expérience dans la justification des énoncés théoriques et plus généralement dans le développement de la science.

Comme on l'a déjà évoqué dans le précédent chapitre, l'expérimentation scientifique fait l'objet ces dernières années d'un intérêt croissant de la part des philosophes des sciences après un délaissement en faveur de la théorie. Le livre d'Ian Hacking *concevoir et expérimenter* dont le titre original est *representing and intervening* (1983) représente un progrès décisif dans le lancement d'une réflexion renouvelée sur l'expérimentation.

Hacking a démontré que l'expérience a été sous-valorisée en faveur de la théorie alors qu'en fait elle joue un rôle décisif dans l'accroissement de nos connaissances et le renforcement de nos certitudes sur la réalité des entités physiques, surtout celles qui ne sont pas observables comme les électrons mais aussi dans l'intervention sur ces entités. Seule l'intervention est la chose crédible en science. La science transforme le monde et ne se contente pas de le découvrir.

La théorie est limitée par le pouvoir représentationnel des connaissances théoriques alors que l'expérience est interventionniste par excellence. Il affirme « Lorsque nous passons de la représentation à l'intervention, en bombardant des billes de niobium avec des positrons par exemple, l'antiréalisme a moins d'emprise […] En philosophie, le juge ultime n'est pas ce que nous pensons mais ce que nous faisons » (ibid. p.205). Hacking propose un renoncement pur et simple à la philosophie inductiviste de Carnap et déductiviste de Popper. Par conséquent, ce passage de la théorie à l'expérimentation en tant qu'objet d'investigation marque un tournant en philosophie des sciences.

Il opère un renversement du questionnement philosophique : il remplace la question de la relation entre la preuve empirique et l'hypothèse, par la question suivante : comment les preuves empiriques changent nos certitudes et nos jugements ? (ibid.).

Ceci apparaît très clairement quand on analyse l'accueil fait aux résultats des expériences du physicien allemand Heinrich Hertz (1857-1894).

Ce dernier est parvenu à rendre nos connaissances sur l'existence des ondes électromagnétiques définitive en confortant ainsi la théorie de James Clerk Maxwell (1831-1879) qui unifiait dans un même ensemble conceptuel l'électricité et le magnétisme. Mais des doutes ont régné parmi un groupe de physiciens quant à la rigueur, à l'objectivité et au caractère décisif des travaux d'Hertz. C'est finalement grâce à la répétition des expériences d'Hertz et à la reproduction de résultats similaires par les expérimentateurs que la confiance des physiciens à propos des travaux expérimentaux du physicien allemand a été définitivement acquise. Le signe annonciateur de ces avancées est l'essor de la recherche expérimentale dans le domaine des ondes électromagnétiques. Les résultats des expériences d'Hertz sont autant de preuves de l'existence de ces ondes. Hertz a été un expérimentateur de génie et c'est pour cette raison que ces expériences sont devenues des preuves de la validité de la théorie maxwellienne.

C'est là en effet un point très important. Il existe en fait un élément à partir duquel convergent tous les mouvements de réflexion sur l'expérimentation et qui n'est autre que la *manipulation* des entités inobservables. Mais c'est une longue route qui sépare l'expérimentation de la preuve empirique et la *manipulation* des entités physiques. Nous allons le montrer dans les pages qui suivent. Pour le moment nous poursuivons la réflexion sur le changement du centre de gravité de la philosophie des sciences de la théorie vers l'expérience.

La philosophie de l'expérience s'exprime par une réflexion approfondie sur l'expérimentation, plutôt que sur la théorie et une exploration de la complexité et de la richesse de la vie expérimentale. Galison, par exemple, a attiré l'attention sur le fait que les expériences échouent dans certains cas. Le succès de l'expérimentation dépend des techniques et des possibilités technologiques abstraction faite de la structure théorique (Peter Galison [1987]).

De manière plus profonde encore, le livre de Shapin (1986) *Hobbes, Boyle et l'activité expérimentale (*Steven Shapin [1989]) évoque l'émergence d'un style expérimental qui a pris de l'importance au détriment du raisonnement théorique.

Pickering dans un travail remarquable a poussé plus loin l'exploration de la « complexité expérimentale » en allant au-delà des concepts peu précis d'« expérience » et d'« observation ». Il propose trois niveaux : « la théorie, la phénoménologie de l'appareillage (*apparatus*) expérimental, et les instruments et les objets de l'expérience dans leur matérialité » (Ian Hacking [2008] p.73). Ces trois niveaux peuvent évoluer de manière dynamique. Par exemple, la structure de l'appareillage peut influer sur le déroulement des expériences et déterminer le résultat de toute une recherche expérimentale qui devient irréversible (ibid.).

Pickering est un véritable précurseur de la philosophie expérimentale dans la mesure où il a été le premier à évoquer une vie à la fois complexe, autonome et contingente de l'expérimentation. Mais il parle plus précisément de la contingence qui est un aspect important de l'évolution de l'expérience qui devient ainsi indépendante de la théorie. Pickering donne des exemples fascinants qui montrent que la disponibilité de certains dispositifs expérimentaux conditionne pour une large part certaines découvertes expérimentales.

Mais c'est Hacking qui redonne à l'expérimentation toutes ses lettres de noblesse. Non pas seulement en raison du rôle que joue la manipulation des entités pour percer les secrets d'autres phénomènes de la nature, mais également et surtout par rapport à la création de nouveaux phénomènes qui n'existent nulle part dans la nature.

Sa thèse principale est l'apport décisif du travail expérimental au réalisme scientifique. Les entités inobservables sont manipulées pour produire de nouveaux phénomènes en particulier et étudier de nouveaux aspects de la nature en général. « Ces entités sont des outils, des instruments, non pour penser mais pour faire » dit-il (ibid.). Nous pouvons paraphraser cette missive en disant « changer le monde. » Toutefois, Hacking n'entend pas par création de phénomène, un fait brut et instantané. C'est plutôt un processus dont il s'agit, un processus de création et d'isolement artificiel de phénomènes qui n'existent à l'état pur nulle part dans l'univers. Les phénomènes peuvent être utilisés au laboratoire, manipulés dans le cadre d'activités précises, ou transformés en un outil perfectionné pour un usage précis.

L'auteur a donné de nombreux exemples tirés de la physique et nous allons les rencontrer dans notre chemin dans les pages qui suivent. Il suffit juste ici de citer des exemples comme le laser et le circuit de Josephson pour voir de près que la création des phénomènes est devenue une activité scientifique presque banale.

Le plus intéressant dans ce processus est sa nature expérimentale marqué par la manipulation des entités physiques puis par la création de nouveaux phénomènes au profit d'une activité purement technologique ou technoscientifique. Les lasers, les masers, les réseaux Josephson, l'intrication quantique sont des exemples types. Il y a également les supraconducteurs qui sont des phénomènes qui n'existent pas dans la nature et qui sont les résultats de l'ingénierie quantique. C'est un des exemples multiples de ce que Hacking appelle la création de phénomènes.

Ces précisions vont permettre de nous guider dans notre enquête sur la manipulation. L'idée que l'expérimentation est le champ privilégié de la connaissance sur les entités inobservables et bien ancrée et elle a été assez visible à mesure que nous avons progressé dans notre enquête sur le réalisme. Nous avons rassemblé tous les éléments épistémologiques et métaphysiques liées à la manipulation et à l'explication causale qui en découle et qui ne se réduisent pas exclusivement au réalisme des entités en nous arrêtant à la théorie interventionniste de Woodward qui permet d'explorer les relations causales entre les entités manipulées. Nous ne pouvons toutefois aller plus loin dans cette exploration au risque de nous perdre.

En fait, tout l'intérêt de cette théorie est l'explicitation des relations causales entre les entités inobservables conçues comme des variables d'un système causal lorsque l'intervention/manipulation agit sur l'une des variables (qui est la cause de l'effet produit dans ce système).

Ajoutons juste une précision concernant l'expérimentation. Hacking a réduit la définition d'une expérience physique à une expérience où la manipulation est possible. Il a tracé ainsi une ligne de démarcation entre sciences qui parviennent à prouver la réalité des entités inobservables par la manipulation et à ce titre elles sont qualifiées de sciences expérimentales par excellence et les sciences qui sont disqualifiées comme non-expérimentales parce que la manipulation d'entités inobservables ne peut pas y intervenir.

A priori, les sciences expérimentales où la manipulation est une activité en plein essor touchent une variété de domaines scientifiques. Hacking étend son investigation à des domaines comme la biologie.

Par exemple, des chercheurs ont réussi à implanter chez la souris une grande partie du système immunitaire humain, en réussissant ainsi à tester des médicaments et des vaccins, et de faire des investigations sur le système immunitaire « sans faire d'expériences sur des sujets humains » (Hacking [2005], p. 76). Cet exemple reflète la complexité de la vie expérimentale. La nature avec laquelle nous interagissons ne connaît pas de limites aux découvertes et inventions possibles. C'est un processus qui est déterminé uniquement par l'expérience et non par les théories et il est imprévisible.

Il n'y a que la science astronomique qui est exclue du champ très vaste de la manipulation scientifique. Hacking doute notamment de l'existence des lentilles gravitationnelles dans la mesure où il est, selon lui, impossible de manipuler ce genre d'entités astronomiques. Mais cette prophétie semble avoir été remise en cause avec les dernières expériences de manipulation d'entités astronomiques comme les ondes gravitationnelles qui ont été détectées en 2015 grâce à un interféromètre au laser (programme LIGO Etats-Unis) (Abbott B.P. et al.* [2016]). Les ondes gravitationnelles ne sont pas simplement détectées dans les interféromètres. Elles sont réellement manipulées à l'intérieur de ces instruments puisqu' elles interagissent avec les lasers qui les parcourent.

Mais l'idée principal qu'ont retient du caractère « universel » de la manipulation est l'autonomie de l'expérience. Elle devient un domaine qui ne dépend plus de la théorie. C'est un argument fort pour le réalisme des entités. Hacking a consacré une importante littérature à cette question dans la mesure où le réalisme des entités ne peut être soutenu que si on admet cette autonomie de l'expérience de la théorie. Or c'est l'idée inverse qui a dominé pendant de longues années en raison du succès de l'holisme en philosophie des sciences. On va donc étudier brièvement l'holisme en essayant de remonter à ces fondements.

L'holisme : le pire ennemi de l'expérimentalisme

Selon un puissant courant de pensée en philosophie des sciences, l'expérience n'est pas autonome dès lors que les données empiriques dépendent de la théorie. Selon cette approche, l'observation n'est plus considérée comme une perception passive par notre sensorium des données fournies par les appareils expérimentaux. Elle dépend fortement de la théorie qui l'oriente et qui lui donne un sens. Par ailleurs, bien que les expériences soient cruciales, univoques et bien individualisées, elles sont loin d'être indépendantes de la théorie. Elles sont contenues dans cette théorie d'une façon presque indiscernable.

Le dispositif expérimental existe bel et bien et les observations sont réellement effectuées, mais le contenu épistémique de l'expérience, sa compréhensibilité, sa raison d'être logique relèvent, selon les philosophies néo-théoriciens, de l'ensemble des propositions qui sont contenues dans les théories. La véritable relation entre théorie et expérience, selon cette vision moderne, est une relation de « vérité » et la vérité ne peut être expérimentée scientifiquement, elle reste toujours insaisissable.

Les philosophes ont affirmé que la théorie et l'expérience sont si étroitement liées que l'on ne peut rien affirmer de la « vérité » de ce que l'on expérimente sans que la théorie y soit pour quelque chose. La théorie ponctue notre expérience d'une façon telle que les résultats sont toujours en relation de signification avec nos prémisses théoriques, comme si les expériences s'« arrangeaient » pour donner des résultats en cohérence avec le système théorique. Il est intéressant de remarquer ici l'étonnante similitude entre cette conclusion et le postulat épistémologique important de la mécanique quantique ayant divisé les physiciens de l'École de Copenhague et ceux appartenant au courant réaliste : le monde quantique s'« arrange » toujours pour donner des expériences qui sont en parfaite cohérence avec les énoncés théoriques.

Les philosophes réalistes affirment que si l'expérience confirme la théorie, cette dernière « transcende » toujours l'expérience. Elle la transcende parce que la « vérité » ne peut être définie expérimentalement, seule la théorie pourrait le faire. De cette façon, on ne peut rien affirmer de la vérité de ce qu'on expérimente sans que la théorie y soit pour quelque chose.

Il n'y a jamais eu, selon eux, d'expériences univoques par elles-mêmes et coupées des autres, ni d'expériences « neutres », c'est-à-dire a-théoriques et totalement indépendantes.

En l'absence du substratum théorique, une expérience donnée ne serait qu'un « maillon faible » dans une longue chaîne qui n'a ni début ni fin. Personne ne se serait dirigé dans une « direction » déterminée sans savoir à l'avance où il aurait pu arriver. Du moins, l'on s'attend toujours à certains résultats, et même les surprises sont souvent en cohérence avec nos théories. Gaston Bachelard disait si bien que la « vérité en science n'est qu'une erreur rectifiée ».

L'on peut seulement conjecturer sur le fait que la « vérité » de la théorie ponctue l'expérience en ce sens où non seulement elle lui confère une signification, mais lui révèle également un cheminement épistémologique (ou elle doit commencer et ou elle doit finir). Toutefois, cette proposition ne suffit pas à démontrer la relation entre la théorie et l'expérience.

Si l'expérience est à ce point tributaire de la théorie, c'est qu'il y a des raisons objectives de dépendance, à savoir qu'il y a quelque chose où l'expérience ne peut rien affirmer et que seule la théorie peut définir. Si la théorie définit les limites de l'expérience dans le sens d'une ponctuation, cela ne suffit pas à priver l'expérience de signification en dehors de la théorie.

Il doit y avoir des raisons plus profondes : si la théorie délimite toujours le champ de l'expérience, il est inévitable qu'il faille y revenir pour éviter l'erreur. Si plusieurs expériences se contredisent plusieurs fois, on peut conclure que certaines d'entre elles sont fausses et contiennent des erreurs. Mais comment savoir celles qui sont justes et celles qui sont fausses, dans la mesure où on a déjà montré que les expériences sont une chaîne qui n'a ni début ni fin. Il n'est pas légitime de supposer qu'il existe des expériences qui soient *a priori* supérieures à d'autres.

Les philosophes affirment que s'il y a des expériences qui sont cruciales, c'est parce qu'elles recourent à la vérité de la théorie. Le paradoxe est le suivant : une expérience ne peut déterminer l'erreur sur le plan scientifique. Seule la théorie permet d'éviter l'incertitude qui touche l'expérience dans tous les sens. Le probable hante toujours l'expérience, non la théorie, en ce sens que celle-ci est beaucoup moins sensible à l'incertitude et aux bruits de fond de l'expérience.

L'erreur est un concept qui ne peut être expérimenté scientifiquement, car il relève d'un principe qui le transcende et qui n'est autre que la vérité. Nos connaissances empiriques et expérimentales sont définies de telle façon que notre jugement et notre confiance à l'égard des résultats de nos expériences sont toujours tributaires de ce qui est extérieur à l'espace de cette même expérience, surtout lorsque celle-ci s'écarte sensiblement des résultats attendus. En revanche, la théorie est terriblement coriace en face des erreurs. À défaut, des termes comme « perfection interne », « harmonie », « théorie de principe », « simplicité » n'auraient tout bonnement aucun sens, alors que l'expérience est fondamentalement fragile à l'impitoyable diversité des faits. Par ailleurs, la nécessaire convergence dans le temps des résultats expérimentaux entraîne une incertitude importante sur les risques d'erreurs encourus. La seule façon de les évacuer, c'est toujours par le retour improvisé à l'économie théorique.

La fausseté d'une théorie est beaucoup plus difficile à déterminer que la fausseté de l'expérience lorsque les résultats expérimentaux contredisent la théorie. La théorie de l'éther n'avait jamais été abandonnée à cause de la non-concordance des expériences tentant de prouver son existence. C'est, au contraire, une nouvelle conception du temps et de l'espace due à Einstein qui avait eu le mérite de permettre la réfutation du mythe de l'éther. D'autres exemples montrent que la découverte de l'atome et la fameuse expérience de Rutherford qui laisse penser à une démarche hautement expérimentale n'auraient pas eu le succès attendu sans le mûrissement de la vision mécaniste et la notion de point matériel, qui supposent une structure atomiste de la matière.

Par ailleurs, les travaux théoriques de Boltzmann dans le domaine de la thermodynamique ont joué un rôle déterminant dans le mûrissement des idées sur l'atome, bien avant les expériences de Rutherford et de Thomson. En revanche, l'observation d'un décalage entre les résultats de certaines mesures et les résultats prévus n'entraîne pas nécessairement une découverte. On a un exemple frappant avec les spéculations théoriques sur la prétendue cinquième force.

Certains physiciens se sont basés sur l'expérience d'Eötvös et sur la comparaison des mesures de la constante de gravitation universelle par des méthodes géophysiques et par des méthodes de laboratoire pour considérer les différences entre les deux types de mesures comme révélatrice de l'existence d'une nouvelle interaction fondamentale.

Les atermoiements qu'avait entraîné cette théorie empirique sont symptomatiques et révèlent souvent l'impossibilité de déduire l'existence de quelque chose sur la base de résultats expérimentaux ou d'un décalage entre les résultats théoriques et ceux obtenus. Ce qui est le cas, en l'occurrence, de l'expérience d'Eötvös.

On a déjà vu que la nécessaire convergence des résultats dans le temps, entraîne une incertitude relative sur les risques d'erreurs encourus, puisque on ne peut catégoriquement et dans des conditions certaines de précision, trancher dans le cas d'un écart significatif entre les résultats obtenus et ceux attendus, entre la probabilité d'un décalage purement statistique ou révélateur d'une réalité sous-jacente.

Un autre exemple est illustré par la fameuse histoire des « anomalons », ces noyaux atomiques de taille anormalement grande, soi-disant produits lors des collisions atomiques et dont l'existence pouvait sembler solidement établie au début des années 1980. Observées par certains physiciens, ils demeuraient invisibles pour d'autres. Il a été finalement admis qu'ils n'existent pas (*Un cas d'erreur scientifique : les anomalons* La Recherche, juillet/août 1997, p. 904).

Rien ne peut assurer d'une certitude absolue lorsqu'on est en face d'un écart très faible mais constant dans les résultats de nos expériences. Mais tout cela pourrait prendre les allures d'une « hérésie épistémologique », puisqu'il n'y a rien de plus admis aujourd'hui que l'axiome selon lequel c'est sur l'expérience seule que pourrait reposer la vérité de la théorie et ce, même si on ne confirme pas directement les axiomes par l'expérience, mais seulement leurs conséquences et même si le mot « expérience » peut cacher d'autres concepts plus subtiles et plus raffinés comme le « test poppérien » ou la « représentation duhemienne ».

Toutefois, cette philosophie qu'ont peut qualifier de rationaliste en raison de l'assujettissement de l'expérience à la théorie est semée d'écueils. Une telle philosophie rationaliste a conduit certains philosophes à se résigner à admettre un certain « holisme » des théories scientifiques.

L'holisme est basé sur l'idée que de vastes domaines du savoir sont interconnectés. Il s'exprime chez Duhem, qui avait soutenu au sujet des théories physiques qu'il ne peut exister d'« expérience cruciale », c'est-à-dire d'expérience pouvant à elle seule confirmer ou infirmer une théorie.

On trouve une vision semblable chez Quine, qui stipulait que les énoncés sur la nature ne rencontrent nullement l'expérience un à un, mais en totalité, sans qu'aucun énoncé individuel ne puisse infirmer une théorie. Le raisonnement anti-inductif de Popper s'inscrit également dans ce cadre de pensée. S'il est valable de considérer qu'il n'existe, en vertu de ce « holisme » des théories scientifiques, aucune expérience cruciale, c'est-à-dire d'une expérience pouvant à elle seule confirmer ou infirmer une théorie (Duhem), si aucune expérience prise isolément ne peut infirmer une théorie (Quine) et si aucune expérience, quoique répétée à l'infini, ne peut raisonnablement confirmer une théorie et que cette dernière n'est jamais à l'abri d'une réfutation quand bien même sa confirmation a pu être établie à l'aune d'une multitude d'expériences de confirmation (Popper), alors la théorie n'est ni vraie, ni fausse.

Elle est ni vraie puisqu'aucune expérience ne peut la confirmer (Popper), ni fausse parce qu'aucune expérience ne peut l'infirmer (Quine, Duhem). Cette façon de voir est intenable, elle condamnerait la science à la stérilité et à l'agnosticisme.

Paraphrasant Duhem, Lakatos affirme d'une manière qui reflète magistralement ce « holisme » : « [...] Nous ne pouvons ni prouver les théories ni les réfuter » (Pierre Wagner [2002], p. 987). C'est à tort que ce dernier renvoie cette situation à la dépendance, réclamée par Duhem lui-même, des expériences vis-à-vis des théories. Cette dépendance exprime toute sa vigueur épistémologique et son caractère radical car elle explique comment les conditions de l'expérimentation, sa préparation et l'interprétation de ses résultats dépassent le cadre d'une proposition théorique simplement mise en cause, mais s'étend à tout l'édifice théorique. Ce qui est intéressant à voir dans cette propension méthodologique est son désintérêt froid et son indifférence contagieuse à l'égard de la structure des théories scientifiques. C'est le résultat fâcheux de la difficulté récurrente de réfuter les théories.

Dans son fameux livre *la théorie physique,* Pierre Duhem souligne : « [...] Lorsque l'expérience est en désaccord avec ses prévisions, elle lui apprend que l'une au moins des hypothèses qui constituent cet ensemble doit être modifiée ; mais elle ne lui désigne pas celle qui doit être changée » (Duhem [1906], p.282).

Toute l'affaire est en principe dans la difficulté qu'une expérience négative puisse conduire au rejet d'une théorie tout entière. La théorie selon Duhem est manifestement trop « immunisée » pour être réfutée par une expérience isolée. L'idée sous-jacente de ce concept de la sous-détermination est la difficulté de séparer l'expérience de la théorie. De cette façon, la valeur inductive de l'expérience cruciale est sauvegardée[14]. Ceci signifie que la proposition expérimentale n'affronte pas l'expérience matérielle proprement dite ; la première n'est que l'image théorique de la seconde ; elles sont presque indivisibles.

Cette complémentarité est nécessaire pour la science (comme on pourrait dire, les *deux faces de Janus*). Sans elle, il serait difficile de définir les limites de la théorie : si les énoncés théoriques affrontent le monde de l'expérience comme un « tout », « un ensemble de propositions » ou comme un « édifice complet », alors ces énoncés pris individuellement n'auront aucune signification empirique. La signification empirique appartiendrait alors non seulement à la théorie mais à la science tout entière. Les incertitudes qu'engendre cet holisme sont d'ordre métaphysique. L'autre difficulté de ce raisonnement est l'impossibilité d'expliquer cette « solidarité théorique » entre les propositions d'une théorie.

En effet, Duhem ne nous explique pas à l'instar de Popper, comment fonctionne la machine théorique. Lorsqu'il parle de « proposition en litige », C'est-à-dire celle dont la prédiction dérivée ne concorde pas avec l'expérience, il ne nous dit pas comment il fonde et justifie cette proposition avant même qu'elle affronte l'expérience. En fait, dans son raisonnement, il peut paraître qu'il y ait contradiction entre l'universalité, la généralité de cet ensemble théorique et l'existence factuelle de propositions théoriques en tant que telles.

[14] Les expériences cruciales qui permettent de confirmer les théories existent bel et bien et elles ont une grande valeur pour la science.

En un mot, il n'existe pas dans le raisonnement philosophique de Duhem, une ontologie à même de nous dévoiler toute la structure de la théorie.

L'origine du « holisme » des théories scientifiques est fort ancienne. La « réalité objective » a abouti dans le sillage de la philosophie kantienne à l'objectivation de l'expérience, c'est-à-dire à l'absorption de l'expérience par l'entendement humain renfermé dans une théorie. Ce processus a incité les philosophes et les scientifiques à construire de manière artificielle des connexions entre les phénomènes. Par un mimétisme systématique, les connexions entre les phénomènes ont entraîné, à leur tour, des connexions entre les idées et les propositions scientifiques et qui ne sont valables que dans les limites de la construction théorique. Cette genèse a été le fruit des travaux de nombreux philosophes et de savants, dont Ernest Mach et Philip Frank : leur idée principale et que « [...] Le but de la science de la nature est de parvenir aux connexions entre les phénomènes » (Pierre Wagner [2002], p.644). « [...] Les connexions connues entre les phénomènes forment un réseau ; la théorie cherche à faire passer une surface continue à travers les nœuds et les fils du filet » (ibid.).

Le holisme de la théorie concernant le statut de vérité se reflète de manière profonde chez Wittgenstein, qui affirme que « la totalité des propositions vraies est toute la science de la nature (ou la totalité des sciences de la nature) » (Ludwig Wittgenstein [1993], p.93).

L'autre concept qui a forgé les esprits autour de la connexion entre les phénomènes et les idées est l'induction (opération par laquelle nous passons de la connaissance des faits à celles des lois qui les régissent). Mais celle-ci a perdu sa force depuis les attaques philosophiques et logiques dont elle a fait l'objet comme celles de Karl Popper qui a remis en cause l'importance de l'induction pour le progrès scientifique. Contentons-nous de dire que l'induction ne peut être fondée ni sur la logique, ni sur l'épistémologie et qu'à ce titre, il n'est pas possible que l'holisme s'appuie sur elle. D'ailleurs, la critique de Popper a eu comme conséquence le retour à un empirisme déductif. Son système déductif repose sur les tests de l'expérience, seuls susceptibles de falsifier les théories.

Popper assimile à un sophisme de conclure à la « vérité » d'une conclusion à la vérité des prémisses. Selon lui, des termes comme « vérité » ne doivent pas s'entendre en un sens absolu mais relativement à la « réfutabilité » (Popper Karl [1973]).

Dans son livre, *Logique de la Découverte Scientifique*[15], il conclut que l'induction n'est pas seulement dénuée de toute consistance, mais qu'elle n'existe même pas.

Il est selon lui illusoire et totalement dogmatique de croire que l'accumulation de preuves favorables à la confirmation d'une hypothèse puisse augmenter la probabilité que cette hypothèse soit vraie. Toute théorie, d'après lui, prend constamment le risque d'être réfutée et testée. À cet égard, il aborde le dogme expérimental sous un autre angle, celui de la « testabilité ». La science selon Popper se passe de l'induction parce qu'elle ne doit pas chercher le savoir positif certain. Parce qu'elle ne peut viser, au mieux, que les « certitudes négatives », et « parce qu'enfin ces certitudes négatives (c'est-à-dire que telles ou telles assertions ne soient pas justes), il est parfaitement possible de les dériver des données expérimentales, supposées certaines, et cela sans faire de l'induction » (ibid.). Cette conclusion part du principe que pour établir de façon certaine une assertion universelle du type : « tous les oiseaux sont noirs », il faudrait effectuer une infinité ou, du moins, une suite exhaustive d'observations. Il suffirait, par contre, d'une seule et unique observation pour la réfuter (ibid.).

Ce « faillibilisme » agit sur l'asymétrie entre vérification et réfutation (il est plus facile de réfuter que de confirmer) pour proposer une nouvelle façon de voir qui doit ainsi procéder par une suite d'éliminations successives. C'est-à-dire en formulant plusieurs théories et en réfutant ensuite certaines par l'expérience. Celles qui survivraient à ces tests, c'est-à-dire, celles qui, *a priori*, étaient réfutables par ces expériences et qui cependant n'ont pas été réfutées, acquièrent un poids légitime et satisfaisant. On voit déjà dans cette percée philosophique de Popper, une remise en cause de la supériorité de la théorie sur l'expérience empirique et avec une telle approche, le rationalisme et l'holisme sont condamnés.

Mais la conclusion la plus importante de l'« holisme » qui nous a ramené à toute une philosophie basée sur l'assujettissement de l'expérience par la théorie est que si l'on ne peut réfuter ni infirmer une théorie, alors seulement elle est ni vraie ni fausse.

---

[15] Karl Raimund Popper *Logique de la découverte scientifique*, 1935, trad. fr. 1973, rééd. Payot, coll. « Biblioth que scientifique », 1995.

C'est ainsi que l'holisme des théories scientifiques est en même temps un « holisme vis-à-vis du statut de vérité » de ces mêmes théories scientifiques. Ces deux versions sont en contradiction avec le principe du « tiers exclu. »

L'holisme reflète dans les théories scientifiques le caractère pour le moins bizarre de non-vérité et de non-fausseté de ces théories (comme corollaires, sur un mode méthodologique, de non-confirmation et de non-infirmation) et ne peut donc expliquer les progrès de la science physique.

On poursuivra donc notre examen de la question de l'holisme qui est la plus dangereuse critique de la conception traditionnelle de l'expérience empirique en tant qu'activité individualisée dont la signification épistémologique bénéficie d'une certaine autonomie explicative indépendante de la théorie en se penchant sur deux éléments sous-jacents : le premier est la portée de l'holisme pour les liens entre la physique, la science et la savoir humain en général.

Le deuxième est une question qui nous interpelle sur la relation entre la théorie et l'expérience : si l'expérience est autonome par rapport à la théorie, cela signifie-t-il qu'elle est totalement a-théorique ? En d'autres termes, quel est le minimum d'énoncés théoriques qui sont nécessaires pour permettre à l'expérience de devenir autonome d'un système complet et complexe de propositions théoriques ?

Les liens entre la physique et les autres domaines du savoir qui sont étroitement liées à l'holisme montrent que l'holisme est une doctrine philosophique « expansionniste » qui contamine l'ensemble du savoir scientifique dans une sorte de réaction en chaine métaphysique et théorique. Cette extension sans limites de l'holisme démontre que son essence n'est autre que métaphysique. La leçon qu'on peut tirer de ce processus philosophique et que l'holisme est d'origine ancienne même antérieure à l'apparition de la science moderne.

Le caractère d'historicité de l'holisme se traduit par le fait que ce dernier est antérieur à la science expérimentale moderne qui a évolué peu à peu pour devenir une science technologique transcendant les théories les plus élaborées de la physique. Cette historicité de l'holisme l'empêche de devenir une antithèse féconde à l'empirisme expérimental ou expérimentalisme.

Les philosophes qui se réclament de l'holisme ne s'accordent pas en général sur les domaines scientifiques qui sont concernés par l'interconnexion holiste.

Tandis que Duhem limite cette interconnexion à la physique, Quine la généralise à la logique, aux lois scientifiques et au langage. C'est un choix que Duhem n'a pas fait étant donné ses doutes concernant l'holisme en mathématiques (Moulines C. Ulises [1986], pp. 313-330). Cette divergence signifie que l'holisme n'est pas une approche naturelle, homogène et cohérente pour qu'elle devienne légitime et valable pour une absorption par la théorie des données de l'expérience et une remise en cause du statut de l'expérience cruciale.

Ce qui est également significatif est la non-reconnaissance par Duhem d'un holisme des autres sciences empiriques. Ceci démontre que les sciences empiriques avec ce qu'elles comportent comme données expérimentales sont autonomes et spécifiques n'ayant pas de liens avec les constructions théoriques holistes.

Afin de mieux comprendre cette situation, voyons de près la définition que nous donne Duhem de la physique : « un organisme dans lequel une partie ne peut fonctionner lorsque les autres parties qui en en sont éloignées fonctionnent de la même manière mais à un certain degré » (Duhem Pierre [1906] p.90). Contrairement à Quine qui présuppose que non seulement la physique mais également la logique et les mathématiques sont mutuellement intégrées, Duhem n'est même pas certain que l'ensemble de la physique soit intégré de manière holiste. Il ne parle que d'un groupe de théories qui sont réunies comme une seule discipline.

Le champ d'application de l'holisme est de plus en plus petit à mesure qu'on passe d'un philosophe à un autre. Par exemple, Thomas Kuhn parle de paradigmes qui sont liés entre eux comme la mécanique, l'électrodynamique et la thermodynamique mais les paradigmes ne sont pas des théories mais seulement des concepts-force. Leur champ d'application est donc plus limité que celui d'un groupe de théories selon l'approche de Duhem (ibid.). Par conséquent, l'holisme est de plus en plus affaibli à mesure que nous explorons l'étendue de la philosophie de la science.

Le holisme le plus universel et le plus vaste est celui de Quine qui couvre toute la science tandis que le structuralisme de Kuhn est le plus limité, le plus circonscrit puisqu'il se base sur des paradigmes et non plus sur des théories (Moulines, p.319).

L'affaiblissement et l'instabilité de l'holisme s'accompagne d'un manque d'individualité ou plutôt d'homogénéité et de cohérence. On ne sait plus si un ensemble de théories ou des paradigmes bien définis ou un groupe de sciences comprenant la logique, la physique et les mathématiques ou seulement la physique qui sont les plus pertinents pour devenir des systèmes intégrées au nom de l'holisme. L'incertitude qui entache ces domaines contraste avec le champ bien défini de l'expérimentation.

Celle-ci permet d'ailleurs de rendre l'intégration des théories et des systèmes théoriques encore plus instable. Par exemple, le paradigme holiste qui a dominé la physique durant le XIXe siècle et qui a été engendré par la thermodynamique qui est l'énergétisme repose sur le concept d'énergie. C'est Boltzmann qui a tenté de remettre en cause ce paradigme en proposant sa théorie des atomes.

On ne peut pas dire que les systèmes comme l'« énergétisme » et l' « atomistique » puissent être intégrés. L'un n'a rien à voir avec l'autre à un degré presque ontologique. Ce n'est que l'expérience bien expliquée par Einstein du mouvement brownien découvert par le naturaliste Robert Brown en 1827 qui a permis de confirmer l'existence des atomes bien qu'il ne s'agissait que des molécules dans ce cas. En 1905, Einstein est parvenu calculer la taille des molécules grâce à des mesures effectuées sur le mouvement brownien.

Le mouvement brownien a donné lieu à une expérience. Lorsque cette expérience a été refaite, le mouvement a bien été observé ce qui a conforté les observations de Brown et a prouvé que l'expérience fait intervenir un ensemble d'observations bien répertoriées par les scientifiques. Malgré ce rôle clé de l'expérience, ce fut pourtant un paradigme holiste « l'énergétisme » qui a dominé la physique durant le XIXe siècle et qui soutenait que l'énergie est la véritable forme de la matière.

Le fait que ce n'était ni la physique entière, ni un groupe de théories qui étaient en jeu mais uniquement un paradigme holiste « l'énergétisme » ayant fait l'objet d'un consensus entre d'éminents physiciens comme Ostwald et Mach, reflète le manque de cohérence et l'instabilité du holisme à cette époque. Ce paradigme a été remplacé par un autre grâce aux travaux de Boltzmann. Mais la résistance des énergétistes a été forte menant Boltzmann au désespoir.

Ainsi, le holisme quel qu'il soit est condamné à une vérification expérimentale à défaut de laquelle le paradigme holiste, ou un groupe de théories ne seraient que des spéculations métaphysiques.

Voyons à ce propos la stérilité à laquelle est condamnée aujourd'hui la théorie des supercordes qui explique l'ontologie des particules et des forces fondamentales de la nature sous la forme de vibrations de minuscules cordes en plusieurs dimensions, en raison de l'impossibilité d'une confirmation expérimentale.

Le caractère anti-holiste de l'expérience

L'expérience parvient même à remettre en cause un paradigme holiste pourtant solidement établi. Par exemple, en raison du caractère décisif et stable de l'expérience, un processus complexe de rivalité sans répit entre deux théories sur la nature de la lumière a marqué l'histoire de la science aboutissant successivement à des succès et à des échecs récurrents.

La théorie de l'émission était connue depuis Descartes et Gassendi, puis elle fut reprise par Newton alors même que la théorie ondulatoire était née avec Huygens grâce à l'expérience de l'astronome danois Römer. Puis elle fut rejetée par Newton et Laplace. La théorie ondulatoire devait plus tard reprendre son essor avec les travaux de Young et Fresnel. Au début du XXe siècle, on devait de nouveau assister à la juxtaposition des deux théories jusqu'à la « synthèse quantique », qui sera marquée par des découvertes inattendues, comme celle des photons, par Einstein.

C'est l'expérience qui provoque la naissance d'un paradigme suffisamment robuste et individualisé pour être reconnu par les scientifiques, ce qui prouve que les holismes ont été de plus en plus limités dans le temps. Ainsi, on remarque à travers l'histoire de la physique l'émergence de nombreux paradigmes qui sont extrêmement circonscrits contrairement à ce que prétend l'holisme de Quine.

On assiste même au développement de plusieurs paradigmes concurrents dans le champ vaste de la physique. Il y a eu non seulement l'aventure des atomes qui a excité une génération de physiciens au point ou Feynman a affirmé que leur existence résume la physique moderne mais également le paradigme ondulatoire (qui s'étend de l'électromagnétisme de Maxwell à la théorie quantique). Il y a également le paradigme du champ qui tient compte de la force gravitationnelle pour laquelle aucune particule-vecteur n'ait été révélée jusqu'à aujourd'hui. Le champ de vecteur associe à chaque point de l'espace un vecteur par exemple le vecteur champ de gravité ou le vecteur champ électrique.

Le développement de la mécanique quantique des champs a rendu l'holisme encore plus moribond puisque on ne sait plus aujourd'hui si les entités quantiques sont des particules ou des champs. C'est ce qu'on appelle l'incertitude ontologique de la mécanique quantique des champs.

Il convient de souligner aussi que lorsque nous voulons rendre l'holisme dont l'assujettissement par la théorie de l'expérience[16] n'est qu'un aspect reflétant une circularité, plus opérationnelle, il doit permettre de faire correspondre une construction théorique à une donnée empirique précise. Mais il n'y réussit pas puisque cette correspondance entre l'énoncé scientifique et la donnée de l'expérience exige, dans la version holiste classique, la vérification de tout un ensemble d'énoncés théoriques selon la fameuse thèse Duhem-Quine.

Un rapprochement plus simple serait de faire correspondre chaque énoncé théorique à un fait empirique précis. A chaque énoncé ou paradigme, un fait empirique unique. Mais l'holisme exclut d'emblée une telle correspondance puisqu'il suppose l'existence d'un ensemble d'énoncés et de lois théoriques à vérifier en vue d'une telle correspondance au point où il est difficile d'isoler l'énoncé en question. Il y a donc une circularité du raisonnement holiste. Il ne parvient jamais à établir cette correspondance entre l'énoncé théorique et la donnée empirique.

Au-delà de la circularité de la correspondance théorie-expérience, il existe un autre dilemme rédhibitoire pour l'holisme : dans toute tentative de faire correspondre un énoncé théorique à une donnée empirique, l'holisme laisse entendre que le fait expérimental ne peut être isolé de l'ensemble des hypothèses contenues dans une théorie de manière à rendre caduque toute opération visant à tirer des résultats théoriques à partir d'observations expérimentales.

Ainsi, il remet en cause l'existence de l'expérience cruciale. Mais c'est plutôt l'énoncé théorique qui ne peut être isolé. En fait, ces philosophes projettent l'holisme des théories sur l'expérience.

---

[16] Cet aspect de la dépendance de l'expérience à la théorie n'a pas été déjà mis en évidence dans la littérature sur la thèse Duhem-Quine. Il représente comme nous allons le voir un aspect crucial du holisme dans sa quête expansionniste et extensive.

Ils théorisent l'expérience avant même de prendre le soin de distinguer la théorie de l'expérience comme point de départ essentiel pour toute analyse objective des relations entre les deux.

On décèle cette propension plus particulièrement chez Duhem qui insiste sur une remarque importante, plus importante que le reste de ses conclusions philosophiques : à savoir l'impossibilité dirimante pour tout scientifique d'isoler une hypothèse de l'ensemble de la construction théorique dont elle fait partie préalablement à la confrontation avec l'expérience. La théorie fait face, selon lui, à l'expérience comme un « tout organique » et non comme des hypothèses isolées. Duhem nuance ensuite cette remarque en affirmant que cette solidarité entre les hypothèses théoriques se manifeste au moment même où on tente de vérifier une quelconque hypothèse expérimentalement. L'opération de vérification expérimentale intervient alors même que l'hypothèse est renfermée dans un ensemble théorique indivisible et « monolithique ». Cette opération n'est ni pragmatique, ni logique.

La mise à l'épreuve de la théorie par l'expérience ne peut procéder de la sorte. La thèse holiste de Duhem ne peut être valable que si une correspondance entre l'hypothèse théorique et une donnée empirique puisse se faire dans une première étape. C'est seulement dans une seconde étape, que l'on peut vérifier si la donnée empirique peut permettre ou pas la confirmation de l'énoncé ou de l'hypothèse théorique et voir si réellement la proposition théorique concernée par la vérification expérimentale interpelle un ensemble d'énoncés théoriques et non une hypothèse isolée. Duhem parle du tout théorique avant même de procéder par étapes rendues nécessaires par le décalage épistémologique entre la théorie et l'expérience.

La théorie ne peut pas faire face à l'expérience comme un « tout » difficile à définir et à analyser avant même de savoir ou les choses clochent et avant même de procéder aux correspondances nécessaires entre les hypothèses et les données empiriques. L'holisme hésite entre le postulat et la conclusion.

Fig. (04) : La comparaison entre le schéma holiste et le schéma anti-holiste concernant l'expérience

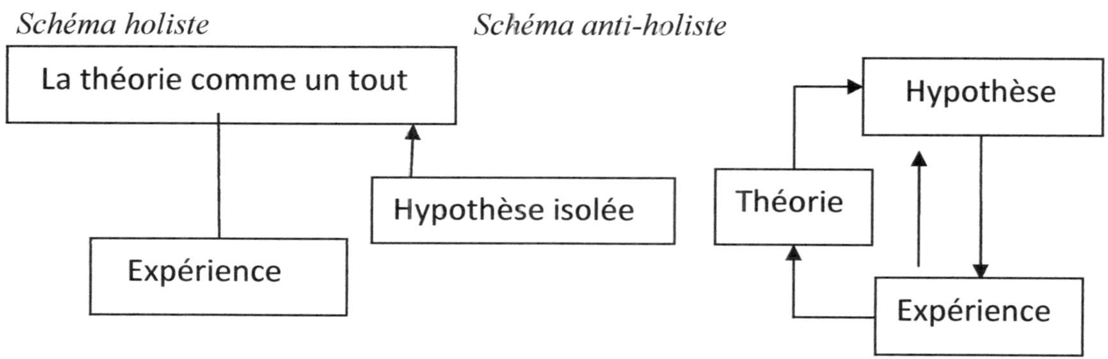

Par ailleurs, l'expérience permet parfois de formuler des hypothèses qui sont reprises ensuite par des théories sans que celles-ci soient confrontées avec cette expérience. Même si ces hypothèses seront par la suite beaucoup plus raffinées dans le cadre de la théorie, il n'en demeure pas moins vrai qu'elles découlent des expériences et non de la théorie. L'hypothèse de la vitesse constante de la lumière découle directement de l'expérience de Michelson et Morley qui visait à démontrer l'existence de l'éther. Cette donnée empirique a été ensuite intégrée dans la théorie de la relativité restreinte d'Albert Einstein. Non seulement le schéma holiste ne reflète pas la correspondance entre l'hypothèse théorique et la donnée empirique en restant confiné dans le « tout théorique» mais il n'explique pas également la manière avec laquelle l'expérience produit des hypothèses en alimentant une théorie *a priori* non liée à cette expérience. Ce type d'expérience se rapproche de la notion d'expérience cruciale que le schéma holiste vise à remettre en cause sans y parvenir vraiment en raison du confinement des hypothèses individualisées dans le carcan théorique.

Il y a aussi des expériences dont les résultats sont tellement révolutionnaires qu'une série de théories sont élaborées comme des conséquences logiques à ces résultats inattendus. Ce type d'expérience relève d'un schéma anti-holiste par excellence. Là aussi, le schéma holiste ne s'applique pas du tout pour une raison simple : la théorie qu'il faut tester n'est plus un « tout indissociable ». Elle est totalement remise en cause et dans ses ruines, de nouvelles théories surgissent. Le schéma holiste ne prévoit pas une telle conséquence pour une expérience donnée tandis que le schéma anti-holiste de par son circuit dynamique permet d'entrevoir que, dans certains cas, des données empiriques obtenues par une telle expérience correspondent à de nouvelles hypothèses qui ne sont pas prévues par la théorie de départ. Un tel circuit montre que la relation entre la théorie et l'expérience est manifestement complexe et dynamique (voir figure n°1).

Par exemple, la situation de la mécanique quantique depuis ses débuts met en évidence le rôle de l'expérience dans la remise en cause des notions les plus familières de la mécanique classique.

Dans son cours de physique, Feynman affirme « […] Dans les sciences, la situation est la suivante : un concept ou une idée qui ne peuvent pas être mesurés ou qui ne peuvent pas être reliés directement à l'expérience peuvent être utiles ou ne pas l'être. Ils ne sont pas nécessaires dans la théorie » (Feynman/Leighton/Sands [1979], p.28).

L'élaboration de la mécanique quantique a révélé d'une manière précise et éclatante l'importance de relier n'importe quel concept à l'expérience.

Feynman le dit explicitement : « Lorsque la nouvelle mécanique quantique fut découverte, les physiciens classiques.....dirent « écoutez, votre théorie n'est bonne à rien puisque vous ne pouvez pas répondre à des questions comme «quelle est la position exacte de la particule ? Par quel trou passe-t-elle ?, et quelques autres. » La réponse de Heisenberg fut « je n'ai pas besoin de répondre à de telles questions parce que vous ne pouvez pas les poser expérimentalement » Nous *n'avons pas* à nous les poser » (ibid.)

Il y a un exemple encore plus fascinant, c'est celui de la catastrophe ultraviolette de Max Planck. Cette expérience n'est pas simplement cruciale, elle a donné naissance à toute la physique quantique. Elle est le point de départ d'une odyssée laborieuse qui a permis durant une dizaine d'années de créer les premières théories quantiques. Le physicien anglais Lord John Rayleigh énonce la loi du rayonnement émis par un corps chauffé à grande température: la puissance rayonnée est proportionnelle à la température absolue est inversement proportionnelle au carré de la longueur d'onde. Le rayonnement thermique est plus intense à mesure que la longueur d'onde est plus courte. Mais les choses vont autrement pour les longueurs d'onde les plus courtes comme l'ultraviolet. Pour de telles longueurs d'onde, les valeurs sont quasiment infinies. C'est ce qu'on appelle historiquement parlant la « catastrophe ultraviolette ». Afin de résoudre cette énigme, Max Planck à élaboré en 1900 une hypothèse audacieuse : le rayonnement thermique évolue sous forme de vibrations : le rapport entre l'énergie d'une vibration E et sa fréquence v donne toujours une constance ou un multiple entier de cette constante qu'on appelle constante de Planck.

Ceci signifie que l'émission d'un rayonnement par un corps se réalise par des quantités bien déterminées appelées quantum et non par une quelconque valeur. Cette nouvelle vision des choses a battu en brèche la physique classique. L'expérience de la catastrophe ultraviolette étudiée et expliquée par Planck a abouti à une hypothèse audacieuse qui n'a rien à voir avec la théorie de Rayleigh et qui a été le point de départ d'une suite ininterrompue de théories quantiques. Il est bien connu que Planck a utilisé à merveille des concepts théoriques appartenant entre autres à la thermodynamique de Boltzmann.

Mais cette utilisation n'intervient que suite aux observations du spectre du rayonnement thermique et plus particulièrement des rayons dont les longueurs d'onde sont de plus en plus courtes comme le bleu, le violet et plus loin l'ultraviolet qui ne concordent plus avec la formule de Rayleigh.

Cette expérience montre que le déroulement de la science ne s'embarrasse pas de l'holisme. Planck ne s'est pas soucié de la solidarité entre les énoncés théoriques au sein d'un édifice bien robuste à tester par l'expérience.

Bien au contraire, il voulait connaître la cause de la non-concordance entre les observations des longueurs courtes du rayonnement et une seule hypothèse qui n'est pas seulement isolée mais bien déterminée et censée s'appliquer à toutes les longueurs d'onde (hypothèse de Rayleigh). Un tel processus montre que le schéma anti-holiste est plus viable.

La théorie censée motiver et expliquer, selon la thèse de Duhem, l'expérience de la catastrophe ultraviolette a été même remise en cause. Mais encore toutes les théories de la physique classique (théorie électromagnétique de Maxwell, la loi formulée en 1893 par Wilhelm Wien selon laquelle le rayonnement émis par le corps noir dont la longueur d'onde est la plus grande est inversement proportionnelle à la température ainsi que toutes les théories de la physique classique) qui sont, selon le schéma holiste, liées à l'hypothèse de Rayleigh ont été transcendées et dépassées par la découverte de Planck. Celle-ci a entrainé la remise en cause de toute la physique classique.

La catastrophe ultraviolette reflète inexorablement une « catastrophe holiste » qui cesse d'être applicable aux expériences de physique. Quant aux théories qui expliquent selon la thèse de Duhem le fonctionnement de tous les appareillages expérimentaux utilisés par Planck, elles ne sont pas directement concernées par la mise à l'épreuve de l'hypothèse de Rayleigh. La valeur cognitive de leur utilisation est induite dans le processus de compréhension par Planck de son travail théorique et expérimental.

Mais le lien entre cette utilisation et l'hypothèse révolutionnaire de Planck est dilué. La connaissance des modes de fonctionnement de ces instruments expérimentaux s'est ancrée dans les habitudes des expérimentateurs depuis un temps tellement long que les prétendues énoncées et concepts théoriques sous-jacents à la maitrise de leur utilisation se sont fossilisés dans les expériences acquises par ces scientifiques. Ces connaissances se perpétuent de manière presque inconsciente. Même les appareillages qu'Hertz a inventés, lui qui était un pur expérimentateur, n'ont pas suscité dans la littérature sur ce scientifique un intérêt particulier en termes de rapports significatifs avec les résultats de ses expériences.

Au-delà de cet aspect, il convient de rappeler que les expériences possèdent une puissance inductive au point de mettre en éclats le schéma holiste.

Il convient également de rappeler que l'holisme concerne plus particulièrement la théorie plutôt que l'expérience. Il n'existe pas de schéma holiste précis pour l'expérience ou plutôt de réponse holiste précise lorsqu'il s'agit de faire correspondre une hypothèse théorique donnée à une donnée empirique déterminée.

Le holiste affirme dans ce cas qu'il est très difficile de prétendre que l'hypothèse théorique isolée puisse être celle qui correspond bien au fait empirique et à nul autre. Il précise que dans ce cas, il est nécessaire d'examiner cette hypothèse en relation avec un ensemble de concepts et de théories. L'identité de cette hypothèse ne peut être reconnue si un tel lien n'est pas établi entre l'hypothèse concernée et l'ensemble théorique. L'holisme est conçu selon les tenants de cette doctrine pour être certain de l'identité de toute hypothèse théorique à l'égard des faits empiriques.

Mais de cette manière, c'est la théorie qui devient un champ incertain puisque l'holisme n'épuise jamais les relations entre les concepts et les hypothèses qui y sont contenues ou celles qui appartiennent à d'autres théories jusqu'à la régression à l'infini. L'une des raisons à cette mise en relation complexe entre les constructions théoriques suivant le schéma holiste est la similarité mathématique entre ces constructions.

On peut ajouter à l'identité mathématique des théories physiques, une certaine identité épistémologique. Nous connaissons de cette même manière la signification physique de la masse grave et de la masse inerte, de l'attraction et de la gravitation.

Une telle identité et une telle similarité jettent le doute sur l'identification précise de la construction théorique adéquate à une correspondance avec le contexte empirique comme l'orbite d'une planète. Pour préciser davantage les choses à travers un exemple, on peut dire que la forme mathématique d'une loi physique comme la loi de gravitation de Newton est exactement la même que celle de la loi électrostatique de Coulomb (Ulises Moulines, ibid.). Dans ces deux lois, la force est proportionnelle au produit de la valeur de deux grandeurs physiques et elle est inversement proportionnelle au carré de la distance entre ces deux grandeurs (charges électriques dans le cas de la loi de coulomb et masses dans le cas de la loi de Newton). Les symboles algébriques de ces deux lois mettent en jeu une même équation indépendamment de la signification des grandeurs qui y sont représentées. Dans la mesure où la structure algébrique est identique dans les deux lois physiques, elle ne permet pas, par conséquent, de les distinguer vis-à-vis des contextes empiriques proposés.

La loi de gravitation de Newton ne parvient pas à elle seule à expliquer les contextes empiriques parce que la signification des grandeurs physiques qui y sont contenues n'est possible que si cette signification est associée à la signification épistémologique d'un ensemble de concepts comme la loi de conservation du moment angulaire et la deuxième loi de Newton (la force est égale au produit de la masse et de l'accélération).

A cette manière de voir l'identité des lois physiques sous l'angle mathématique, nous pouvons opposer deux arguments : le premier est relatif au fait que les deux lois ne se distinguent pas vraiment en vertu de leur forme algébrique ou même de la signification des grandeurs physiques comme la masse ou la charge électrique qui sont des grandeurs variables et ouvertes à l'hypothèse mais elles le sont plutôt en vertu des constantes physiques qui figurent à la première place dans les deux équations. Concernant la loi de gravitation de Newton, il s'agit de la constante de proportionnalité qui porte le nom de Newton et qui a été calculée expérimentalement. Henry Cavendish l'a mesuré en 1798 en utilisant une balance de torsion constituée de deux boules en plomb placées dans une tige horizontale. La fréquence des oscillations lui a permis de calculer la force de gravité entre les boules.

Avec de telles données empiriques, Cavendish a calculé la constante de gravitation. S'agissant de la loi de Coulomb, la constante est exprimée sous cette formule $\varepsilon_0 \cong 8{,}854\times10^{-12}$ F.m^{-1} est elle est appelée constance diélectrique ou permittivité du vide.

Ces deux constantes à l'instar du riche tableau des constantes physiques sont calculées grâce aux expériences. On voit là une intrusion de données empiriques dans le cœur des lois physiques, ce qui remet en cause encore une fois l'holisme de la théorie.

Aucune constante n'est liée à une autre. Elle est individuelle et tire sa substance de la puissance de la réalité expérimentale. Ce sont donc les constantes qui distinguent des lois comme celles de Newton et de Coulomb. Ces deux lois ne se ressemblent pas épistémologiquement. La ressemblance algébrique est vraiment trompeuse puisque elle dissimule la différence épistémologique d'origine empirique. Celle-ci est exprimée par les constantes physiques.

Deux constantes universelles expriment toute la plénitude de la distinction épistémologique entre les théories physiques. La constance de gravitation et la constance de Planck. La première est une constante de proportionnalité qui exprime l'attraction entre deux corps. La deuxième permet de relier l'énergie d'un photon E à sa fréquence v. Elles sont les grandeurs les plus universelles dans l'univers : la première concerne la gravitation et la deuxième traite de l'énergie au niveau microscopique et de ce fait, elles sont distinctes sur le plan épistémologique car elles expriment des ontologies physiques différentes de l'infiniment grand et de l'infiniment petit.

L'holisme des théories ne peut se maintenir non seulement en raison du caractère empirique des constantes mais également du fait de la non-universalité de l'identité (la similarité) mathématique des lois physiques. La comparaison entre la loi de Newton et la loi de Coulomb est une pure coïncidence en philosophie des sciences.

Il existe de nombreuses théories dont la structure mathématique et la signification physique empêchent l'établissement de liens avec d'autres concepts ou théories en vue de parvenir à la correspondance nécessaire avec les données empiriques. Les théories de la mécanique quantique sont les meilleurs exemples dans ce cas.

Après avoir montré que l'expérience est un champ autonome et « mature », on peut conclure que la manipulation et les vérités familières qui sont les deux composantes principales du réalisme des entités n'ont pas nécessairement des liens avec les théories scientifiques. Les vérités familières (Hacking), par exemple, évoluent dans le champ de cette expérience et il n'est pas nécessaire de remonter aux théories pour justifier leur validité scientifique et leur valeur épistémologique et ontologique. Dès lors, que l'expérience à une valeur inductive qui peut bouleverser les théories, on peut admettre que les vérités familières deviennent indépendantes de ces théories. Il n'est pas nécessaire de justifier leur validité en dehors de ce champ de l'expérience.

Voilà donc le problème de la relation entre les vérités familières et les théories pratiquement résolu. Toutefois, on ne prétend pas que le sujet complexe de la relation entre la théorie et l'expérience est définitivement éclairci. D'autres recherches sont nécessaires pour démontrer que les relations qui peuvent exister entre la théorie et l'expérience, ne signifie pas que l'expérience dépend nécessairement de la théorie. A partir de là, les concepts qui se dégagent de l'expérience possèdent leur signification épistémologique et ontologique propres. Le premier résultat de cette dissociation entre la théorie et l'expérience qui est un argument pour le réalisme des entités est l'autonomie des vérités familières. Mais cet argument est ouvert et il devra faire l'objet d'une réflexion approfondi pour être confirmé.

Cette situation est d'autant plus justifiée que l'argument antiréaliste sur l'incommensurabilité du sens des théories comme l'affirme Hacking n'est pas favorable à un quelconque lien entre les vérités familières et les lois fondamentales et les théories élargies. Nous avons évoqué cette question dans notre défense du « terrain d'entente » que représente le réalisme des entités pour le réalisme. Voici donc le moment venu pour l'examiner plus en profondeur.

La faillibilité des théories (à travers la discontinuité, l'essor des modèles approximatifs) est un argument important pour le réalisme des entités car il permet de démontrer que le monde théorique est trop incertain pour offrir un terrain favorable au réalisme à propos des entités inobservables.

Si on parvient à montrer que les concepts théoriques ou les lois fondamentales sont non seulement différenciées dans le temps (évolution de la science) et fragmentées dans l'espace théorique (au sein d'un même domaine de la physique comme par exemple la mécanique quantique), on peut conclure que le seul recours du réalisme est le réalisme des entités et ce, précisément en raison de la capacité de ce dernier à s'adapter à l'antiréalisme des théories. Si la discontinuité et pas seulement l'incommensurabilité du sens des théories signifie que les concepts théoriques sont souvent déconnectés entre eux, alors on ne peut savoir quel est le concept qui est vrai ou approximativement vrai.

Cette incertitude offre aux antiréalistes comme Van Fraassen un avantage certain pour démontrer que les théories ne parviennent jamais à atteindre la vérité et à décrire la réalité des entités inobservables.

Chapitre V
La théorie physique : entre un passé glorieux et un présent fragile

On va examiner plusieurs exemples qui montrent que les théories scientifiques sont faillibles, c'est-à-dire qu'elles font l'objet d'une discontinuité dans leur évolution à un point où on n'est pas certain que les théories actuelles qui sont le résultat de la réfutation de théories anciennes ne peuvent pas être réfutées à leur tour. Cette interrogation alimente la réflexion sur l'antiréalisme des théories (les théories ne permettent pas de déterminer la réalité des entités qu'elles décrivent) et sur l'argument de l'induction pessimiste.

Il convient de préciser que la discontinuité de la physique est un fait général qui renforce l'antiréalisme des théories. On va l'examiner de manière détaillée afin de clarifier l'un des arguments les plus importants du réalisme des entités comme alternative viable au réalisme des théories.

Par exemple, dans la mécanique classique il y a une grande variété de cadres interprétatifs associés à une formulation mathématique distincte pour chacun de ces cadres interprétatifs (Roger Jones (1988), p.167-178). C'est le cas de la mécanique céleste et la théorie des champs. Par exemple, les cadres interprétatifs des mouvements planétaires sont différents. Le premier cadre est celui de Newton et il est basé sur la loi de la gravitation universelle qui n'a rien à voir avec la notion de localité. La force gravitationnelle est associée aux positions instantanées et les masses des corps massifs dans l'espace vide. Le deuxième cadre interprétatif décrit la force gravitationnelle de manière locale en introduisant un nouveau concept physique, à savoir le champ potentiel. Cette diversité interprétative et conceptuelle reflète une discontinuité dans l'évolution des théories (ibid. p.170).

La mécanique quantique présente également une variété de cadres interprétatifs. En ignorant les fondements de la théorie de Bohr-Sommerfeld, la mécanique ondulatoire de Schrödinger, la mécanique des matrices de Heisenberg et les théories contemporaines de Feynman et Schwinger interprètent le monde quantique de l'infiniment petit de manières différentes en utilisant les mêmes formulations mathématiques (Ibid. p.171).

L'incapacité des théories scientifiques à délimiter les frontières du réalisme scientifique en raison de la discontinuité de la science alimente l'induction pessimiste et rend l'argument de l'induction à la meilleure explication insuffisant, ce qui ouvre la voie à un nouveau type de réalisme qualifions le de sélectif qui ne reconnait pas la réalité telle que décrite par les théories mais seulement les entités dont la réalité ne peut être prouvée que par l'expérimentation et la manipulation.

La discontinuité des théories physiques et la fragmentation des concepts théoriques

Afin de comprendre l'antiréalisme des théories, il faudrait parcourir dans le détail les différentes théories et les concepts de la physique quantique. La mécanique quantique reflète cette discontinuité de manière très précise malgré le fait que les théories y afférentes correspondent parfaitement aux données empiriques (ces théories expliquent bien les phénomènes empiriques comme le spectre des atomes). Elles possèdent, par ailleurs, une identité mathématique très différente de celle de la mécanique classique ou newtonienne.

Leur signification physique rompt avec celle de la physique classique. De cette manière, elles sont discontinues. La théorie de Niels Bohr reprend le modèle planétaire de Rutherford d'une manière qui reflète une correspondance parfaite avec les données empiriques. Rutherford a projeté des particules alpha sur une mince feuille d'or et a effectué des observations précises qui ont permis de mettre en évidence le modèle planétaire de l'atome. Mais ce modèle ne ressemble ni mathématiquement, ni physiquement à aucun modèle classique connu.

Bohr s'efforçait en 1913 de bâtir un modèle qui permet d'expliquer pourquoi l'électron ne s'écrase pas sur le noyau en perdant de l'énergie et qui soit concordant avec les données recueillies sur le spectre d'hydrogène. Ce modèle part de l'idée que les électrons évoluent dans des orbites bien déterminées en n'émettant aucun rayonnement. De cette manière, l'électron ne peut s'écraser sur le noyau. Mais cette particule peut quitter son orbite stationnaire pour gagner une orbite plus haute en absorbant un photon, le quantum d'énergie. Elle peut aussi émettre un photon et dans ce cas, elle saute d'une orbite haute vers une orbite basse.

Ces allers-retours étranges de l'électron expliquent pourquoi les atomes absorbent et émettent des longueurs d'onde précises, un phénomène inexplicable autrement.

Bien que ce modèle ne reproduise aucune image familière et perceptive en s'affirmant comme un modèle rationnel, formel, inductif et anti-empiriste, il n'en demeure pas moins important de soulever que l'hypothèse de Bohr n'a été conçue que pour se conformer aux résultats expérimentaux. Les sauts quantiques des électrons expliquent parfaitement l'émission des rais spectraux de fréquence *v*.

Cette percée théorique de Bohr a permis d'introduire ce qu'on appelle la quantification dans le monde atomique. Ainsi, des notions aussi étranges que révolutionnaires ont fait leur entrée dans le monde microscopique comme le moment cinétique quantifié de l'atome qui est le produit de la constance de Planck et d'un nombre entier positif.

Il convient de préciser que la quantification du monde atomique a ouvert la voie à une transformation conceptuelle en physique qui traduit une rupture avec la physique classique. La quantification est une notion qui ne peut être rapprochée de toutes les anciennes notions classiques de la physique. Le moment cinétique quantifié correspond tout de même aux notions théoriques sur le moment cinétique de la mécanique classique qui peut être induit des lois du mouvement de Newton comme la deuxième et la troisième loi et les notions sur la quantité de mouvement, l'accélération, etc. Mais il n'en demeure pas moins étrange et significatif que la quantification ne correspond à aucune notion classique.

L'existence de notions comme le moment magnétique quantifié relève du caractère instable de la théorie atomique de Bohr et de la cohabitation en son sein de notions classiques et de notions quantiques. L'atome de Bohr reprend en fait le modèle planétaire de Rutherford dans lequel les électrons et le noyau sont des particules physiques qui obéissent aux lois de la physique newtonienne et des lois sur l'électromagnétisme tout en y introduisant la constante de Planck qui n'a aucun équivalent en mécanique classique. Cette juxtaposition de notions quantiques et de notions classiques explique le caractère bizarre des sauts électroniques : « Les électrons obéissent aux lois de Newton tant qu'ils sont sur leurs orbites et aux lois de Planck-Einstein quand ils sautent d'une orbite sur une autre » (Sven Ortoli/Jean-Pierre Pharabod, ibid.. p. 36). Cette cohabitation disparaîtra progressivement à mesure que la quantification s'affirme de plus en plus dans le monde atomique.

L'introduction du spin représente un moment singulier dans ce processus de la discontinuité scientifique. Cette notion quantique n'a aucun équivalent en physique classique malgré certaines tentatives visant à le représenter comme une rotation des particules quantiques sur elles mêmes en plus des trois degrés de liberté de translation. Cependant, les physiciens ont renoncé progressivement à cette notion de « rotation » en se résignant à admettre sa nature purement quantique.

L'idée d'introduire cette notion quantique révolutionnaire a été avancée par Pauli en décembre 1920 pour l'électron, afin de rendre compte d'un phénomène quantique mystérieux à l'époque : l'effet Zeeman anormal. La découverte du spin par Samuel Goudsmit et George Uhlenbeck en septembre 1925 a confirmé son existence. La démarche de Pauli s'inscrit dans le cadre du renforcement du cadre formel de la mécanique quantique en rupture avec la mécanique classique. La portée d'une telle découverte est sans commune mesure avec les travaux antérieurs.

Non seulement, le spin consolide le cadre formel de la mécanique quantique et rend la quantification irréversible dans la construction de la nouvelle physique, mais en plus il donne tout son sens à la nouvelle physique des particules en pleine naissance. Le modèle standard s'articule étroitement autour de ce concept. Les particules sont classées selon la valeur de leur nombre quantique de spin : les bosons qui sont les vecteurs des forces fondamentales ont un spin entier ou nul alors que les fermions qui sont les particules du monde microscopique ont un spin demi-entier.

On voit bien que les nouvelles notions quantiques ne correspondent à aucune autres notions qui leurs sont anciennes. Le spin, par exemple, n'a pas d'équivalent en physique classique. Son introduction représente le point de départ de la construction de concepts vraiment étranges par rapport aux théories de la mécanique classique. Nous pouvons en examiner quelques unes afin de voir de près qu'aucune autre notion, concept ou théorie se situant en dehors de la mécanique quantique s'en rapprochent ou représentent des équivalents théoriques. D'abord, il faut prendre conscience de l'importance de la notion d'observable. Un observable est représenté par un opérateur opérant sur des vecteurs d'un espace de Hilbert.

Ces vecteurs représentent à leur tour les états quantiques qui sont constitués d'états déterminés et regroupés ensembles.

Toutefois, chaque état est potentiellement observable par suite d'une mesure. Celle-ci est de nature probabiliste et aléatoire. Des mesures répétées des grandeurs comme la position et l'impulsion donnent lieu à des résultats différents. Ceci se traduit sur le plan mathématique, par la non-commutativité des opérateurs qui représentent ces grandeurs ou observables. Ce qui signifie qu'on ne parvient pas à mesurer simultanément les observables comme la position et la quantité de mouvement.

Ceci a été à l'origine de la formulation du théorème d'incertitude de Heisenberg, appelé aussi principe d'indétermination. Le produit des écarts types pour la position et l'impulsion doit être supérieur ou égal à la constante de Planck divisée par 2. Les observables de la position et de l'impulsion sont juste donnés à titre d'exemples : les relations d'incertitude s'appliquent en fait à tous les opérateurs qui ne commutent pas.

Le principe d'indétermination ne se rapporte à aucune espèce d'énoncé, de notion, de concept ou d'une quelconque construction théorique antérieure. C'est une construction qui transcende complètement toutes les théories de la physique est représente le point à partir duquel la physique quantique ne se réunit plus avec la mécanique classique. Il faudrait ajouter que ce principe s'accorde parfaitement avec les observations expérimentales.

Il en découle même pour reprendre ce que nous avions déjà affirmé sur la nature inductive de l'expérience. Les mesures répétées des observables représentent l'ensemble des données empiriques qui correspondent à l'hypothèse théorique relative aux relations d'incertitude. Il n'est nullement nécessaire de recourir à d'autres notions ou constructions théoriques qui d'ailleurs n'existent pas.

Par ailleurs, la formulation algébrique de cette hypothèse est très spécifique et ne peut jeter un doute sur une quelconque utilisation différente de celle-ci. Ainsi, à chaque fois, les mesures probabilistes des observables « positon » et « impulsion » donnent des résultats différents. Ce caractère probabiliste et aléatoire correspond directement à la non-commutativité des opérateurs sur les vecteurs de l'espace de Hilbert (états quantiques) qui met en évidence l'indétermination sur la position et l'impulsion.

Le point d'interrogation dans la figure ci-dessous représente le caractère improbable d'un lien ou d'un rapprochement avec une construction théorique hypothétique qui se situerait à l'extérieur de cette correspondance directe entre la mesure expérimentale des observables et l'hypothèse de Heisenberg avec sa formulation algébrique relative à la non-commutativité des opérateurs sur les vecteurs de l'espace de Hilbert (états quantiques). Revenant maintenant à la notion algébrique d'observable. Les états quantiques forment une sommation infinie de vecteurs dans l'espace de Hilbert.

Le carré de la norme de tous les vecteurs qui représentent les états possibles donne la probabilité de présence de la particule dans un espace déterminé. C'est ce qu'on appelle le principe de superposition. Cette superposition s'annule lors de l'opération de mesure. Lorsqu'on observe un système quantique, il se produit un phénomène appelé « décohérence » ou « réduction du paquet d'onde » parce que cet ensemble infini de vecteurs est représenté grâce à une fonction d'onde qui a été formalisé dans un contexte particulier aux travaux de Heisenberg, de Bohr et de Pauli qui ont permis de jeter les bases de la mécanique quantique selon l'interprétation de Copenhague.

Fig. (05) : Schéma de vérification expérimentale des relations d'incertitude de Heisenberg

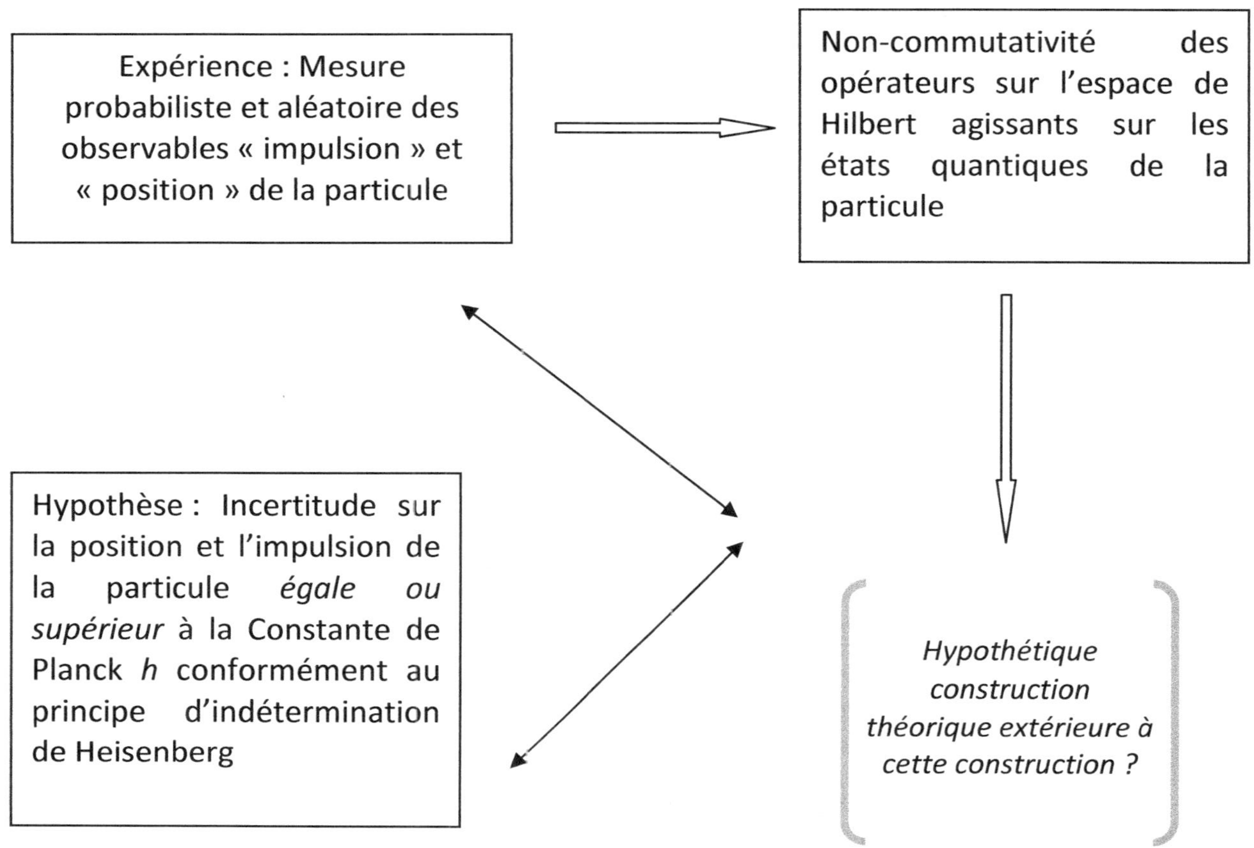

Le principe de superposition est l'une des hypothèses les plus énigmatiques de la mécanique quantique qui s'éloigne ostensiblement de toutes les constructions connues et donne à l'interprétation anti-holiste sa configuration définitive. Mais quelle est l'expérience cruciale qui correspond à cette hypothèse extraordinaire de la mécanique quantique ? C'est bien entendu l'expérience des fentes de Young qui révèle l'interférence de deux faisceaux de lumière provenant d'une source unique. Ces deux faisceaux traversent deux trous percés dans un plan sombre. Sur un écran placé juste après ces fentes, on observe une diffraction. Cette expérience a été réalisée avec un seul électron et on observe un résultat similaire d'interférence observé pour les ondes. Cette particule bien qu'elle semble individualisée traverse les deux fentes à la fois. Elle interfère donc avec elle-même.

Ce résultat empirique correspond à l'hypothèse de superposition : l'électron est une fonction d'onde de probabilité où les vecteurs sont les états possibles. Il n'y a aucune préférence entre ces états. Le phénomène de diffraction représente tous les états possibles et la fonction de probabilité représente la probabilité de présence de la particule dans un espace donnée. L'expérience de diffraction de Young (du nom du savant anglais qui l'a réalisé en 1801 en utilisant seulement comme source un faisceau lumineux) représente une expérience cruciale qui correspond à l'hypothèse théorique phare de la mécanique quantique : l'hypothèse de superposition des états qui a été testée avec des photons et des électrons a été solidement corroborée. Cette hypothèse ne correspond à une aucune autre hypothèse théorique connue en mécanique classique ou en théorie électromagnétique.

Toutes les constructions théoriques de la physique en dehors de la mécanique quantique ne peuvent se rapprocher ou correspondre à la superposition des états quantiques. En physique classique, un système est toujours dans un état dans lequel il possède une valeur bien déterminée excluant toutes les autres valeurs. Par contre, en mécanique quantique, un système peut se trouver dans un état qui est une superposition de toutes les valeurs possibles. Une telle construction théorique n'a pas d'équivalent en mécanique non-quantique et n'est induite par aucune autre loi ou concept qui lui est antérieure. Elle est vraiment singulière. Le plus étonnant est que l'holisme ne peut même pas survivre à l'intérieur de la mécanique quantique.

Non seulement, une hypothèse théorique comme la superposition des états quantiques ne correspond à aucune construction théorique en mécanique classique, mais en plus elle ne découle pas nécessairement des autres concepts théoriques de la mécanique quantique.

Fig. (06) : Schéma de vérification expérimentale du principe de superposition

Expérience de Young : passage des ondes de lumière ou de matière lorsqu'elles traversent deux trous percés dans plan. Un phénomène de diffraction est observé sur l'écran placé derrière le plan.

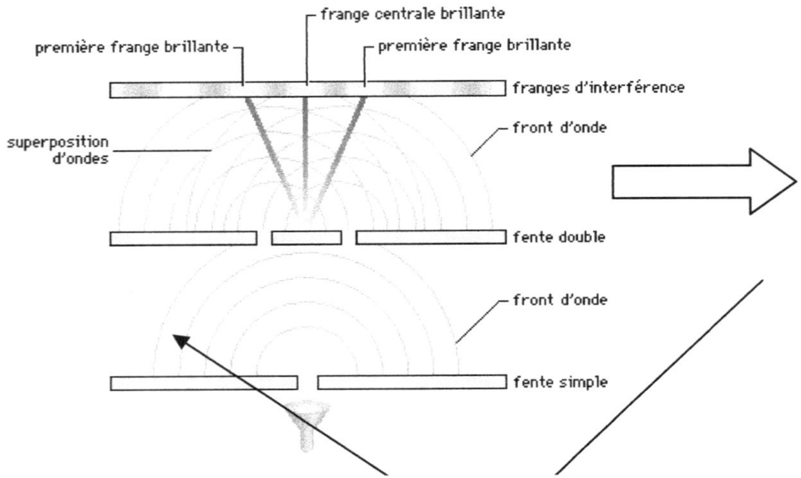

Hypothèse de superposition : La particule ou l'onde lumineuse sont des fonctions d'ondes qui représentent tous les états possibilités ainsi que la probabilité de présence de ces entités. Lors de la mesure, cette fonction d'onde se réduit et on observe un seule état possible.

Hypothèse mathématique : Les vecteurs représentent les états quantiques qui peuvent se décomposer en des états propres combinées dont chacun est un état possible pour l'observable. Ces états quantiques forment une sommation infinie de vecteurs dans l'espace de Hilbert.

? Aucune autre hypothèse théorique ne correspond à cette hypothèse de superposition

Il est nécessaire d'évacuer deux malentendus ou deux grands écueils à ce propos. Le premier a trait au fait que l'on peut de manière relativement inaperçue commettre l'erreur suivante : prendre tous les principes de la mécanique quantique dans la même trame, ou dans la même théorie unifiée et parler ainsi d'une théorie quantique globale. Ce piège est d'autant plus difficile à éviter si l'on suit comment en fait les physiciens ont procédé de manière à unifier certaines théories du monde quantique dans le but de faciliter à la fois sa compréhension et sa synthèse. Cette façon de procéder entraîne une véritable liberté d'interprétation des phénomènes quantiques. Rien de tel, ni en théorie de la relativité restreinte ni en théorie de la relativité générale.

Les propositions de la mécanique quantique les plus célèbres concernent la non-commutativité des matrices de Heisenberg; le principe de superposition; les relations d'incertitude; les ondes de Louis de Broglie et la mécanique ondulatoire de Schrödinger; le principe de complémentarité de Bohr expliquant la dualité onde-particule ainsi que le principe de correspondance entre les mécaniques quantique et classique en présence d'un nombre relativement grand de particules.

Or, loin de représenter des propositions théoriques fondamentales d'une même théorie, ils sont en fait des concepts représentant plusieurs théories qui dans certaines conditions étaient totalement contradictoires sur le plan de l'interprétation physique. La controverse entre les tenants de l'école de Copenhague, dont les chefs de file furent Heisenberg et Bohr, et les tenants de l'interprétation réaliste de la mécanique quantique, dont les plus fervents défenseurs furent Einstein et Schrödinger, le reflète clairement. La mécanique quantique n'est donc pas une théorie unifiée, c'est plutôt un conglomérat de théories plus au moins convergentes et dont les concepts ne sont pas parfaitement réductibles les uns aux autres.

Le deuxième écueil est lié au fait que les théories quantiques diffèrent des théories relativistes en matière de contenu épistémique de ces théories. Contrairement à la théorie de la relativité restreinte et à la théorie de la relativité générale, les théories quantiques ne peuvent pas être qualifiées de « réalistes ».

Elles sont plutôt « fonctionnalistes », dans la mesure où elles fonctionnent assez bien en faisant cohabiter les observations et l'appareil mathématique de la théorie sans éluder ce que les phénomènes cachent en réalité.

Selon l'école de Copenhague, la mécanique quantique présente deux particularités importantes qui font de ce domaine de la physique, un courant de pensée empiriste : d'abord, ses principes comme celui de la superposition permettent de prédire de manière précise les résultats expérimentaux et sont conformes aux observations empiriques. Par ailleurs, la mécanique quantique ne prétend nullement expliquer la réalité sous-jacente des phénomènes quantiques. C'est pour cette raison qu'elle n'a nul besoin des variables cachées qu'Einstein voulait introduire dans cette physique sous le prétexte qu'elle est incomplète. La mécanique quantique ne va pas au-delà des principes sur lesquels elle est articulée.

En d'autres termes, il n'y a nul besoin de faire des hypothèses sur la réalité physique et il est primordial de se conformer uniquement aux observations empiriques. Isaac Newton a formulé une thèse similaire : *Hypotheses non fingo* « Je n'avance pas d'hypothèses ». Cette doctrine est l'essence même de l'empirisme sur lequel la science a été basée depuis Newton.

Mais tout cela ne devrait pas cependant occulter l'essentiel de notre interrogation, à savoir le faillibilisme des théories scientifiques. Il y a, d'une part, une fragmentation des postulats de ce domaine de la physique et, d'autre part, une multiplicité des interprétations de certains concepts les plus importants comme la fonction d'onde. Dès lors que l'interprétation d'un concept comme la fonction d'onde n'est pas unique, il ne peut alors correspondre à aucun autre concept théorique que ce soit en mécanique classique ou en mécanique quantique. Par ailleurs, le principe de superposition n'est pas vraiment induit par les autres principes ou postulats de la mécanique quantique.

Les postulats de la mécanique quantique ont chacun leur logique sous-jacente propre qui leur confère une certaine autonomie épistémologique. Cette façon de voir est appuyée par l'interprétation de Copenhague selon laquelle la fonction d'onde ne peut être expliquée comme entité existant réellement dans le monde physique. C'est uniquement après l'opération de mesure, que l'état quantique devient réel. Cette manière très étrange de décrire la nature de la fonction d'onde signifie qu'elle oscille entre réalité physique et réalité mathématique.

Malgré ce caractère étrange de la fonction d'onde, il n'en demeure pas moins vrai que cette oscillation est ce qui caractérise véritablement la mécanique quantique dans le sens d'une fragmentation épistémologique.

Il y non seulement une fragmentation en termes d'interprétation de la fonction d'onde mais également une fragmentation du reste des postulats théoriques de la mécanique quantique. Ces deux types de fragmentation relèvent de logiques différentes. La première est de nature épistémologique est elle est liée à la connaissance précise de la réalité et de la nature de la fonction d'onde, l'entité la plus fondamentale de la mécanique quantique. Quant à la deuxième, elle concerne l'état actuel de nos connaissances selon lesquels, on ne peut pas déterminer à l'avance si l'un des postulats ne sera pas réfuté. Ces postulats n'ont pas le même destin et le processus de leur élaboration est différent.

Commençons d'abord, par le premier type de fragmentation qui est d'un intérêt particulier pour notre étude de l'argument du faillibilisme des théories ou de l'induction pessimiste. La fonction d'onde fait l'objet d'un débat controversé sur sa nature physique. Il y a d'abord l'interprétation de Copenhague selon laquelle la fonction d'onde est un objet mathématique qui reflète la probabilité de présence d'une particule dans un endroit précis. La densité de probabilité de présence de la particule dans la position ***r*** à l'instant ***t*** est alors donnée par le carré du module de la fonction d'onde.

La probabilité de présence d'une particule est considérée, par les fondateurs de cette école de pensée, comme la probabilité du résultat d'une mesure. Or, la mesure perturbe le comportement d'une particule quantique et il devient alors possible de connaitre en même temps deux de ses propriétés (comme l'énergie et la vitesse ou la position et la vitesse) selon le fameux principe d'indétermination de Heisenberg. C'est pour cette raison qu'on parle de probabilité de présence d'une particule. Il y a une indétermination de principe à connaître le résultat d'une mesure de la position et de l'état d'une particule. Une fois, la mesure effectuée, la fonction d'onde s'effondre. C'est ce qu'on appelle la réduction du paquet d'onde. Cette interprétation fait l'objet d'un large consensus parmi les physiciens.

La deuxième interprétation est celle de David Bohm qui est appelée aussi l'interprétation de l'onde-pilote de Louis de Broglie. Elle prédit que la fonction d'onde existe réellement dans le monde physique. Une onde-pilote est associée à la particule et détermine sa position et son mouvement. L'onde-pilote est distincte de la particule, laquelle possède une vitesse et une position bien déterminées.

Mais elle agit sur la particule à travers un potentiel quantique. Contrairement à la théorie de Bohr-Heisenberg (Ecole Copenhague), la théorie de Broglie-Bohm est déterministe.

Mais ce déterminisme se heurte à des difficultés inhérentes au monde quantique. Par exemple, comment l'onde-pilote agit sur la particule. On ne connait pas le vecteur qui permet cette interaction d'où les soupçons qui pèsent sur son existence en la qualifiant d'action à distance qui viole la théorie de la relativité restreinte.

La troisième interprétation est celle des univers multiples d'Everett[17]. Celle-ci part du principe que l'observation et la mesure de l'état quantique ne sont pas probabilistes mais déterministes. Le monde quantique est également déterministe. Ces deux postulats représentent un rejet pur et simple de l'interprétation de Copenhague. Selon cette approche, l'Univers se multiplie en plusieurs branches dans lesquelles se réalisent les différents résultats de la mesure sans pour autant que se réalise un effondrement de la fonction d'onde. C'est à cette condition que le principe de la dualité onde-corpuscule et le principe de superposition des états quantiques sont réconciliés. Lorsqu'on veut connaitre par laquelle des deux fentes un photon est passé (expérience des fentes de Young), il y aura deux bifurcations, c'est-à-dire, la formation de deux branches séparées dans lesquelles le photon passe par une seule fente. L'interprétation d'Everett contourne ainsi le problème de la superposition des états quantiques dont une illustration légendaire n'est autre que le paradoxe du chat de Schrödinger. Concernant ce paradoxe, Everett affirme que le chat est mort et vivant à la fois. Mais ces deux évènements se réalisent dans deux branches séparées de l'Univers.

Toutefois, cette interprétation suscite des interrogations sur deux énigmes auxquelles cette théorie fait face : elle n'explique pas, d'une part, les causes sous-jacentes à l'articulation de l'Univers en plusieurs branches (Hans Christian von Baeyer [2014], p.34). Par ailleurs, le concept d'intrication des états quantiques qui révèle la corrélation entre les propriétés des particules quantiques qui sont séparées dans l'espace physique (les particules quantiques agissent comme un seul système quantique) entre en contradiction avec l'idée de la formation de plusieurs branches séparées de l'Univers qui correspondent chacune aux résultats observés lors de la mesure (ibid.).

---

[17] *The Many-Worlds Interpretation of Quantum Mechanics* by Bryce S. DeWitt *et al.* Princeton University Press, 1973.

Il est intéressant de faire remarquer que cette fragmentation épistémologique entre plusieurs interprétations de la fonction d'onde est un processus en pleine expansion. La liste des interprétations possibles n'est pas close. D'autres ont été proposées et d'autres encore le seront dans les prochaines années.

Des expériences seront réalisées afin d'élucider les processus sous-jacents dont l'explication est donnée par ces interprétations, ce qui confirme la thèse de l'induction pessimiste et du faillibilisme. Dans la mesure où les constructions théoriques développées pour expliquer la nature de la fonction d'onde ne correspondent à aucune autre construction théorique de la mécanique quantique et *a fortiori* de la physique classique et que certaines caractéristiques de ces constructions sont continuellement remises en cause par d'autres constructions (par exemple, certaines interprétations de la fonction d'onde remettent en cause la réduction du paquet d'onde qui est au cœur de la théorie de Copenhague. D'autres critiquent la nature probabiliste de la fonction d'onde. D'autres encore ne sont pas conformes au principe de superposition des états quantiques), il y a donc une instabilité des théories ou des hypothèses théoriques et il revient donc à l'expérience de trancher entre les différentes interprétations.

Le moins que l'on puisse dire et que ces nouvelles interprétations sont parfois irréductibles les unes aux autres, ce qui donne à la fragmentation évoquée ci-dessus une dimension ontologique. Les divergences entre les physiciens portent désormais sur l'ontologie du monde physique. Les uns reconnaissent une certaine réalité à la fonction d'onde. D'autres (dont les tenants de l'école de Copenhague) y voient une simple abstraction mathématique.

Afin d'illustrer cet état de fait, on peut citer trois théories en cours de construction : d'abord, il y a la théorie de la réduction spontanée qui stipule que la réduction de la fonction d'onde se produit non plus en raison d'une mesure mais de manière spontanée dans le monde physique. Chaque système quantique s'effondre pour donner lieu qu'à un seul résultat sans qu'il y ait une perturbation provoquée par l'environnement. La fonction d'onde serait donc une entité réelle.

En revanche, l'interprétation intitulée QBisme affirme que la fonction d'onde n'a pas de réalité physique (ibid. p.32) en arguant que les probabilités qui y sont afférentes sont inhérentes aux statistiques bayésiennes qui associent les probabilités aux croyances subjectives.

Selon cette théorie, l'observateur interprète la fonction d'onde selon sa propre vision du monde. *A priori* aucune réalité n'est attachée à cette fonction d'onde. C'est uniquement grâce à un recoupement entre les informations recueillies par différents observateurs qu'une image précise du système physique est finalement acquise (ibid.).

Cette interprétation soulève néanmoins un certain nombre de difficultés dont la plus importante est celle-ci : si la fonction d'onde n'est que le reflet du point de vue de l'observateur, comment alors ce dernier agit sur le système quantique ? Le mécanisme par lequel, la mesure est réalisée n'est pas explicité. Par ailleurs, cette interprétation assujetti le monde réel au monde subjectif de l'observateur. Des problèmes obsédants ont alors prit le haut du pavé : y a-t-il une fonction d'onde réelle et physique qui puisse devenir le réceptacle de la fonction d'onde subjective ? La résolution de certains paradoxes de la mécanique quantique comme celui du chat de Schrödinger se fera t-il au prix d'une radicalisation de la vision probabiliste en continuité avec l'interprétation de Bohr (école de Copenhague) et d'une abstraction plus accentuée du monde quantique ?

Ce genre de difficultés a incité certains physiciens[18] à revenir à une conception réaliste de la fonction d'onde en s'appuyant sur l'une des prévisions de la mécanique quantique : l'intrication. Selon eux, l'intrication agit lorsque deux particules sont liées. Or, si le modèle statistique de la fonction d'onde est le plus pertinent, alors toutes les particules seraient corrélées même si elles ne sont pas liées au départ. Une telle conséquence est difficilement acceptable étant donné les observations réalisées sur les états quantiques.

En dépit des critiques dont cette théorie a fait l'objet, elle s'avère la plus prometteuse étant donné le souhait des physiciens à observer la fonction d'onde. Plusieurs expériences ont été d'ailleurs réalisées dans ce sens[19].

---

[18] Parmi les équipes travaillant sur ce sujet, il y a l'équipe dirigée par Matthieu Pusey de l'Imperial College de Londres.

[19] Selon un article paru dans la revue *Nature Physics* des chercheurs français, du CNRS et du Commissariat à l'énergie atomique, sont parvenus à observer les fonctions d'ondes des électrons de la molécule de diazote (N2). Cette observation a été réalisée grâce à une analyse tomographe du rayonnement X émis par des molécules excitées par une impulsion laser intense. Ces physiciens ont réussi à observer la fonction d'onde des électrons, 1500 attosecondes après son mouvement.

Ainsi, l'expérience aura le dernier mot sur la question de l'interprétation de la fonction d'onde et ce, quel que soit le verdict. Celle-ci sera réelle et objective, ou elle ne sera pas.

Le deuxième type de fragmentation des concepts de la mécanique quantique est lié au fait que la liste complète de ses postulats n'est pas précise. Un noyau dur s'est formé durant les années 1920 grâce aux travaux de Bohr, de Heisenberg, de Jordan et de Pauli et comprend la non-commutativité des matrices de Heisenberg, le principe d'indétermination du même physicien, la mécanique ondulatoire de Louis de Broglie et de Schrödinger, les principes de complémentarité et de correspondance de Bohr. Mais il existe d'autres postulats qui se situent en dehors de cet édifice qu'il est très difficile d'occulter comme le principe de superposition, la mesure quantique et la réduction du paquet d'onde, l'indiscernabilité entre les particules, l'intrication quantique et bien sûr la fonction d'onde. On peut également y ajouter la théorie déterministe de Bohm, les inégalités de Bell ou le théorème de Von Newman.

Il n'est pas facile de mettre de l'ordre dans tous ces concepts et de dire ce qui relève du statut de principe, de loi ou d'entité physique tout simplement. La mécanique quantique nous a habitués à cette image fragmentée qu'il est difficile d'unifier.

On a déjà vu que les interprétations de la fonction d'onde ne cohabitent pas de la même manière avec tous ces concepts. Mais ce qui est plus important encore, l'expérimentation s'attaque parfois à certains postulats, ce qui accentue la fragmentation avec comme conséquence l'affranchissement épistémologique de l'expérience de toutes les constructions théoriques qui ont été citées. Non seulement, l'expérience a mis fin à la théorie des variables cachées d'Einstein (Alain Aspect), mais en plus elle risque d'ébranler certains postulats orthodoxes de la mécanique quantique. A titre d'illustration, une expérience réalisée par Afshar contredit le principe de complémentarité de Bohr puisque elle révèle l'aspect ondulatoire et l'aspect corpusculaire en même temps (Afshar Shahriar [2005]). L'aspect ondulatoire de la lumière est détecté lorsque le faisceau lumineux utilisé dans cette expérience passe à travers des fils métalliques tandis que l'aspect corpusculaire est mis en évidence lorsqu'il est focalisé par une lentille ajustée dans un photo-détecteur (ibid.). D'ailleurs, ce principe a été critiqué par certains physiciens dont le plus illustre est Heisenberg dans ses dernières années.

Selon ce dernier, ce principe a entraîné le recours fréquent à un langage ambigu et l'utilisation de concepts classiques qui sont antagonistes quand ils sont juxtaposés dans l'interprétation de la mécanique quantique (Selleri [1994], p. 192).

Le même genre de difficultés existent pour le principe de correspondance dont la définition est la suivante : les lois de la mécanique quantique correspondent aux lois de la mécanique classique au niveau macroscopique (c'est-à-dire lorsque un nombre infiniment grand de particules entrent en jeu dans les expériences). Il suffit de voir pour bien remarquer les limites de ce principe, l'étude toute récente de phénomènes purement quantiques à l'échelle macroscopique comme la supraconductivité, la superfluidité ou l'intrication à l'échelle macroscopique. Ces phénomènes qui ont été manipulés à l'échelle expérimentale démontrent que la théorie quantique s'applique dans le monde macroscopique à condition que les expériences mettent en évidence ces phénomènes de manière suffisamment ingénieuse.

Ce qui reflète encore plus la fragmentation épistémologique des concepts de la mécanique quantique, est l'affaiblissement progressif du théorème de Von Newmann qui est beaucoup plus mathématique que physique et qui a représenté une fausse assurance pour les tenants de l'école de Copenhague sur la complétude de la mécanique quantique (doctrine selon laquelle il n'existe rien qui prouve que dans le monde physique, il y a des variables cachées que la théorie quantique la plus consensuelle aujourd'hui, c'est-à-dire celle de l'école de Copenhague, n'a pas prévu). Des modèles mathématico-physiques existent et démontrent que le théorème de Von Newman bien qu'il soit mathématiquement valide n'interdit nullement de compléter la mécanique quantique par des théories à variables cachées (ibid.).

Par ailleurs, des théories comme celle de Bohm introduit une variable : « le potentiel quantique » qui est susceptible d'expliquer des phénomènes considérés jusqu'alors comme non-causaux (ibid.). De toutes les manières, ce théorème ne suscite plus le même intérêt chez les physiciens et la fragmentation épistémologique de la mécanique quantique est appelée à s'accentuer davantage à l'avenir.

De cette manière, la mécanique quantique représente un point de rupture dans l'histoire de la physique qui empêche de la lier au reste des vastes domaines de la physique à l'instar de la mécanique newtonienne et la thermodynamique.

Par ailleurs, l'association de la théorie de la relativité restreinte d'Albert Einstein à la mécanique quantique présente d'énormes difficultés à l'heure actuelle et l'une des conséquences des nombreuses tentatives de fusion entre ces deux théories est la résurgence de nombreuses incertitudes sur la nature ontologique de l'entité quantique : cette entité physique est-elle une particule ou un champ ? Peut-on même parler d'une réalité d'une entité quantique. Cette problématique sera abordée ultérieurement dans un prochain chapitre.

Ce qu'il faudrait retenir de cette problématique est que la correspondance entre les constructions de la mécanique quantique et les concepts de la théorie de la relativité restreinte si elle n'est pas rompue, est devenue la source d'énormes difficultés ontologiques qui sont autant de facteurs pour la discontinuité, le faillibilisme et l'induction pessimiste.

En revanche, l'expérience dans un sens empirique n'est pas affectée par ces caractéristiques de la science. Bien au contraire, c'est l'enseignement tiré de l'expérimentation qui nous permet de vérifier la validité des concepts et des principes. Dans un livre très avant-gardiste, Franco Selleri affirme « Plus de cinquante années de long débat sur la nature du dualisme onde-particule et sur la séparabilité des systèmes quantiques vont probablement être profondément modifiées par la nouvelle situation expérimentale » (Franco Selleri, [1994] p. 253).

Il ajoute « La mécanique quantique n'est pas «philosophiquement neutre », (les guillemets sont du texte) en ce sens que sa structure mathématique interne conduit à des prévisions expérimentales qui sont en contradiction, d'une manière observable, avec des prévisions très simples et très générales d'origine philosophique » (ibid. p. 191). De cette manière, des expériences nouvelles vont permettre de faire des prédictions différentes qui n'ont pas été prévues par les théories antérieures (ibid.).

Poursuivant notre examen du faillibilisme en s'attaquant cette fois aux plus sophistiquées tentatives de fusion entre la mécanique quantique et les théories dites classiques (plutôt réalistes) comme l'électrodynamique, la théorie de la relativité restreinte et la théorie de la relativité générale afin de montrer toutes les difficultés que suscitent ces théories.

Malgré le fait que l'électrodynamique quantique (QED) représente un progrès décisif en physique de l'infiniment petit en raison de la fusion qu'elle implique entre la théorie de la relativité restreinte et la mécanique quantique, de l'approfondissement qu'elle permet des théories des champs ainsi que l'élaboration d'une interprétation ingénieuse du champ électromagnétique comme un phénomène purement quantique, elle reflète un faillibilisme théorique qui n'est atténué que par l'expérimentation.

Le succès de cette théorie n'a été possible que grâce à une renormalisation mathématique qui permet d'éliminer les infinis qui sont le résultat inévitable de cette théorie et qui sont contradictoires avec les observations. La raison de cette aberration mathématique est liée au secret le plus profond de cette théorie physique : un électron n'est pas une particule individualisée et parfaitement identifiable pour un observateur comme une bille ou une boule de billard. Il est entouré d'une myriade de particules virtuelles qui attribuent aux propriétés physiques de l'électron (masse, charge) des valeurs infinies. Les physiciens ne sont parvenus à s'en débarrasser que grâce à une subtilité mathématique en plus d'une certitude expérimentale. Dès lors que l'expérience permet de connaître la valeur des propriétés physiques de l'électron, les infinis qui sont le produit des équations de la théorie sont éliminés mathématiquement[20].

La théorie n'est plus faillible que grâce aux données empiriques. Ces données empiriques sont les seules références de la théorie et l'appareil mathématique s'aligne sur la mesure observationnelle connue.

Cette situation considérée par les physiciens dans les années quarante, durant lesquelles la théorie (QED) a été élaborée, comme inconfortable[21], conforte la portée épistémologique de l'expérience et confirme la faillibilité de la théorie.

---

[20] Les infinis sont en fait supprimés des équations en divisant un infini par un autre.

[21] Il n'existe pas de consensus entre les physiciens sur la validité physico-mathématique de cette re-normalisation. Certains comme Dirac considèrent cette astuce comme non intelligente, d'autres y voient le résultat d'une sorte de prééminence des modèles mathématiques en physique quantique.

En l'absence des observations expérimentales, l'électrodynamique quantique serait au point mort et la normalisation ne serait qu'une subtilité mathématique qui ne remplace aucunement l'expérience. Il ne peut y avoir dans ce cas aucune correspondance entre cette théorie et les concepts traditionnels de la mécanique quantique en raison du dilemme représenté par le problème des infinis. Toutefois, cette théorie nous offre une description physique satisfaisante de la force électromagnétique : deux électrons s'échangent un photon qui est émis par le premier électron puis absorbé par le deuxième sans violation de la loi de conservation de l'énergie puisque cet échange est virtuel se produisant sur une échelle de temps très courte. Cet échange de photons est bien représenté dans les schémas inventés par le physicien Feynman.

On peut néanmoins considérer cette idée de l'échange virtuel de photons comme une construction théorique qui servira par la suite aux autres théories comme la chromodynamique quantique et la théorie électrofaible. Les quarks qui sont les constituants ultimes des protons et des neutrons échangent des gluons virtuels. A partir de l'électrodynamique quantique, l'idée de vecteurs de force véhiculés par des particules appelés « bosons » fait son chemin et rencontre un grand succès. Désormais les bosons deviennent les vecteurs de force. Là, une construction théorique se généralise à toutes les théories traitant des forces de la nature. Mais cette généralisation ne prémunit nullement la théorie en l'absence de l'expérience, laquelle devient le seul recours pour éviter le risque que l'électrodynamique quantique qui est la théorie de référence soit une construction théorique vide de sens et dénuée d'intérêt en fournissant des valeurs précises de la masse et de la charge de l'électron et en masquant l'influence du nuage de photons virtuels qui l'entoure. De cette manière, la masse et la charge de l'électron sont des constantes physiques.

Mais si l'idée de l'échange « bosonique » entre particules a été un point d'ancrage solide pour les théories du modèle standard, il n'en demeure pas moins vrai que le problème des infinis et la nécessité d'une renormalisation refont à chaque fois surface et à chaque fois l'expérience demeure la référence pour les physiciens. Par ailleurs, de nouveaux concepts théoriques ont été inventés comme les concepts de « saveur », de « couleur », de « charme » et d'« étrangeté » et il n'est pas possible de les rapprocher de concepts théoriques antérieurs.

Ces concepts ont été inventés pour tenir compte des observations expérimentales et non des exigences logiques de la théorie comme le confinement des quarks à l'intérieur des protons et des neutrons.

Le proton est composé de deux quarks « u » et d'un quark « d », tandis que le neutron contient deux quarks « d » et un quark « u ». Le u et le d représentent les saveurs de quarks. Par ailleurs, les quarks ont des couleurs : le rouge, le vert et le bleu comme pour les couleurs de la lumière visible bien qu'aucun rapprochement de nature perceptive ne puisse être établi avec les couleurs de la lumière visible (Murray Gell-Mann [1997], p.205). La combinaison entre les trois couleurs des quarks aboutit à l'absence de couleurs pour le proton et le neutron dès lors que les quarks sont confinés à l'intérieur de ces deux particules composites. Par conséquent, les couleurs des quarks ne sont pas observables. La couleur joue un grand rôle dans les interactions entre les quarks à l'intérieur du proton et du neutron. Un quark rouge peut devenir un quark bleu en émettant un gluon virtuel de couleur composite rouge-bleu (ibid. 207). Les gluons ont cette particularité de confiner les quarks et de les rendre inobservables étant donné qu'ils échangent les couleurs entre les quarks pour rendre les protons et les neutrons « blancs », c'est-à-dire dénués de couleurs.

La force de couleur ne faiblit pas lorsque les quarks sont éloignés les uns des autres et elle confine les quarks entre eux. La théorie qui explique ces phénomènes est appelée chromodynamique quantique. Malgré le caractère novateur de ses concepts, l'existence des quarks a été confirmée expérimentalement grâce aux travaux d'une équipe composée de Dick Taylor, Henry Kendall et Jerry Friedman qui ont consisté à bombarder les protons par des électrons à haute énergie.

On voit très bien que ces concepts théoriques de couleur et de saveur ne peuvent être rapprochés d'aucun concept antérieur. Contrairement à certaines idées reçues, la chromodynamique quantique est foncièrement différente de l'électrodynamique quantique malgré l'existence dans les deux théories d'un même processus d'émission et d'absorption de particules-vecteurs virtuelles par les particules électriquement chargés et les quarks. Les vecteurs de la force électromagnétique (les photons virtuels) ne sont pas électriquement chargés, tandis que les vecteurs de la force de couleur (les gluons virtuels) sont colorés.

Les conséquences mathématiques de cette différence sont considérables et le confinement des quarks fait partie de ces conséquences.

Tournons-nous maintenant vers la gravité quantique pour remarquer que non seulement les concepts y afférant sont peu intuitifs, mais également anti-holistes par excellence. Ils ne peuvent être rapprochés d'aucun concept théorique antérieur. L'une des premières difficultés soulevées par les recherches sur la gravité quantique est le fait que la théorie de la relativité générale est une théorie des champs qui admet l'existence d'une infinité de configurations pour la géométrie de l'espace. Cette difficulté rappelle le problème des infinis de l'électrodynamique quantique.

Par ailleurs, la première théorie des ondes gravitationnelles d'intensité faible développées par les premiers physiciens de la mécanique quantique a été vite abandonnée en raison du fait que les particules hypothétiques des ondes gravitationnelles (gravitons) sont censées interagir avec d'autres particules d'ondes gravitationnelles, tandis que les photons ne sont pas électriquement chargés et n'interagissent pas avec les électrons (Lee Smolin [2007] p. 85).

Par conséquent, l'expérience réussie de l'électrodynamique quantique n'a pas été renouvelée avec la gravité quantique. Le concept de graviton bien qu'hypothétique ne peut être rapproché d'aucun autre concept de vecteur de force connu et il ne fonctionne que dans le cas d'ondes gravitationnelles faibles.

Pendant une quarantaine d'années, aucun résultat décisif ne fut atteint pour deux raisons principales : aucune expérience n'a permis de trancher entre les différentes théories. Par ailleurs, le concept de graviton n'est valable que dans un cadre théorique limité qui ne s'adapte pas à une théorie aussi fondamentale que la théorie de la relativité générale (les ondes gravitationnelles faibles sont des ondes qui ne transforment pas l'espace dans lequel elles se propagent) (ibid.). En outre, le problème principal avec les gravitons est qu'ils interagissent entre eux, ce qui soulève le problème des infinis (ibid.). Par ailleurs, le concept de graviton n'est lié à aucune théorie élargie aussi récente soi-elle.

Les physiciens ont alors changé complètement de stratégie : au lieu d'explorer la nature des ondes gravitationnelles et d'étudier quelles peuvent être les particules quantiques qui composent ces ondes, ils ont commencé à voir comment les phénomènes quantiques se comportent dans un champ gravitationnel assez puissant pour créer des singularités dans l'espace-temps (ibid. p. 89). Mais on peut dire d'emblée que cette démarche est une voie désespérée car elle marque un renoncement à la quantification du champ gravitationnel.

Bien qu'elle amorce le début d'une recherche féconde sur les trous noirs, elle ne peut aboutir à aucune théorie cohérente et testable expérimentalement sur la gravité quantique. L'un des résultats théoriques les plus aboutis et qui n'a pas été vérifié sur le plan expérimental, est la théorie de l'évaporation des trous noir par suite de l'action de la puissante gravité de cette entité astrophysique sur les fluctuations quantiques. Mais la théorie de l'évaporation du trou noir (c'est-à-dire la transformation de sa masse en rayonnement) contredit le principe de la conservation de l'information quantique (ibid. p.91).

La théorie de la supergravité ou super-symétrie malgré la densité des recherches qui se sont lancées autour d'elle ne représente pas non plus un progrès majeur dans l'unification des deux piliers de la physique. Cette théorie qui cohabite assez bien avec un ensemble de recherches organisées autour de la théorie des super-cordes repose sur l'étude de dimensions assez nombreuses (jusqu'à 26 dimensions) de l'infiniment petit et elle est confrontée à deux difficultés dirimantes : elle ne cohabite pas assez bien avec les postulats de la mécanique quantique et elle ne peut être testée expérimentalement : deux difficultés majeures.

Les recherches théoriques dans ces domaines difficiles de la physique ont débouché sur une impasse et reflètent deux réalités épistémologiques majeurs : On ne peut remonter de concepts anciens aux concepts nouveaux. La science physique progresse par « induction transcendante » c'est-à-dire par l'innovation de concepts révolutionnaires qui ont peu de rapport avec les théories contemporaines.

Mais un tel progrès ne peut être reconnu que grâce à des preuves expérimentales. Ces preuves se déploient selon le schéma suivant : un concept théorique ou une hypothèse confirmée par une donnée ou un ensemble très cohérent et compact de données empiriques.

Voilà le moment est venu d'évoquer une question importante qui fera l'objet de développements : si la théorie n'est plus un pilier stable de la science qui est de plus en plus dominée par l'expérimentation, comment elle fonctionne en l'absence de toute expérimentation ? Nous allons voir la nature sous-jacente de la théorie qui montre des signes d'affaiblissement épistémologique significatif plus particulièrement concernant la physique quantique avec son versant informationnel et la physique des particules.

La révolution informationnelle de la mécanique quantique : rupture entre les théories et la réalité

L'accès au réel est ce qui est vraiment problématique pour la théorie physique. Les incertitudes métaphysiques des notions d'espace et de temps qui sont inhérentes aux deux théories de la relativité, le fossé qui sépare l'ontologie de l'infiniment grand et l'ontologie de l'infiniment petit qui est peut être responsable de la difficulté rédhibitoire d'unifier la théorie de la relativité générale et la mécanique quantique et l'accès approché et incertain au réel physique ont amené les philosophes à considérer que les théories ne couvrent pas la réalité. Elles sont le résultat de nos simples et subjectives représentations que nous nous faisons du monde. Des recherches récentes laissent entendre que la mécanique quantique qui est à l'origine de la fixation du cadre global de la physique des particules ne parvient plus à décrire la réalité physique dans sa profondeur ontologique et se limite à élaborer une théorie générale de l'information quantique.

L'information c'est autre chose que la représentation mais elle possède d'énormes possibilités technologiques. Les physiciens se sont rendus compte qu'au lieu de percer le secret des phénomènes de l'infiniment petit, il serait plutôt judicieux d'exploiter les informations provenant des phénomènes quantiques dans le but de développer de nouvelles technologies. C'est ainsi que trois axes de recherche technoscientifiques sont nées et prennent un nouvel essor[22].

Il y a d'abord les activités de laboratoire qui tournent autour de l'objectif de réaliser un ordinateur quantique. Le deuxième axe de recherche vise à créer l'internet quantique.

---

[22] Nous résumons ici en fait la quintessence de la révolution quantique.

Enfin, une activité intense dans les laboratoires de physique a pour objet la création de programmes de communication basés sur une cryptographie quantique. L'élément de base de cette transformation radicale est le qubit qui est devenu une unité d'information quantique. A l'origine, le qubit était un objet mathématique qui couvre un système physique ayant des propriétés particulières. La mécanique quantique a toujours été depuis les origines étroitement liée au formalisme mathématique.

En fait, le mathématisme de la mécanique quantique permet de la rendre opérationnelle. Dès qu'un postulat quantique trouve une formulation mathématique satisfaisante, il est validé par l'expérience. La révolution de l'information quantique est le résultat d'un renversement de position : Niels Bohr, l'un des plus grands fondateurs de la mécanique quantique avait conscience que les concepts quantiques comme la fonction d'onde possèdent une nature mathématique et que la réalité des phénomènes quantiques restera à jamais cachée. Cette position est devenue presque rédhibitoire jusqu'au moment où un groupe de physiciens ont remplacé le mathématisme positiviste de l'école de Copenhague par une science de l'information quantique. Au lieu d'interpréter la nature mathématique des concepts quantiques, ces physiciens ont préféré se limiter à une exploitation de l'information quantique et ne retenir de la mécanique quantique que les informations collectées. Les concepts quantiques sont devenus alors des concepts informationnels plutôt que métaphysiques ou mathématiques.

C'est à ce moment que le qubit est devenu une entité mathématique permettant de stocker de l'information. L'utilité du qubit est clairement révélée dans le nombre infini d'informations qu'il peut stocker. Lorsqu'on a deux qubit, les bits peuvent avoir quatre états possibles (00, 01, 10, 11). De même, une paire de qubit possède quatre états de base ((|00>, |01>, |10>, |11>). Mais tandis que deux bits ne peuvent stocker ces chiffres qu'une fois dans un temps déterminé, une paire de qubit peut exister avec une superposition de ces quatre états de base.

Cette capacité de stockage de *n* qubit non mesurés est très utile lorsqu'on veut concevoir un ordinateur quantique. Par ailleurs, la nature informationnelle des concepts quantiques permet de formuler des axiomes fondamentaux applicables à la mécanique quantique.

Ces axiomes sont de deux types : des axiomes purement informationnels et des axiomes qui reflètent les principes de la mécanique quantique comme le principe d'indétermination de Heisenberg et le théorème de Bell. Mais c'est le problème de la mesure quantique qui a suscité les recherches les plus intenses. Le travail le plus avancé dans le domaine de l'information quantique est matérialisé par un théorème appelé (CBH) qui a été conçu par Clifton, Bub et Halverson (2003) et qui conçoit la théorie quantique en termes de théorie de l'information.

Sur un plan philosophique, le théorème stipule que la théorie quantique doit être considérée comme une théorie de principe sur l'information quantique et non une théorie constructive relative à la dynamique des systèmes quantiques (Amit Hagar et Meir Hemmo [2005]) Selon ce théorème, trois principes basés sur les contraintes des processus de l'information devraient régir la théorie informationnelle quantique : pas de transfert, pas de transmission et pas d'obligation en matière de bits d'information. A partir de ces principes, Bub (2004, 2005) a lancé trois hypothèses (ibid. p.3) : 1/La théorie quantique aborde les possibilités et les impossibilités du transfert d'information plutôt que la dynamique de la fonction d'onde ou celle des particules quantiques. 2/Tenant compte de ces trois contraintes théoriques, n'importe quelle théorie sur les phénomènes quantiques doit être empiriquement équivalente à une théorie quantique de l'information. 3/Les contraintes de l'information sont reflétées dans la réalité des phénomènes du monde physique (ibid.).

N'importe quelle théorie quantique de nature mécanique (physique) incluant une description des interactions de la mesure serait acceptable et le but approprié de la physique au niveau fondamental serait la représentation et la manipulation de l'information à partir d'une déduction des aspects cinématiques de la théorie quantique des systèmes physiques (ibid.). Par ailleurs, CBH offre une compréhension différente du formalisme mathématique de la mécanique quantique qui est basé sur les opérateurs (ibid. p.5).

Dans un article important (2005), Bub a décrit la signification philosophique du théorème CBH en le comparant au passage des théories constructives de Lorentz et de Fitzgerald sur le mouvement dans l'éther à la théorie de principe de Einstein sur la relativité qui prévoit un formalisme géométrique abstrait de l'espace-temps.

Le théorème CBH sur les contraintes de l'information permet de supposer qu'aucune théorie constructive sur les phénomènes quantiques n'est possible et que toute théorie constructive sur le phénomène quantique qui satisfait les trois principes du théorème ne peut pas être empiriquement distinguée d'une théorie quantique classique (ibid. p.8).

En fait, la tendance générale qui se cache derrière les concepteurs de ce théorème est de considérer la théorie de l'information quantique de théorie de principe et de la distinguer d'une théorie constructive. Les théories classiques de la mécanique quantique comme la théorie de Bohm sont donc des théories constructives. Selon eux, seule la théorie de l'information représentée par le théorème CBH est une théorie de principe (ibid.). Ils en tirent une conséquence importante qui représente un tour de force philosophique : il est nécessaire de rejeter la théorie de Bohm et de lui préférer la théorie de l'information quantique (ibid.).

Mais cette évolution de la théorie de l'information quantique qui a pris son essor au début de l'année 2000 et dont le point de départ est l'analyse des contraintes subies par l'information quantique, repose sur une attitude qui consiste à un renoncement définitif de toute théorie quantique à une description satisfaisante de la réalité du monde physique.

Au lieu que ce soit un progrès pour la théorie quantique, cette évolution est en fait une régression pour la recherche théorique et vis-à-vis de laquelle l'expérience est neutre. Ce renoncement ne signifie pas pour autant que la théorie quantique informationnelle est inévitable et qu'elle représente la seule issue possible pour réaliser des progrès dans la recherche théorique sur la mécanique quantique. Nous allons le démontrer en analysant trois aspects cruciaux qui sont sous-jacents à la théorie de l'information quantique. Le théorème CHB sur la théorie informationnelle quantique ne justifie pas l'abandon des théories constructives.

En fait, les trois principes de ce théorème ne portent pas sur le phénomène quantique lui-même mais plutôt sur les prédictions de la mécanique quantique (ibid. p.4). Par ailleurs, les contraintes de l'information ne peuvent être observées en pratique.

Enfin, la robustesse de la théorie informationnelle ne signifie pas qu'une analyse physique de la mesure du même genre que celle suggérée par les théories constructives ne soit pas nécessaire.

Ainsi, l'essor de la théorie de l'information quantique et la robustesse du théorème CBH ne signifient pas que les théories constructives sont devenues des reliques du passé. Un exemple significatif est offert par la théorie GRW. Celle-ci est une théorie non-relativiste et explique la non-observabilité de certaines superpositions macroscopiques des états en modifiant la dynamique linéaire de Schrödinger de manière à supposer que les superpositions s'effondrent très probablement en masse et de manière spontanée[23].

Ainsi, les superpositions des états quantiques sont extrêmement instables et n'ont rien à voir avec le processus perturbateur de la mesure comme l'a toujours suggéré l'interprétation de Copenhague. Cette théorie qui est compatible avec l'expérience viole les contraintes du théorème CBH. La théorie GRW n'est pas empiriquement équivalente à une théorie quantique qui n'est pas basée sur l'effondrement des états de superposition.

Elle prédit que les superpositions des états de position disparaissent très rapidement mais elle n'introduit aucune règle supplémentaire à la mécanique quantique. En plus, la théorie GRW permet de préparer n'importe quel système ou une paire de systèmes dans n'importe quel état quantique (intrication et état non local comme c'est le cas du modèle EPR-Bell).

De cette manière, la théorie GRW représente une brèche dans le système des théories informationnelles de la mécanique quantique dans la mesure où il n'y a aucune raison d'adopter le principe (pas de bit) du théorème CHB en tant que contrainte inévitable dans le cadre d'un choix entre des théories quantiques. Bien plus important encore, les prédictions des théories informationnelles en matière de contraintes à l'échange d'informations quantiques sont susceptibles de ne pas être valables dans tous les cas et plus particulièrement dans le cas des états quantiques macroscopiques (ibid).

---

[23] La question de l'inobservabilité des superpositions dans les systèmes physiques macroscopiques est une variante du problème de la mesure dans la théorie quantique. Cette problématique est le résultat de l'application de l'équation de Schrödinger qui est modifiée en y introduisant un terme non-linéaire et stochastique qui rend susceptible l'effondrement de la fonction d'onde linéaire et déterministe de Schrödinger au processus de la mesure. La probabilité que la fonction d'onde du système plus l'appareil de mesure reste dans un état de superposition plus d'une fraction de seconde disparaît de manière exponentielle.

Le deuxième aspect relève de l'histoire de la physique quantique qui nous permet de montrer que ses fondateurs n'ont pas vraiment renoncé à une description de la réalité. De cette manière, le passage de la mécanique quantique de nature dynamique et cinématique à une théorie informationnelle, et peu importe qu'elle soit qualifiée de théorie de principe, repose en fait sur un présupposé erroné : l'impossibilité reconnue par les physiciens de décrire la réalité du monde physique. On va le démontrer à travers l'analyse des travaux épistémologiques de Niels Bohr qui est le fondateur de l'école de Copenhague.

L'interprétation philosophique de la physique quantique a été attribuée à l'un de ses fondateurs les plus éminents Niels Bohr. Ce dernier est plus connu comme un penseur ayant développé l'antiréalisme en physique. Une fois que cette idée ait fait son chemin dans les travaux philosophiques des physiciens quantiques, elle est devenue le premier jalon dans la voie des théories informationnelles de la mécanique quantique qui ont connu un essor durant la période récente. Une certaine continuité peut ainsi être révélée dans le développement de la physique moderne dont le signe distinctif est le renoncement à la description de la réalité.

En procédant de cette manière, les physiciens ont « rejeté le bébé avec l'eau du bain » et ont consacré de manière très prématurée la fin du réalisme. Il convient de prime abord de préciser que cet abandon du réalisme a été accompagné par le renoncement à toute recherche pour trouver une ontologie permettant de décrire la réalité du phénomène quantique. En fait, l'échec de l'ontologie de la physique classique en mécanique quantique a été assimilé à un échec à décrire la réalité tout court (Henry J. Folse [1986] pp. 96-104). Cette discontinuité a créé un fossé qui n'a jamais été comblé entre la physique classique et la physique quantique.

Cette rupture épistémologique s'explique par le fait que la mécanique quantique ne permet pas de définir un système mécanique dont l'existence est supposée indépendante de l'observation et ne parle aucunement de la réalité sous-jacente d'un phénomène physique. Par conséquent, une philosophie antiréaliste est née et aucune correspondance entre la théorie et la réalité des phénomènes n'a pu être établie. Cette situation a été renforcée par la nature du formalisme théorique de la mécanique quantique (ibid.). Aucun physicien ne fut en mesure de comprendre la signification exacte de la fonction d'onde de Schrödinger, de la mesure et de la réduction du paquet d'onde.

La philosophie antiréaliste qui est inhérente à la physique quantique a été l'apanage de l'école de Copenhague (ibid.).

Nous allons voir maintenant qu'en fait Niels Bohr ne fut pas un antiréaliste. Ce dernier n'a jamais renoncé au réalisme dès les débuts de ses recherches. Il a considéré les atomes comme réels en raison du fait que ces entités sont causalement responsables d'un large éventail de phénomènes étudiés en laboratoire. Selon lui, l'atomisme est une hypothèse concernant les causes des phénomènes : « Mise à part la question fondamentale pour savoir s'il est légitime d'obtenir des images visualisables concernant des entités qui ne peuvent être perçues, la théorie atomique est une hypothèse nécessaire » (Bohr, Niels [1934]. Pages 52-91).

Le réalisme de Bohr est clairement affiché lorsqu'il dit : « ....Nous sommes.....conscients de l'existence de phénomènes qui sont provoqués par l'action d'un seul atome. En même temps et comme aucun doute ne subsiste à propos de la réalité des atomes et que nous avons acquis une connaissance plus approfondie de leur structure intime, nous sommes désormais conscients des limites de notre perception » (ibid. p.103).

Nous voyons ici que la démarche de Bohr se rapproche de celle de Ian Hacking dont nous avons déjà vu toute la portée philosophique sur le réalisme des entités physiques. De manière qui nous rappelle la puissance de l'expérience qui est le socle de toutes nos certitudes sur la réalité des phénomènes physiques, l'attachement de Bohr dès 1913 au réalisme peut être considéré comme un jalon qui a guidé les physiciens dans la voie de la certitude à l'égard de leurs théories au moment où les postulats et les axiomes de la mécanique quantique marquaient une rupture épistémologique avec ceux de la mécanique classique.

Par ailleurs, Bohr n'a pas renoncé depuis le début de sa carrière à la causalité physique étant donné ses affirmations sur les expériences de la mécanique quantique qui reflètent, selon lui, l'importance des relations causales entre les phénomènes physiques dont l'existence est confirmée par les observations (Henry J. Folse, ibid.., p.99). On connaît tous l'acharnement de physiciens comme Heisenberg à tenir compte scrupuleusement des observations dans l'élaboration des théories de la mécanique quantique. Le principe d'indétermination est un exemple-type dans ce domaine. Or, le compte-rendu des observations est impossible sans la prise en compte des relations causales entre les phénomènes quantiques (ibid.).

D'ailleurs, le principe de complémentarité de Bohr s'inscrit en droite ligne des convictions de ce physicien en matière de réalisme et de causalité. Deux phénomènes ne peuvent être considérés comme des manifestations complémentaires à propos d'une même entité physique à moins que cette entité soit la cause de ces phénomènes complémentaires (ibid.). Dès lors que le réalisme de Bohr a été au cœur des premiers développements les plus profonds de la mécanique quantique, il n'est pas alors légitime de penser que l'antiréalisme est une conséquence inéluctable de la physique quantique (ibid.).

Des théories réalistes peuvent un jour apparaître dans un environnement intellectuel marqué par le succès de certaines théories informationnelles antiréalistes et anti-constructives. Le développement des théories informationnelles en mécanique quantique n'est donc pas une fatalité qui remet en cause l'émergence probable de théories réalistes et peu importe que ces théories soient constructives ou de principe.

L'enjeu principal du débat sur le décalage entre les théories et la réalité ne peut se réduire à une distinction entre une théorie de principe et une théorie constructive. Il est plutôt étroitement lié au problème du réalisme des entités quantiques. Bohr a eu une grande intuition largement justifiée en développant ses concepts réalistes comme celui de la complémentarité car l'essor des théories informationnelles représente un fossé difficile à combler entre la théorie et la réalité. C'est ici que réside leur faiblesse structurelle qui risque d'être durable en l'absence d'une vision philosophique élargie qui ne se limite aucunement à la théorie.

Une solution satisfaisante au problème du réalisme des entités physiques exige le renouement avec l'expérimentation en s'appuyant sur la manipulation et l'intervention causale sur les phénomènes quantiques ; un rêve caressé par Bohr et qui se réalise aujourd'hui.

Il y a également les difficultés physiques intrinsèques de la théorie de l'information quantique qui montrent les limites de la réduction de la théorie quantique dans sa version physique à une analyse de nature computationnelle et informationnelle. Au-delà du succès de la découverte des algorithmes (comme l'algorithme de Shor) et mise à part les difficultés insurmontables qui entravent la réalisation d'un ordinateur quantique à grande échelle, un problème rédhibitoire entrave les recherches actuelles : les physiciens ne connaissent pas les processus physiques qui sont responsables de la faisabilité physique du calcul informationnel quantique.

Par ailleurs et de manière plus fondamentale encore, la pertinence de notions jugées comme essentielles à la supériorité des ordinateurs quantiques, à savoir l'intrication et l'interférence, ont été récemment remises en cause (Linden and Popescu [1999]). Malgré le fait que les caractéristiques des systèmes quantiques jouent un rôle essentiel dans les processus informationnels quantiques, les physiciens ignorent leur mode de fonctionnement (Fortnow, 2003).

Il n'existe aucune théorie, ni algorithme, ni théorème[24] qui nous explique la différence fondamentale entre les systèmes quantiques qui sont basés sur le caractère non commutatif des observables et les systèmes classiques. Dans un modèle de circuit quantique, il n'y a que deux observables –la préparation de l'état initial et l'observation de l'état final-qui ne sont pas suffisants pour déterminer toutes les caractéristiques d'un système physique. Ces difficultés ne sont pas peut-être insurmontables mais ils démontrent que les théories quantiques informationnelles ne sont pas encore mûres et qu'elles ne peuvent remplacer entièrement les théories réalistes. En fait, le problème avec la théorie quantique informationnelle c'est son éloignement du réalisme.

Le décalage entre la réalité et la théorie en physique ne se limite pas uniquement au rôle extensif, durant la période récente, des théories informationnelles en mécanique quantique qui consacrent un renoncement à décrire la réalité du monde de la microphysique.

Il est lié également à l'utilisation intensive de modèles théoriques, formels et abstraits que rien ne permet de considérer comme reflétant la réalité sous-jacente des phénomènes physiques.

Plusieurs conclusions très synthétiques sont suscitées par de tels développements :

-La physique quantique repose sur des théories fragmentées dont certaines peuvent être réfutées conformément à l'argument du faillibilisme théorique et de l'induction pessimiste.

- Les développements récents de la philosophie quantique, en particulier les théories sur l'information quantique ont accentué le schéma antiréaliste.

- Les nouvelles situations expérimentales possèdent une valeur inductive et épistémologique et à partir de là on ne peut lutter contre l'antiréalisme des théories scientifiques.

[24] Comme celui de Bell.

- La seule issue pour le réalisme est la reconnaissance de la réalité de certaines entités inobservables et non pas toutes les entités décrites par les théories en vertu de critères précis dont le plus important est la manipulation.

La discontinuité des fondements théoriques de la physique et l'essor des modèles

Nous avons lancé dans les pages précédentes une thèse audacieuse selon laquelle la recherche théorique possède des faiblesses structurelles qui sont de nature épistémologique et philosophique.

Ces faiblesses rendent les théories inférieures sur le plan épistémologique et scientifique à l'expérimentation. Celle-ci ne possède pas en revanche les mêmes faiblesses et c'est pour cette raison qu'elle détermine le progrès scientifique pour une large part et pour des raisons largement analysés dans les pages précédentes.

La recherche théorique souffre de contraintes que nous allons expliquer et analyser à travers des exemples concrets. Il faudrait juste préciser de prime abord qu'il est très difficile de dire pour quelle raison ces faiblesses sont qualifiées comme telles. On peut simplement supposer que le mot d'ordre général est la crise de la réalité et l'incapacité des théories à couvrir le réel. Toutefois, cette démarche n'a pas pour objectif ni de remettre en cause le rôle de la théorie pour la physique, ni de relativiser les relations étroites entre la théorie et l'expérience.

L'idée générale est juste de prouver que l'expérience détermine pour une large part l'évolution de la science dans un contexte historique et épistémologique caractérisé par la « dégénérescence » métaphysique et épistémique de la théorie vis-à-vis d'une description et d'une représentation satisfaisante des phénomènes du monde physique.

Cette situation concerne des domaines comme la physique quantique et la physique des particules qui est basée sur la mécanique quantique des champs comme il a été longuement évoqué, mais ses racines remontent à une longue histoire qui a eu pour commencement les théories de la relativité d'Albert Einstein.

Des recherches récentes montrent avec une grande clarté que la révolution einsteinienne a entraîné non seulement un bouleversement scientifique des concepts d'espace et de temps mais également une révision des fondements épistémologiques de notre connaissance du réel physique. La recherche théorique qui a débouché sur les théories de la relativité n'est pas parvenue à édifier une science définitive et une connaissance ultime et parfaite du monde d'un point de vue métaphysique.

La nouvelle vision du monde physique héritée d'Einstein implique une remise en cause des notions de substance et d'essence inhérentes aux concepts d'espace et de temps qui représentent les notions fondamentales sur lesquelles reposaient la physique newtonienne et plus particulièrement les théories d'espace et de temps absolus. L'abandon de ces notions a amené Einstein à reprendre dans sa physique les bases d'une philosophie élaborée par Ernst Mach qui l'a grandement influencé. Cette philosophie est basée sur les relations entre les phénomènes comme le mouvement. Un mouvement détermine un autre mouvement et il n'y a rien qui puisse nous permettre de faire reposer nos connaissances sur les mouvements hormis un autre mouvement. C'est ainsi que s'est forgé le principe de relativité qui rompt avec toute métaphysique de l'essence et de l'absolu (François-Xavier Demoures [2007], p.8). Le mérite de cette nouvelle physique est son rapprochement considérable de l'expérience et le rejet de la métaphysique qui est considérée comme une rupture avec les données empiriques produites par la perception (ibid.).

A chaque fois qu'on s'éloigne de cette expérience, la physique théorique entre en crise. C'est ce qui se passe aujourd'hui avec la théorie des supercordes. Le génie d'Einstein est d'avoir élaboré sa théorie sur des concepts perceptifs par excellence. Il ne s'agit pas ici de renouveler le discours sur l'expérience perceptive mais de prendre l'exacte mesure de la notion de relation qui couvre désormais l'ensemble d'un phénomène physique qui perd ainsi son identité métaphysique.

Mais comment ce nouveau « phénoménisme » relativiste s'affirme dans notre entendement scientifique ? C'est uniquement grâce au formalisme mathématique. La science se réduit donc à l'étude de phénomènes physiques dont aucune connaissance ne peut être établie avec certitude hormis les relations réciproques entre les phénomènes qui s'expriment uniquement dans le formalisme mathématique.

La conséquence épistémologique la plus importante du bouleversement phénoméniste provoqué par la théorie de la relativité einsteinienne est donc le rejet du substantialisme et de la chose en soi kantienne.

L'une des théories les plus élaborées de la physique moderne ne parvient pas, quoi qu'on dise, à couvrir de manière disons métaphysique et ontologique le réel. Dans des phrases pleines de sens, H.Wildon Carr résume la quintessence de la théorie de la relativité en rappelant que dans le monde physique décrit par cette théorie : « [...] les systèmes de référence sont définitifs sans être absolus, et relatifs sans être conditionnés extérieurement, dans lequel chaque système est suffisant par soi-même et contient sa propre norme » (H.Wildon Carr [1921] p.810). Il n'y a aucune extériorité qui permet de fonder notre certitude métaphysique. La physique se réduit à des systèmes de référence qui deviennent les références invariantes de tous les phénomènes physiques. Il n'y a plus aucune « absoluité » dans les concepts physiques et l'accès au réel procède par un travail approximatif qui ne repose sur aucune ontologie (ibid.).

Au-delà de cette révolution philosophique qui affaiblit la métaphysique des sciences, il convient d'aborder l'instabilité des théories scientifiques. Ceci est connu chez les philosophes sous le nom de discontinuité de l'évolution scientifique ou d'incommensurabilité des paradigmes scientifiques[25] ou comme on l'a mentionné précédemment : l'induction pessimiste.

Etant donné que les théories laissent place à d'autres théories, il devient difficile d'admettre qu'une théorie donné et reconnue par les scientifiques comme étant fondée ne soit pas dépassée à son tour (Michael Esfeld p.7). Par conséquent, nous ne pouvons pas croire qu'une théorie est vraie sur un plan absolu.[26].

[25] L'incommensurabilité des paradigmes scientifiques est un concept qui a été développé par Thomas Kuhn.

[26] Cet argument remonte à Henri Poincaré qui a dit dans une communication adressée au Congrès international de physique de 1900 « Les gens du monde sont frappés de voir combien les théories scientifiques sont éphémères. Après quelques années de prospérité, ils les voient successivement abandonnées. Ils voient les ruines s'accumuler sur les ruines ; ils prévoient que les théories aujourd'hui à la mode devront succomber à leur tour à bref délai et ils ont conclu qu'elles sont absolument vaines. C'est ce qu'ils appellent *la faillite de la science* (1902, chap. 10, p. 173).

On a déjà vu des exemples de cette discontinuité en physique quantique. Mais ces exemples sont étroitement liés au développement théorique de cette physique, c'est-à-dire à son contenu. Nous allons maintenant voir un autre type de discontinuité qui est liée aux concepts théoriques.

De manière plus précise encore, des concepts ont été remplacés par d'autres concepts et les anciens concepts perdent leur importance et deviennent soient des reliques du passé, soit des cas particuliers et très limités englobés par les nouveaux concepts qui deviennent fondamentaux. Les scientifiques ont toujours eu la tentation de faire remplacer les concepts anciens par les concepts nouveaux.

Heisenberg, influencé par les travaux théoriques de Dirac sur l'antimatière et la découverte expérimentale des positrons a proclamé l'abandon de la loi de conservation du nombre de particules (Susan C. Hale, p.380). « Par exemple, nous pouvons affirmer que l'atome d'hydrogène ne contient pas nécessairement qu'un proton et un électron. Il peut contenir provisoirement un proton, deux électrons et un positron » (Heisenberg, W. [1983] p.32). Il affirme encore : « Même si....les quarks sont supposés réels, nous ne pouvons pas dire que le proton est composé de trois quarks. Nous pouvons même affirmer qu'il est composé temporairement de trois quarks....Toutes ces configurations peuvent exister au sein d'un proton. Plus encore, un quark peut être composé de deux quarks et d'un antiquark » (Ibid., p.35-36).

Ce que Heisenberg remet en cause précisément c'est le concept de particule élémentaire. Sa réponse ultime à une situation aussi confuse a été de remplacer le concept de particule élémentaire par le concept de groupe fondamental de symétrie (Susan C.Hales, ibid.).

La vision de Heisenberg relève d'une tentative pour faire remplacer un concept classique, celui de la particule élémentaire, par un nouveau concept qui est le groupe fondamental de symétrie. Ce groupe est à la base de la théorie quantique des champs applicable à toute la physique des particules.

K. Shrader-Frechette a développé un argument (K. Shrader-Frechette [Sep., 1977] pp. 409-440) selon lequel la physique des hautes énergies a atteint un stade de crise et qu'un nouveau paradigme est désormais nécessaire. Cet argument est basé sur l'examen de deux évènements qu'on peut qualifier, en recourant à la terminologie de Thomas Kuhn, d'une révolution scientifique : l'ancien paradigme, celui de l'atomisme et de la particule n'est plus pertinent.

Il ne parvient plus à résoudre les problèmes posés par la recherche moderne en physique des particules. Celle-ci n'est plus, selon cet argument, une discipline consistante sur le plan interne. Ses difficultés sont devenues tellement importantes qu'une révision fondamentale de certains concepts est désormais nécessaire (ibid. p. 410).

Le premier indicateur de cette crise de l'atomisme est l'absence d'un critère clair pour la définition du caractère élémentaire des particules. Il n'y a plus de méthode précise pour définir une particule élémentaire. Les physiciens considèrent qu'une particule est élémentaire si elle n'est pas composée d'autres particules. « Mais alors pourquoi appelle-t-on le proton, l'électron, le photon, le neutrino et leurs antiparticules qui sont stables et ne se désintègrent pas, des particules élémentaires » (ibid. 414).

Par ailleurs, si une « particule fondamentale » est un nom-type d'entités partageant des caractéristiques communes, alors il est difficile de savoir pour quelle raison certaines entités sont des particules et d'autres non et pour quelle raison les particules élémentaires qui sont considérées comme telles ne partagent pas des caractéristiques communes (ibid.). Par exemple, il est difficile d'admettre une différence entre les particules et les « résonances ». La différence ne porte que sur les temps de désintégration. Les résonances se désintègrent rapidement en d'autres particules instables et sont représentés dans des pics de graphes des expériences (ibid. p. 415). Il y a également les particules virtuelles qui sont considérées comme des particules alors qu'elles sont émises à partir des particules réelles. Elles disparaissent avant même qu'elles soient absorbées.

Les lois de conservation ne permettent pas de définir le terme « particule élémentaire » en raison du fait que les particules élémentaires n'obéissent pas toutes à ces lois. Les particules qui appartiennent à la classe des fermions sont créées et annihilées en étroite relation avec des antiparticules appartenant à la même classe.

De même, les classes des baryons et des mésons (qui entrent en jeu dans les interactions fortes) sont supposées faire l'objet de la conservation de l'isospin 1, de la parité et de la parité de charge. Mais la classe des leptons n'obéissent pas à ces mêmes lois de conservation. De l'avis des physiciens, les particules qui entrent en jeu dans les interactions fortes violent la parité (ibid. p. 416).

On s'arrête à ces considérations en raison du fait que les autres raisons invoquées par Shrader-Frechette comme l'observabilité et les lois de conservation ne sont pas aussi pertinentes que le critère de définition et qu'une critique acerbe lui a été adressée par plusieurs philosophes des sciences en rapport avec ces considérations supplémentaires (R. E. Hendrick and Anthony Murphy [Sep., 1981], pp. 454-468).

En revenant à ce qui a été dit sur la révolution philosophique de la théorie de la relativité, il s'avère que les concepts les plus solides des théories de la physique sont susceptibles d'une remise en cause comme l'ont l'été déjà les concepts d'espace et de temps lors du passage de la théorie newtonienne à la théorie de la relativité.

Cette instabilité contraste avec la stabilité des postulats issus de l'expérience. Des concepts expérimentaux comme la fonction d'onde, le photon, l'intrication ne peuvent jamais être remis en cause car ils sont le produit d'une compréhension solide des données empiriques testées par l'expérience. Ici, la relation entre les hypothèses théoriques et les données empiriques immunise l'expérience d'une telle instabilité. En revanche, les concepts purement théoriques, abstraction faite de leur testabilité, peuvent être remis en cause. La raison à cette instabilité ou à cette faillibilité des concepts théoriques est la présence de notions purement métaphysiques et ontologiques que rien n'assure de leur réalité et de leur existence empirique.

On a un exemple significatif avec ce qu'on appelle la rupture entre la mécanique classique et la mécanique quantique. Les concepts théoriques le plus robustes de la mécanique classique ont été remis en cause par la physique des quanta. La physique classique repose selon Einstein sur quatre principes (Michael Esfeld p.7) :

a. Pas de localisation. Les systèmes physiques fondamentaux sont localisés en des points ou des régions arbitrairement petites de l'espace-temps. Ils possèdent toujours une position bien définie dans l'espace et dans le temps.
b. Séparabilité des systèmes : les systèmes physiques revendiquent une existence indépendante les uns des autres à condition qu'ils soient séparés spatialement.
c. Action locale

La mécanique quantique a marqué une rupture avec la mécanique classique en remettant en cause ces trois principes. Selon cette mécanique, il n'y a ni localisation (Ibid.., p. 143), ni séparabilité, ni individualité des systèmes quantiques (ibid).

Il y a même un fossé en matière d'ontologie entre la physique classique et la physique quantique. Selon cette dernière, on ne parle même plus de particule mais de système quantique, ce qui signifie qu'il n'existe plus d'individualité des systèmes quantiques. Certains philosophes parlent même d'absorption des concepts classiques par les théories quantiques. Les premiers deviennent des cas limites dans le cadre de la physique des systèmes macroscopiques. Les concepts quantiques restent applicables au monde microphysique à un niveau fondamental.

Le troisième aspect du faillibilisme théorique est l'essor des modèles : la physique théorique recourt fréquemment à des modèles formels qui sont souvent très abstraits. Mais en fait, les modèles ont envahi tous les secteurs de la science et de la technique. L'origine des modèles est enfouie dans l'histoire de la science. Mais ce qui est sûr c'est qu'ils sont des paradigmes qui sont très éloignés de la perception. Dans les modèles, l'expérience perceptive est remplacée par des systèmes de représentation qui sont soit de nature numérique, c'est-à-dire mathématique, soit inductive (c'est-à-dire des représentations très généralisées des phénomènes physiques étudiés).

Chaque modèle présuppose une correspondance avec la réalité ainsi qu'une certaine vérifiabilité à l'épreuve de l'expérience. On peut évaluer la relation des modèles avec la réalité en comparant ces outils avec la théorie et l'expérience perceptive.

Si la théorie peut être vraie ou fausse et l'expérience perceptive toujours vraie, le modèle n'est ni vrai ni faux. C'est seulement à partir de cette nature logique indécidable, qu'on peut comprendre l'utilité des modèles pour la science. Ce sont des instruments ou des ponts entre les théories et les expériences. Parce qu'entre ces deux composantes fondamentales de la science, il y a autre chose que la vérité ou la fausseté. Il y a des choses qui sont ni vraies, ni fausses mais qui sont nécessaires à l'intellectualisation de la science, c'est-à-dire à une compréhension plus profonde des phénomènes physiques.

Par exemple, les symétries ont été utilisées à profusion dans les sciences physiques, de la physique classique jusqu'à la physique des particules. De cette manière, la construction des modèles obéit un schéma de développement abstrait et essentiellement mathématique. Mais en suivant ce schéma, les modèles se situent en rupture avec la réalité physique.

C'est pour cette raison qu'Ian Hacking a remis en cause la réalité des lentilles gravitationnelles en évoquant l'utilisation fréquente de modèles pour étudier de telles entités astrophysiques. Malgré le caractère épistémique incertain des modèles, ceux-ci se sont développés et leur importance a été remarquée par des philosophes et des physiciens comme Helmholtz, Mach et Boltzmann.

Les motivations intellectuelles qui sont à l'origine des modèles sont bien expliquées par Mach qui y voit la nécessité d'établir une économie mentale afin de faire face à la grande variété des sensations et à la difficulté d'en faire l'inventaire. Pour Mach, il y a une telle instabilité et une telle variabilité dans la nature que la connaissance ne peut progresser que par une économie mentale. Celle-ci est matérialisée dans les modèles (Ernst Mach [1904], Jacques Gabay, [1987] p. 449).

Voici ce que Mach nous dit explicitement de ce processus : « Toute science se propose de remplacer et d'épargner les expériences à l'aide de la copie et de la figuration des faits dans la pensée. Cette copie est en effet plus maniable que l'expérience elle-même » (ibid..).

C'est dans cette digression de Mach qu'on peut voir la véritable nature du modèle. Celui-ci est non seulement antiréaliste, mais il possède en plus une valeur symbolique qui marque une rupture avec toute ontologie et ce, pour une raison simple : il joue un rôle majeur dans la mise en œuvre d'une économie mentale (Franck Varenne [août 2012] p. 145) sans pour autant qu'il acquière une dimension métaphysique.

Des philosophes comme Hesse et Cartwright confèrent aux modèles un autre rôle : ils jouent en fait le rôle de ponts entre une théorie et une autre ainsi qu'entre les processus de la découverte scientifique et les contextes de justification (Hesse, M.B. [1966]).

Un autre rôle des modèles a été révélé plus spécifiquement en physique des particules et qui peut être rapproché de celui qui a été mis en évidence par Mach puisque la fonction d'économie mentale relève en partie du besoin d'abstraction ressenti par les mathématiciens et qui se retrouve dans toutes les équations de la physique. Le rôle du formalisme mathématique dans l'élaboration des théories de la physique des particules a été reconnu par Dirac en 1931. Depuis cette date, ce formalisme s'est développé de manière considérable au point de devenir le socle des théories de la physique des particules.

On peut considérer alors que la physique des particules repose sur des modèles mathématiques ou physico-mathématiques qui se détachent de la réalité des entités physiques. Ces modèles aboutissent parfois au développement de concepts physiques très importants mais le doute subsiste autour de leur réalité. Par exemple, Dirac a postulé, à partir de 1930, l'existence d'une « mer » d'électrons qui remplit les états d'énergie négative conformément au principe d'exclusion de Pauli. Ce modèle de « mer des électrons » a été proposé afin de résoudre la difficulté de concevoir l'existence d'un électron stable étant donné que cette particule peut tomber d'un état d'énergie positif à un état d'énergie inférieure (Hesse, M.B. [1966]). La difficulté avec un tel modèle est qu'une telle mer de particules possède en principe une énergie infinie, ce qui jette le doute sur la réalité du modèle de Dirac.

Le recours aux modèles a été généralisé à l'électrodynamique quantique qui est une théorie quantique du champ. Le modèle abstrait qui est à la base de ces théories est la transformation de jauge. La transformation de jauge stipule qu'une invariance de symétrie implique l'existence d'une quantité conservée (Cushing James [1982] p. 40). Par exemple, en mécanique quantique, l'équation non-relativiste de Schrödinger reste invariante sous une transformation de phase de la fonction d'onde qui permet la conservation de la charge (ibid.). En suivant la logique d'économie de Mach on peut voir que le modèle de transformation de jauge a évolué vers plus d'abstraction en intégrant des aspects nouveaux mais en économisant les détails du phénomène qui peuvent être révélés par l'expérience. C'est ainsi que l'idée d'une invariance locale de jauge a été lancée (Weyl [1931]) (Cushing, p. 41).

Yang et Mills ont élaboré une théorie de symétrie générale de groupe en utilisant ces champs locaux de jauge. Toutefois, étant donné qu'il a été associé à chaque champ de jauge, une particule sans masse de spin-1, exactement de la même manière que le potentiel électromagnétique est associé à un photon, le nombre de particules sans masse est devenu théoriquement trop important, chose impossible à confirmer expérimentalement (ibid.). Le modèle de Yang Mills est resté inutilisable jusqu'à l'élaboration de la théorie électrofaible. En 1960, Weinberg et Salam ont combiné le modèle de Yang-Mills avec le mécanisme de Higgs afin de créer une théorie qui unifie l'électromagnétisme avec la force faible (ibid., p.43).

Ainsi, les modèles qui sont des outils d'abstraction de nature mathématique dont l'utilisation est très commode dans les processus d'élaboration des théories ont été recyclés afin de bâtir des théories qui ressemblent aux théories antérieures mais qui sont plus robustes. Toutefois, les processus sous-jacents à l'utilisation de ces modèles sont complexes. On peut néanmoins y distinguer les faiblesses épistémologiques suivantes :

- Certains modèles restent inutilisables et leur recyclage est très hypothétique. Ils ne sont pas élaborés à partir des complexes de données empiriques fournies par l'expérience comme l'aurait entendu Mach. Ils introduisent ainsi un processus très incertain et même chaotique dans l'évolution de la physique des particules.

- Le formalisme qui est à la base de ces modèles provoque l'apparition de véritables paradoxes mathématiques comme le fameux problème des infinis, lequel n'a été résolu que par un artifice purement mathématique et peu fiable (la renormalisation). Ce genre de paradoxes apparaissent à chaque étape de la physique des particules (électrodynamique quantique, mécanisme de Higgs, théorie électrofaible).

- Les modèles ne sont utiles que lorsque les expériences sont possibles. Les théories qui les intègrent révèlent des aspects empiriques qui peuvent être confirmés par l'expérience. Mais ce processus déductif n'est pas toujours vérifié. Par exemple, les modèles élaborés dans le cadre des travaux théoriques sur les supercordes ou les twistors n'ont pas connu le même destin et demeurent dans une incertitude durable.

- Les modèles ne sont pas réalistes dans une large mesure. Malgré les efforts de Boltzmann visant à rendre possible une visualisation des modèles, il n'en demeure pas moins vrai qu'il n'y a aucune garantie que ces constructions soient vraies. Aucune autre signification ne peut être assignée que celle prévue par les théories elles-mêmes.

Après cet examen de la discontinuité théorique de la physique quantique, il devient évident que le réalisme des théories n'est plus pertinent. En revanche, lorsque nous forgeant une conviction sur la réalité des entités en recourant à leur manipulation par l'ingénierie scientifique pour intervenir sur d'autres phénomènes physiques, cette conviction est maintenue lorsque les théories qui les décrivent changent dans le temps.

Plusieurs théories sur la nature de l'électron ont évolué et ont changé considérablement (corpuscule de Thomson, particule de Bohr, onde de Broglie, nuage de probabilité de Born et Jordan) depuis que J.Thompson ait suggéré que les « rayons cathodiques » sur lesquels il a effectué des expériences en 1897 sont composés d'un faisceau de particules. Mais l'entité elle-même l'électron a toujours sa place dans la théorie actuelle grâce à l'expérimentation. Le réalisme des entités de Hacking et plus généralement toutes les écoles de pensée sur le réalisme des entités sont un refuge pour le réaliste pour faire face à la discontinuité historique de la science (Chakravartty [2007] p. 31).

Notre analyse des relations entre théorie et expérience a permis d'apporter un éclairage sur le rôle singulier, inductif et cognitif de l'expérience en le distinguant nettement de la théorie. L'expérience a une vie et un champ propre qui lui permettent de se démarquer de la théorie. Les conséquences de cette situation sont nombreuses : parmi celles qui sont les plus importantes, il y a la pertinence de la notion d'expérience cruciale. Dans l'histoire de la physique, les expériences cruciales sont des catalyseurs puissants des découvertes scientifiques.

Une autre conséquence importante à laquelle nous avons abouti est le dévoilement du mythe de l'holisme qui est un corollaire de la relation métaphysique entre la théorie et l'expérience. Il y a bien une unité de la science et une certaine harmonie entre les théories elles-mêmes et entre les théories et les expériences. Mais les concepts et les hypothèses théoriques sont confrontés directement et mises à l'épreuve de données empiriques précises. En l'absence d'une telle confrontation directe, la science deviendra une simple et stérile spéculation métaphysique. L'holisme est le pire ennemi de l'individualisation d'une réalité expérimentale distincte de la théorie. Son dépassement permettra de mettre en évidence toute la richesse cognitive et inductive de l'expérience. Par conséquent, nous pouvons ériger un principe qui reflète la richesse épistémologique et logique de l'expérience que nous appelons « maturité » et « générosité » de l'expérience.

Chapitre VI
Le problème de l'ontologie en physique : un problème récent en philosophie des sciences

La question de l'ontologie en physique se situe durant la période récente au cœur des débats sur la philosophie des sciences contemporaine. Elle est étroitement liée à la métaphysique des sciences. Au-delà de la globalité de cette question, elle devient un argument solide pour voir en l'expérience le seul moyen de prouver que les entités physiques inobservables sont réelles. On a déjà énoncé le principe de « générosité » et de « maturité » de l'expérience qui nous permet de trouver une issue aux difficultés persistances de trouver une théorie satisfaisante sur l'ontologie des entités physiques. Il existe aujourd'hui de réelles incertitudes inhérentes aux concepts de particule et de champ quantiques depuis le développement de la mécanique quantique des champs qui ouvrent la voie au réalisme des entités et au concept de manipulation.

On ne sait plus vraiment ce que sont les particules et les champs quantiques. Tout ce qu'on peut faire pour admettre la réalité de ces entités, est de manipuler les propriétés physiques de ces entités. Par exemple, la question ontologique de la mécanique quantique des champs n'a pas été directement abordée par Hacking dans le cadre du réalisme des entités. Mais elle est tacitement évoquée dans son œuvre. Il en fait une référence directe lorsqu'il affirme « Ce qui existe….c'est une famille de propriétés causales dans les termes servent aux expérimentateurs de talent à décrire et à déployer les électrons pour étudier quelque chose d'autre » (Hacking, [1983] p.434) Il rappelle que nous savons beaucoup de choses sur les électrons par exemple et ce sont des connaissances qui ne sont pas affectées par la nature ontologique de telles entités physiques au point où il « importe peu que ces les électrons soient des nuages, des ondes ou des particules » (Hacking, ibid..).

Voyons maintenant ces incertitudes de manière précise : l'un des piliers de la physique moderne est la mécanique quantique des champs. Les physiciens l'ont élaborée entre la fin des années 1920 et le début des années 1950 en fusionnant la mécanique quantique et la théorie de la relativité restreinte d'Einstein.

La théorie quantique des champs (QFT) est une théorie possédant des modèles quantiques de systèmes qui ont un nombre très grand de degrés de liberté. Elle est à la base du modèle standard de la physique des particules. Cette théorie est très utile pour calculer les résultats des collisions entre particules et les débuts de l'univers. Cette théorie est également utilisée dans l'étude de la supraconductivité et bien d'autres phénomènes physiques.

Malgré ses succès, la mécanique quantique des champs soulève des difficultés d'interprétation des notions de particule et de champ qui sont héritées de la physique classique. Tout d'abord, la distinction entre les deux entités, à savoir les particules et les champs, est artificielle au sein même du cadre conceptuel de la théorie car celle-ci associe à chaque particule un champ. Par exemple, il y un champ électronique pour l'électron, un champ pour chaque quark, etc. Il y a également des particules pour chaque type de champ. Par exemple, le photon est la particule associée au champ électromagnétique [Kuhlmann [2013]).

Ainsi, les physiciens ne sont pas tombés d'accord sur l'entité la plus fondamentale du monde quantique. Certains réclament une théorie quantique basée sur la notion de champ et d'autres revendiquent les particules comme les entités fondamentales de la théorie (ibid.). Il n'y pas donc de consensus sur les notions théoriques de la mécanique quantique des champs. L'incertitude qui règne dans le vocabulaire qui décrit le monde quantique est un obstacle à un développement futur de la mécanique quantique des champs, un développement qui serait marqué notamment par l'unification de la compréhension des forces de la nature.

Par ailleurs, les notions classiques inhérentes aux particules et aux champs ne sont pas compatibles avec la mécanique quantique des champs. Ainsi, les particules décrites par cette théorie n'ont pas les caractéristiques d'entités individualisées et localisées comme le sont les entités de la physique classique (ibid.). Elles n'ont pas de position bien définie et ne possèdent pas de trajectoire.

Avant même l'unification de la mécanique quantique et de la théorie de la relativité restreinte, la notion de particule suscitait un certain nombre de difficultés théoriques.

Par exemple, si la charge d'une particule classique est concentrée dans un point, une quantité infinie d'énergie est alors stockée dans cette particule étant donné que les forces de répulsion électriques deviennent infinies lorsque deux charges du même signe sont forcées à se rapprocher l'une de l'autre. Ce qui est appelé l'énergie propre d'une particule a une valeur infinie.

La fusion entre la mécanique quantique et la théorie de la relativité restreinte a rendu la notion classique de particule encore plus problématique. Les particules sont devenues insaisissables et énigmatiques. Un groupe de physiciens dont les plus illustres sont Dirac (1928), Feynman et Weinberg (1987), et Wald (1994) a tiré un enseignement important à partir de ce constat d'échec concernant la notion de particule en réclamant une approche basée sur la notion de champ. Mais là encore, le champ quantique n'a rien à voir avec le champ classique. Tandis que le champ classique permet de visualiser des phénomènes tels la lumière comme des ondes se propageant dans l'espace, le champ quantique est une expression mathématique qui permet de calculer les probabilités des résultats d'une mesure. Ces difficultés incitent à ne plus voir le cadre conceptuel lié aux notions de particule et de champ comme pertinent pour la mécanique quantique des champs ni comme utilisable ou indispensable pour l'interprétation des résultats des expériences de physique quantique.

L'unc des tentatives fructueuses mais radicales pour résoudre ces difficultés est le réalisme structurel, selon lequel ce ne sont pas les objets eux-mêmes qui existent mais les relations et les propriétés (ibid.). La connaissance directe des entités quantiques est impossible selon cette conception. Mais ce type de réalisme n'est qu'une étape vers la reconnaissance du fait que les entités quantiques ne correspondent pas à ce que décrit la mécanique quantique des champs puisqu'il renonce à décrire les entités quantiques comme des particules ou des champs et se contente de ne retenir que les relations entre ces entités en faisant abstraction de toute interprétation théorique.

La difficulté de se contenter du réalisme structurel qui ne permet pas d'apporter une réponse définitive au problème de la pertinence des deux options : l'une qui est basée sur la notion de particule et l'autre repose uniquement sur la notion de champ, nous pousse à faire un choix entre trois alternatives.

Dans la mesure où les concepts quantiques sont des concepts difficiles à interpréter en tenant compte des notions classiques, nous sommes obligés soit de conceptualiser différemment les objets quantiques, soit de renoncer à leur existence mais uniquement dans la théorie, soit de trouver des notions qui ont peu à voir avec les notions classiques de particule et de champ. La seule chose dont nous sommes sûrs et que l'entité quantique est un ensemble de propriétés physiques (masse, spin, position, polarisation).

Nous pouvons dès lors songer à une nouvelle option en partant de ce dernier constat sur l'entité quantique : tout ce que nous pouvons faire est de manipuler ces propriétés quantiques et exploiter des informations à partir de cette manipulation. C'est d'ailleurs ce qui se passe quotidiennement dans les laboratoires de physique.

Dans un premier temps, nous présenterons quelques-uns des enseignements philosophiques de la mécanique quantique des champs, afin de montrer que les notions classiques de particule et de champ ne concordent pas avec ce que décrit cette théorie. Ensuite, nous proposerons notre approche, qui s'appuie sur le réalisme des entités et plus particulièrement sur le concept de manipulation des propriétés de l'entité quantique. Cette approche a le mérite de contourner l'impasse à laquelle ont conduit les notions classiques de particule et de champs. La manipulation et l'intervention agissent sur l'entité quantique conçue comme un faisceau de propriétés physiques qui peut prendre la forme d'un système quantique dont la formalisation mathématique est familière en mécanique quantique des champs.

Les difficultés d'interprétation de la notion classique de particule en mécanique quantique des champs

Dans cette section, nous présenterons les difficultés inhérentes à l'interprétation de la notion classique de particule dans le cadre de la mécanique quantique des champs. La notion de particule classique a été la notion putative la plus critiquée notamment par des physiciens comme Dirac (1928), Feynman et Weinberg (1987), et Wald (1994) ainsi que par des philosophes comme Malament (1996), Halvorson et Clifton (2002) et Fraser (2008).

Nous allons rappeler les arguments les plus généraux sur l'inapplicabilité de la notion classique de particule pour la mécanique quantique des champs sans entrer dans le détail des discussions philosophiques.

Ces arguments concernent dans l'ordre : l'absence d'un critère clair permettant de distinguer entre les particules et d'autres entités de la mécanique quantique des champs comme les particules virtuelles, les résonances, voire même le vide quantique; l'absence d'individualité; l'absence de localisation des entités quantiques; la difficulté de les compter et enfin la dépendance de la notion de particule quantique et relativiste de l'observateur (mécanique quantique des champs), une dépendance qui remet en cause la notion de particule classique. Cette constatation est bien reflétée dans ce qu'on appelle l'effet Unruh, du nom du physicien William Unruh de l'Université de Colombie qui l'a découvert en 1976.

Il n'existe pas de méthode précise permettant de définir une particule en mécanique quantique des champs. Comme il a été déjà rappelé, si une « particule fondamentale » est un concept-type d'entités partageant des caractéristiques communes (K. Shrader-Frechette [1977]), alors il est difficile de savoir pour quelle raison certaines entités sont des particules et d'autres pas et pour quelle raison les particules qui sont considérées comme telles ne partagent pas des caractéristiques communes (Dirac [1927]). Par exemple, il est difficile d'admettre une quelconque différence entre les particules et les résonances.

Une résonance correspond à un pic situé autour d'une certaine énergie trouvée dans les sections efficaces différentielles des expériences de diffusion. La différence entre une particule est une résonance ne porte que sur les temps de désintégration. Les résonances se désintègrent rapidement en donnant naissance à d'autres particules instables et sont observées dans des pics de graphes. Par ailleurs, on ne sait pas pourquoi les particules virtuelles qui sont émises à partir des particules réelles puis sont absorbées sans qu'elles soient observées directement sont considérées comme des particules. On affirme qu'elles sont juste nécessaires pour justifier la validité des lois de conservation (K. Shrader-Frechette [1977]).

La difficulté d'identifier une particule réelle et de la distinguer d'une particule virtuelle ou d'une entité aussi difficile à identifier que la « résonance » renvoie à la dilution de la notion de particule classique en mécanique quantique des champs. Il semble également qu'il est très difficile de distinguer le vide quantique d'un état quantique composé de *n* particules.

Un vide est par définition un état à zéro particule. Mais la théorie quantique des champs prédit qu'un détecteur placé dans le vide enregistre tout de même une activité [Kuhlmann [2013]). L'état du vide | 0> est l'énergie de base d'un état. C'est la valeur la plus faible de l'opérateur de l'énergie. Selon la mécanique quantique non-relativiste, l'état de base, c'est-à-dire l'oscillateur harmonique, n'est pas zéro, contrairement à son équivalent en mécanique classique. On serait plus étonné encore si on voit que le vide relativiste de la mécanique quantique des champs possède une caractéristique supplémentaire : les valeurs enregistrées de plusieurs quantités du vide ne disparaissent pas (Redhead [1995]). Une question alors se pose : qu'est ce qui permet à ces quantités de posséder de telles valeurs si le vide est considéré comme un état à zéro particule ? Si les particules sont les objets de base de la mécanique quantique des champs, comment il est alors possible qu'un phénomène physique existe dans ce vide si on suppose que dans le vide rien n'existe selon la conception classique de la notion de particule (Unruh, W. G., 1976) ? Le cas du vide quantique est vraiment un obstacle à la compréhension de la notion classique de particule. Les entités les plus fondamentales de la théorie quantique des champs ne se comportent pas du tout comme des particules de la physique classique car elles n'ont rien à voir avec des particules au sens classique du terme.

L'absence d'individualité des entités quantiques

Une particule classique est un individu localisé dans l'espace et le temps et possède un caractère discret (Michael Esfeld, 2009). Toutefois, le recours au concept classique de particule en tenant compte de ces caractéristiques a fait l'objet d'un questionnement de plus en plus controversé chez les physiciens et philosophes qui ont soulevé un certain nombre d'arguments physiques et philosophiques qui les incitent à ne plus voir l'entité quantique comme une particule au sens classique du terme.

L'argument selon lequel les entités de la physique quantique ne sont pas considérées comme des individus a comme point de départ la remarque générale suivante : les particules du même genre (comme les électrons) peuvent être considérées comme ne pouvant être discernables dans le sens où elles possèdent les mêmes propriétés (masse, charge, spin).

Afin de comprendre cette notion d'indiscernabilité, il convient de préciser que dans les représentations de particules, un système de *n* particules (disons particules X et Y) est décrit par une superposition des produits des états qui représentent une seule particule de l'espace de Hilbert H. A première vue, ces états représentent des particules individuées. Mais la statistique quantique a montré que des systèmes qui présentent X dans un état xi et Y dans un état yi ainsi que des systèmes qui présentent Y dans un état xi et X dans un état yi peuvent en fait être considérées comme un seul état (Andreas Bartels, 1999). Ceci peut s'expliquer de la manière suivante : en statistique quantique, il n'est pas possible d'assigner les états d'une seule particule à des particules individuelles de l'état à *n* particules. Il n'est donc pas possible de distinguer les particules par leurs états.

Si on compare entre les particules discernables et les particules indiscernables, on peut comprendre toute la différence entre la statistique classique et la statistique quantique : les particules discernables correspondent au cas de particules que l'on peut désigner ou pour utiliser un jargon technique « indexer ». C'est par exemple le cas de particules situées aux nœuds d'un réseau cristallin. Dans ce cas, l'état du système est décrit par la donnée de l'état de chaque particule située à chaque nœud du réseau. C'est une liste ordonnée de N états individuels ou l'ordre est fixé par l'indexation des nœuds du réseau. Ainsi un état (λ1, λ2, . . . , λN) est différent d'un état (λ2, λ1, . . . , λN). Dans le cas de particules indiscernables, il n'est pas possible d'indexer les particules. Un état est toujours défini par la donnée de N états individuels, mais il n'est plus possible d'attribuer chaque état individuel à une particule bien déterminée[27]. Cette liste n'est plus ordonnée. Ainsi on peut écrire (λ1, λ2, . . . , λN) = (λ2, λ1, . . . , λN).

Etant donné une telle caractéristique de la statistique quantique (l'impossibilité de distinguer entre les assignements des propriétés aux particules), l'espace de Fock qui est à la base du formalisme de la mécanique quantique des champs n'autorise que des descriptions d'états symétriques et antisymétriques en tant que représentations des états quantiques.

Par conséquent, les entités quantiques comme les électrons ou les photons ne sont pas individualisés dans l'espace-temps. Ils ne sont que des propriétés de l'ensemble du système quantique.

[27] Statistiques quantiques. Limite classique *http://paristech.institutoptique.fr/site.*

Dans la mesure où le formalisme de Fock ne permet pas de déterminer quelles sont les particules qui ont telles ou telles propriétés mais seulement les propriétés possédées par un système physique dans son ensemble, l'idée d'une particule dotée d'une propriété d'individualité est remise en cause. L'indiscernabilité des particules permet de comprendre le fait qu'il n'est pas possible d'assigner les états d'une seule particule à des particules individuelles.

L'absence de localisation des entités quantiques

Les entités quantiques ne possèdent pas non plus de trajectoires spatio-temporelles précises en raison des relations d'indétermination de Heisenberg. Ces entités n'ont pas, par ailleurs, de moment cinétique précis qui permet de définir une trajectoire précise. Selon ces relations, un système subit des fluctuations quantiques qui limitent la précision avec laquelle on détermine la valeur d'une grandeur comme la position d'une particule. L'image d'une particule quantique la plus récente que nous donne la mécanique quantique des champs et celle d'un nuage dont la taille correspond à celle de l'atome. Ce nuage est une représentation de la fonction d'onde qui est une fonction de la position et du temps dont le carré du module détermine la probabilité de trouver la particule en un endroit précis. Il convient aussi de souligner que les traces de particules observées dans les plaques photographiques des chambres de Wilson semblent confirmer l'existence des particules. Toutefois, ce que l'on voit vraiment est une succession de bulles qu'il est difficile de relier (Kuhlmann [2013]). Mais comment en fait fonctionne une chambre à bulles ?

L'aspect d'une trace laissée dans la chambre de Wilson par une particule est proportionnel a z^2/v^2 (équation de Bethe) où *z* est la charge électrique de la particule et *v* sa vitesse. Plus une particule est lente et plus elle créera d'ions dans la matière, et donc sa trace sera constituée de nombreuses gouttelettes. Les traces sont donc des approximations qu'il est très difficile de qualifier de trajectoires.

Il est en fait impossible de relier les gouttelettes qui se forment dans la chambre de Wilson qui ne prouvent aucunement qu'il existe une trajectoire d'une particule chargée. Il existe un processus physique qui entraine la formation des gouttelettes (les ions créés grâce à la perte d'énergie de la particule font former des gouttelettes). Par conséquent, ces bulles ne permettent pas de visualiser les particules nucléaires elles-mêmes mais seulement un processus physique qui résulte de leur passage dans la chambre de Wilson.

Les particules restent donc insaisissables et rien ne permet de visualiser leur trajectoire. Selon les postulats de la mécanique quantique des champs, ils n'ont même de position bien définie. Il y a par conséquent un problème de localisation des entités quantiques.

D'ailleurs, la mécanique quantique des champs nous montre que les particules quantiques, lesquelles se comportent selon les principes de la théorie de la relativité, ne peuvent être localisées dans aucune région de l'espace-temps (ibid.).

Le formalisme de la mécanique quantique confirme cet état de fait : en théorie non-relativiste, nous supposons que les positions des particules qui sont observées sont des états qui ne disparaissent pas dans des régions arbitrairement petites de l'espace-temps. Ce qui est mesuré, ce sont des projections qui permettent de définir un opérateur de position ou un sous-espace de l'espace de Hilbert.

En mécanique quantique relativiste, tout cela est remis en cause : il n'y a pas de projections d'états localisés qui se transforment de manière covariante. Il n'y a pas, non plus, d'opérateur de position covariant.

Si l'entité quantique perd sa propriété de localisation, elle ne peut pas être définie comme une particule. Malament (Malament [1996] pp. 1-10) a formulé un théorème qui reflète très bien la situation particulière prédite par la théorie quantique relativiste : une probabilité nulle de trouver une particule dans une quelconque région de l'espace. Il a énoncé quatre conditions, à savoir la covariance de translation, l'énergie, la localisation et la localité (ibid.). La condition de localité est la condition la plus importante. Elle stipule que les statistiques d'une mesure dans une seule région de l'espace-temps ne dépendent pas du fait qu'une mesure ait été effectuée ou non dans une autre région de l'espace-temps. Ce théorème montre l'existence d'un monde dépourvu de particules ou du moins de particules qui ne seront jamais détectées (ibid.).

Dans la mécanique quantique des champs, la localisation des entités quantiques dépend du point de vue de l'observateur. Supposons qu'une particule soit localisée dans un endroit précis, un observateur qui regarde cet endroit en passant devant, pourrait voir cette particule diluée sur l'Univers entier. Ce qui est localisé pour un observateur et délocalisé pour un autre observateur. Cet état de fait remet en cause la notion de localisation (Kuhlmann [2013]). Le rôle de l'observateur est crucial, ce qui relativise la localisation d'une particule.

On va voir dans ce qui suit un cas encore plus révolutionnaire qui remet en cause la notion de particule localisée dans l'espace-temps. Ce cas est ce qu'on nomme l'effet Unruh (Unruh, W. G. and R. M. Wald, 1984). Un observateur en mouvement uniformément accéléré observera un rayonnement de corps noir (un bain de particules), là où un observateur dans un référentiel inertiel (au repos) n'en verra pas. Autrement dit, l'observateur en mouvement uniformément accéléré se retrouvera dans un environnement chaud à une température T (ibid.).

Un tel changement de référence contredit le principe selon lequel le nombre de particules doit rester invariant sous des transformations du référentiel. L'effet Unruh représente par conséquent un obstacle qui obscurcit davantage la notion classique de particule dans la mécanique quantique des champs.

La remise en cause du comptage des particules quantiques

Par ailleurs, Reeh, Schlieder, Hegerfeldt, Malament et Redhead ont obtenu des résultats mathématiques dans le cadre d'un théorème qui démontre que certaines suppositions considérées jusqu'alors comme essentielles pour le concept de particule aboutissent en vérité à des contradictions. La supposition la plus importante qui est concernée par ce théorème est le comptage des particules. Selon le théorème de Reeh-Schlieder (Reeh, H. and S. Schlieder, [1961]), la mesure effectuée sur l'état d'un système quantique ne permet pas de distinguer entre un état à n-particules et l'état du vide. Redhead (Redhead, M. L. G. [1995] p.88-89) utilise ce théorème pour démontrer qu'une mesure locale ne permet pas de déterminer si on observe un état à n-particules étant donné que l'opérateur de projection qui correspond à l'état à n-particules ne peut jamais devenir un élément valide dans la formulation de l'algèbre décrivant le système quantique. L'une de ses conséquences est qu'on ne peut pas distinguer entre un état à n-particules et le vide, ce qui remet en cause toute possibilité de comptage des particules (Kuhlmann [2013]).

On a vu à travers tous les arguments déjà évoqués que la notion classique de particule ne recouvre rien qui permet de qualifier les entités quantiques de particules. Certains voient dans cette impasse une raison suffisante pour adopter une interprétation de la théorie quantique des champs basée uniquement sur la notion de champ.

La première question qu'on va examiner est de savoir en quel sens la notion de champ quantique se rapproche de la notion de champ classique. Ensuite, nous présenterons les différentes approches qui ont tenté une interprétation de la notion de champ quantique. On verra ainsi si ces approches parviennent à édifier une théorie cohérente et facilement interprétable du champ quantique en le rapprochant de la notion de champ classique qui est la seule alternative pour rendre l'interprétation de la notion de champ quantique acceptable.

La comparaison entre la notion de champ quantique et la notion de champ classique

La notion classique de champ prévoit que les entités quantiques sont des ondulations d'un champ qui emplit l'espace comme un fluide invisible. Une particule classique peut être décrite par sa position x(t) et son impulsion p(t) qui varient dans le temps. Il y a six degrés de liberté pour le mouvement d'une particule, qui correspondent aux trois coordonnées de la position de la particule et aux trois coordonnées pour son impulsion. Dans le cas d'un champ classique, il y a une valeur indépendante pour chaque point x dans l'espace qui varie dans le temps. La valeur du champ peut être scalaire (comme la température) ou vectorielle (comme c'est le cas du champ électromagnétique). Par conséquent, un champ est dépendant du temps qui détermine la valeur d'un champ ϕ (x, t) à partir de chaque point de l'espace. L'idée sous-jacente à cette représentation du champ est la possibilité d'attribuer des propriétés physiques comme l'énergie et le moment cinétique à un champ physique en l'absence de toute matière (Kuhlmann [2013]).

Le passage de la notion de champ classique à la notion de champ quantique est caractérisé par l'existence d'un opérateur d'un champ quantique pour lequel des relations canoniques de commutation sont valables. Cet opérateur dépend de l'espace et du temps. Un opérateur est une opération mathématique qui transforme une fonction φ (x) en une autre fonction f(x) (ibid.). A chaque grandeur mesurable, il y a un opérateur qu'on appelle hermitien. Toutefois, un champ quantique fait correspondre à chaque point de l'espace-temps non pas une quantité physique mais une entité mathématique abstraite qui représente le type de mesure que l'on peut effectuer plutôt que le résultat que l'on obtiendrait (ibid.).

Ce type de mesure est le résultat de la combinaison entre un opérateur (une entité mathématique variant dans l'espace et dans le temps) et une autre entité mathématique, le vecteur d'état décrivant le système dans son ensemble. Pour obtenir l'énergie pour un état |Ψ> on doit appliquer l'opérateur au vecteur d'état qui représente sa configuration d'ensemble pour calculer les valeurs moyennes des mesures effectuées sur le système (ibid.).

La seule analogie qui existe entre le champ classique et le champ quantique repose sur le fait que les valeurs des champs sont attribuées aux points de l'espace-temps. Ces valeurs sont des nombres réels dans le cas d'un champ classique. Ils sont des opérateurs dans le cas d'un champ quantique (ibid..).

Les opérateurs sont des outils mathématique qui ne permettent pas de visualiser un phénomène physique comme une onde se propageant dans l'espace et ne désignent pas des quantités physiques bien définies, d'où la difficulté d'interpréter la notion classique de champ dans le cadre de la mécanique quantique des champs et de la représenter en une entité physique réelle.

Teller (Teller [1995]) a affirmé à ce propos que le concept de champ quantique est une « perversion » du concept de champ classique étant donné qu'aucune valeur physique n'est assignée aux points de l'espace-temps du champ quantique. Les opérateurs du champ quantique représentent l'éventail des valeurs possibles. Il n'y a selon lui que l'attribution de valeurs définies aux observables du champ dans tous les points de l'espace-temps qui peuvent être considérées comme décrivant un champ physique réel (Teller [2002] in M. Kuhlmann, H. Lyre and A. Wayne (eds.), *Ontological Aspects of Quantum Field Theory* pp. 145–164).

Cette incertitude théorique a incité les philosophes et les physiciens à développer de nouvelles approches permettant une interprétation satisfaisante de la notion de champ en mécanique quantique des champs. Leurs efforts peuvent être considérés comme une tentative de sauver la seule notion héritée de la mécanique classique étant donné les nombreuses critiques dont a fait l'objet la notion de particule.

Il y a deux approches pour l'interprétation du champ dans la mécanique quantique des champs qui aboutissement *in fine* au constat selon lequel le champ quantique ne semble plus comparable à la notion classique de champ physique.

On a l'interprétation basée sur la valeur moyenne du vide (VEV) qui a été développée par Wayne (2002) et qui repose sur un théorème élaboré par Wightman (Wightman, A. S., [1956] p. 860–66). Selon cette approche, toute l'information stockée dans les opérateurs du champ quantique peut être décrite par une hiérarchie infinie de valeurs moyennes de *n* points du vide, en d'autres termes, les valeurs moyennes du produit de tous les opérateurs du champ quantique pour *n* points de l'espace-temps calculées pour l'état du vide (ibid.).

Wayne a exploité le théorème de Wightman en affirmant que l'attribution des opérateurs du champ quantique à tous les points de l'espace-temps constitue en fait une configuration du champ pour l'état du vide même si ce n'est pas l'état réel (Wayne, Andrew [2002] 127–133). Même si cette interprétation démontre qu'il y a beaucoup plus d'informations contenues dans les opérateurs du champ, il n'en demeure pas moins vrai qu'ils ne reflètent pas la configuration d'un véritable champ physique.

La proposition la plus prometteuse et la plus débattue actuellement est intitulée l'interprétation fonctionnelle des ondes *Wave functional interpretation* (Hugget [2003], Halvorson et Müger [2007], Baker [2009] et Lupher [2010]). L'idée de base de cette approche est l'interprétation du champ quantifié de manière analogue aux états quantifiés d'une seule particule étant donné que les deux types d'entités mettent en évidence les mêmes résultats des relations canoniques de commutation sur les opérateurs des quantités classiques.

L'état d'une particule quantique peut être décrit par une fonction d'onde Ψ (x) qui détermine les positions de la particule selon des amplitudes de probabilité $|\Psi$ (x)$|$2 qui peuvent être interprétées comme étant la probabilité de trouver la particule à la position x (ibid.). Cette approche renforce l'analogie entre la particule et le champ de la manière suivante : comme les particules quantiques sont décrites par une fonction qui attribue des amplitudes de probabilité sur la mesure de la particule à la position x, les champs quantiques peuvent être définis en termes d'ondes fonctionnelles qui transforment les fonctions en nombres, à savoir les configurations du champ classique en amplitudes de probabilité (Lupher, T. [2010] 155–173). Ces configurations peuvent être interprétées en tant que probabilités pour un système de champ quantique d'être trouvé dans une configuration particulière lorsqu'il est mesuré (ibid.).

Par conséquent, et de manière analogue à l'état quantique d'une particule dans le cadre de la mécanique quantique qui est interprétée comme une superposition d'états localisés d'une particule classique, l'état du système de champ quantique peut être interprété comme étant une superposition de configurations du champ classique (approche des fonctions d'onde) et ce, abstraction faite de la signification sous-jacente des superpositions qui dépendent d'une interprétation globale des probabilités quantiques (effondrement de la fonction d'onde, variables cachées de Bohm ou les branches des mondes multiples de Everett) (ibid.).

Mais cette approche est confrontée à deux problèmes : le premier est le peu d'intérêt des spécialistes de la mécanique quantique des champs à mesurer les configurations du champ quantique. Le deuxième problème a été soulevé par Baker (Baker [2009]) : l'interprétation des fonctions d'onde a connu un succès en raison du fait que l'espace des fonctions d'onde est équivalent (dans un sens mathématique) à l'espace de Fock qui représente les états quantiques comme des configurations de particules.

La conséquence de cette convergence mathématique entre l'espace de Fock et l'espace des fonctions d'onde est la possibilité d'exploiter les arguments utilisés à l'encontre de l'interprétation des particules pour remettre en cause l'interprétation des champs (ibid.).

Que tirer de ces arguments sur les caractéristiques des notions particules et des champs en mécanique quantique des champs ?

En définitive, ces arguments démontrent que l'interprétation basée sur les champs n'est pas une alternative valable à la notion de particule. Si la notion classique de particule est inapplicable à une interprétation des entités de la mécanique quantique des champs, il en est de même pour le concept de champ. Il n'existe pas d'autres notions dont l'interprétation permet une interprétation satisfaisante des entités quantiques. Il y a deux genres de difficultés qui entravent la notion de champ quantique : le premier est lié au fait que la notion de champ quantique est une « perversion » de la notion de champ classique étant donné qu'un champ quantique fait correspondre à chaque point de l'espace-temps non pas une quantité physique mais une entité mathématique abstraite qui représente le type de mesure que l'on peut effectuer.

Le deuxième écueil est lié à l'approche la plus élaborée à ce jour qui est l'interprétation fonctionnelle des ondes. Celle-ci ne parvient pas à consolider la notion de champ quantique en raison de l'équivalence mathématique entre l'espace de la fonction d'onde (valable pour le champ quantique) et l'espace de Fock (valable pour la notion de particule). Cette équivalence signifie la généralisation à cette nouvelle interprétation de la notion de champ de tous les arguments utilisés à l'encontre de la notion de particule.

La notion de particule suscite des difficultés insurmontables en matière d'interprétation si on retient les caractéristiques de la notion classique de particule. Il n'est pas facile de croire que l'univers soit composé de particules si on stipule que la localisation, l'individualité et le comptage sont des éléments importants étroitement liés au concept de particule. Les entités les plus fondamentales de la théorie quantique des champs ne se comportent pas du tout comme des particules de la physique classique car elles n'ont rien à voir avec des particules au sens classique du terme.

Les problèmes posés par l'utilisation des concepts de particule et de champ nous incitent à reparler du réalisme des entités. Hacking plaide en faveur du réalisme des entités selon lequel nous sommes forcés de croire en l'existence des entités que nous « manipulons » dans une expérience. Selon ses termes « faire des expériences sur une entité ne nous oblige pas à croire à son existence. Mais la manipuler, dans le cadre d'une expérience par exemple, vous y contraint. » (Hacking [1983]). Les scientifiques sont en mesure de manipuler des entités dans le but d'intervenir pour agir sur d'autres entités de la nature en utilisant ces entités comme des outils de la recherche scientifique et en exploitant leurs propriétés causales. C'est à cette condition que l'existence de ces entités est révélée comme réelle. Ce changement de statut d'une entité conjecturale pour devenir une entité réelle permet d'expliquer les succès de l'expérimentation pour certaines entités du monde subatomique comme les électrons, les quarks, les neutrinos mais pas pour d'autres entités qui demeurent conjecturales (ibid.).

Le travail expérimental fournit ainsi le meilleur argument en faveur du réalisme scientifique. Non pas en raison du fait que nous testons des hypothèses concernant les entités, mais plutôt du fait que les entités qui ne sont pas en principe « observées » sont régulièrement manipulées pour produire un nouveau phénomène et de faire des expériences sur d'autres phénomènes de la nature.

Plus nous comprenons certaines forces causales des électrons, plus nous pouvons construire des instruments qui peuvent réaliser des effets très bien connus dans d'autres parties de la nature.

Nous ne pourrons peut-être jamais vaincre les obstacles conceptuels soulevés par la nature des entités quantiques dans le cadre de la mécanique quantique des champs, mais nous pouvons vérifier si ces entités peuvent être manipulées. C'est ce que font les expérimentateurs de la physique quantique.

On peut construire une théorie parfaitement viable de la manipulation des entités quantiques en s'appuyant sur des arguments valides sur les conditions de cette manipulation et ses résultats diversifiés en analysant minutieusement les expériences les plus récentes de la physique quantique. On manipule un électron en exploitant ses propriétés que sont la masse, la charge, le spin, la position, la vitesse et l'impulsion sans supposer qu'il soit une particule ou un champ. Seule sa manipulation importe : en fait la manipulation n'est autre chose qu'une intervention sur la relation causale entre la variable x (cause) et la variable y (effet).

L'expérimentateur agit sur la variable x afin de changer la variable y. Cette relation causale aboutit à plusieurs résultats et elle obéit à des conditions. Cette relation causale aboutit à plusieurs résultats et elle obéit à des conditions. Nous ne pourrons jamais connaître la véritable nature des choses, mais nous pouvons vérifier si ces choses peuvent être manipulées. C'est ce que font les expérimentateurs de la physique quantique.

Au lieu de parler de particules ou de champs, des notions difficiles à saisir et à définir, je propose plutôt de parler de "manipulons" grâce auxquels il est possible de manipuler d'autres entités inobservables ou de produire de nouveaux phénomènes. Ces "manipulons" possèdent des propriétés bien définies comme la masse, la charge électrique et le spin et sont manipulés selon des conditions spécifiques. Ce que nous nommons un électron est en fait un ensemble de propriétés qui permettent de manipuler d'autres entités inobservables comme les photons et les quarks. Les expériences effectuées dans les accélérateurs de particule ou celles qui visent concrètement la manipulation des entités quantiques le démontrent.

Hacking nous l'explique « Ce qui existe….c'est une famille de propriétés causales dans les termes servent aux expérimentateurs de talent à décrire et à déployer les électrons pour étudier quelque chose d'autre, les interactions faibles neutres et les bosons neutres par exemple » (ibid. p.434).

Dans cette citation, Hacking fait magnifiquement référence aux incertitudes ontologiques inhérentes aux entités du monde microscopique et aux moyens permettent de surmonter cette difficulté ontologique pour des faire des expériences scientifiques.

Chapitre VII : Le problème de la causalité

La « nécessité causale » en tant que loi de succession des phénomènes ou faits de la nature a été énoncée par beaucoup de philosophes comme Hume (ce dernier l'appelle nécessité) et Kant (qui la considère comme une catégorie *a priori* par excellence incontournable pour pouvoir considérer les objets dans l'espace et le temps). Elle possède un caractère privilégié. Quant aux logiciens, ils se partagent entre ceux qui à l'image de Bacon et de Mill considèrent, la loi de causalité comme un principe universel et à ce titre cela suffirait selon eux pour qu'elle puisse servir de base logique fondamentale à l'induction, et ceux qui comme Russel et Whitehead n'ont pas réussi à s'en affranchir dans leur tentative de justifier la loi du tiers exclu.

Nous pensons que la loi de causalité est réellement très ambiguë pour servir de base logique à l'induction. Pourquoi ? Tout simplement parce qu'il existe deux manières pour considérer la loi de causalité qu'on pourrait représenter dans deux types de propositions. Il est légitime de penser *nolens volens* qu'il existe en fait non pas un, mais deux lois de causalité : la première énonce : « toute chose dans la nature à une cause ». La deuxième : « les phénomènes de la nature sont les uns par rapport aux autres dans un rapport de succession ». La confusion entre les deux lois fut à notre avis responsable du haut degré d'incertitude qui entoure ce qu'on appelle « nécessité causale », du fait que la première renvoie constamment à une sorte de déterminisme physique abondamment étudié (Laplace) et que la deuxième est réductible à ce que John Stuart Mill nomme « les lois d'espace et de nombre » (Mill [1865]) qui sont communes aux phénomènes dans un ordre de succession ou de simultanéité.

Sans cette deuxième loi, des notions comme « commutativité », voire même la possibilité de représenter en nombres dont les propriétés sont soumises à la même succession comme toutes autres choses de la nature et dont les mathématiques regorgent perdraient tout intérêt. C'est la succession des faits qui est la base sur laquelle sont fondées les lois d'espace et de nombres. Mill fait reposer toute sage anticipation des faits futurs sur cette loi de succession.

Pour donner un exemple, il nous fait revenir aux lois de la géométrie qu'il considère comme ayant une grande valeur pratique, étant une partie des prémisses à partir desquelles l'ordre de succession des phénomènes peut être inféré. Mill la juge insuffisante pour justifier l'induction et à ce titre, il ne fait que préparer le terrain au principe de causalité qu'il qualifie de « prémisse additionnelle » et qui est nécessaire afin de compléter la loi de succession universelle. Nous pensons que c'est cette loi qui est responsable de l'ambiguïté du principe de causalité en considérant que ce dernier ne se réduit pas uniquement à l'énoncé : « tout phénomène de la nature a une cause. »

Beaucoup de philosophes ont jugé le principe de causalité à partir de son aspect exclusivement matériel (tous les phénomènes ont une cause) mais ces derniers ne s'attardent jamais sur ce qui transcende la matérialité de la cause, c'est-à-dire ces fameuses lois universelles des nombres et d'espace. Nous allons montrer maintenant en quoi cette loi universelle de succession des nombres et de l'espace analysée par Mill et qui est en fait la deuxième loi de causalité est sujette à caution car ne l'oubliant pas notre tâche est de voir de près les fondements logiques de l'induction.

Mill n'utilise la causalité que comme expédient car il en tire argument pour justifier toute nécessité de succession dans la mesure où selon lui la causalité est coextensive à toute expérience humaine ou à chaque expérience qui fait constamment intervenir des successions. On peut déceler cette manière d'utiliser la causalité dans cette définition : « La loi de causalité, qui est le pilier de la science inductive, n'est que cette loi familière trouvée par l'observation de l'inviolabilité de succession entre un fait naturel et quelque autre fait qui l'a précédé, indépendamment de toute considération relative au mode intime de production des phénomènes et de toute autre question concernant la nature des choses en elles-mêmes » (John Stuart Mill, [1865] p. 42).

Dans cette définition, Mill n'a pas expliqué comment la causalité pourrait être coextensive à toute l'expérience humaine. L'optimisme de Mill est plus proche de celui de Kant. Toutefois, nos deux philosophes se retrouvent confrontés au solipsisme, car Kant ne nous dit pas en quoi ces catégories *a priori* qui ne sont que des représentations pourraient être justifiées au nom d'autres représentations (espace, temps, causalité).

Dans le même ordre d'idées, Mill ne nous explique pas pourquoi le principe de causalité pourrait être universel (ibid.), c'est-à-dire coextensif à toute expérience humaine. Il nous importe maintenant de voir de près en quoi cette loi de succession universelle pourrait constituer un fondement logique à l'induction en faisant remarquer qu'en avançant cette loi universelle de succession, Mill tombe précisément et sans le savoir dans un « piège logique »

Cette loi ne peut pas constituer le fondement logique de l'induction. Elle se rapproche plutôt de la méthode déductive. Mill change ainsi le fusil d'épaule. En voulant justifier l'induction il n'arrive implicitement qu'à préconiser une méthode nécessairement déductive.

S'il n'a pas été suffisamment éclairé sur cette nuance, c'est précisément à cause de cette bicéphalie du principe de causalité et de cette propension qu'avait Mill de considérer la loi de causalité comme loi familière découlant de l'observation des successions entre les phénomènes de la nature sans connaître préalablement ce que ces phénomènes sont en soi et sans savoir ce qu'ils peuvent cacher comme nature intrinsèque, comme essence ou comme substance. Il n'est pas parvenu à dévoiler cette nature intrinsèque en raison d'une sorte de symbolisation ou d'idéalisation du principe de causalité.

Expliquons un peu cette problématique : la loi de succession, basée sur le principe de causalité, en tant que loi universelle permet à Mill de supposer une « sage anticipation des faits futurs » (ibid.), mais cette loi ne permet jamais de connaître la substance des phénomènes si ce n'est leur succession en conformité avec la loi de causalité. Le paradoxe est le suivant : la méthode scientifique que nous propose Mill permet seulement de déduire les phénomènes, c'est-à-dire d'inférer beaucoup de choses à partir de propositions initiales, mais ne fournit aucune preuve sur la vérité des phénomènes. Bien plus difficile est la contradiction qui se trouve dans le discours logique de Mill lui-même puisque, d'une part, il affirme que les lois de nombre et d'espace bien qu'étant universelles et nécessaires ne permettent pas d'inférer quelque chose d'autre que des lois d'espace et de nombre et, d'autre part, il énonce que la loi de causalité trouvée par l'observation de la nécessité de la succession entre les phénomènes de la nature ne permet pas de connaître l'essence même de ces phénomènes (ibid.). Il dissimule cette ignorance par le caractère métaphysique de la cause ontologique, c'est-à-dire la cause originelle.

Le résultat auquel aboutit Mill conduit inexorablement au scepticisme humien. Une explication moderne de ce dilemme peut être trouvée dans la nuance qui existe entre « comprendre » et « calculer ». Le calcul procède toujours par déduction *a contrario* de l'induction qui elle permet de comprendre, c'est-à-dire donner une preuve quelconque de la vérité des phénomènes. Cela suppose que la méthode déductive privilégie toujours les nombres, c'est-à-dire les mathématiques, et il s'avère effectivement que l'apport conceptuel des canons de la fausse induction ou disons l'induction tronquée de Mill fut de justifier la méthode expérimentale et nous savons tous que les mathématiques sont le *deus ex machina* de l'expérimentation scientifique depuis Bacon.

Mais disons tout de suite que cette version de la méthode déductive fut remise en cause par les travaux de Kurt Gödel en 1931. Ce dernier a démontré qu'aucune méthode déductive ne pourrait répondre à la totalité des questions impliquant des nombres.

Afin d'illustrer le scepticisme auquel conduit toute déduction, nous donnerons ici deux exemples : l'un familier, l'autre plus complexe : afin d'expliquer à ses collègues la différence qu'il y a entre comprendre et calculer, Heisenberg évoqua une expérience imaginaire très intéressante qui montre que le calcul de la trajectoire d'un avion n'est pas l'explication du vol projeté, c'est-à-dire une compréhension exacte de cette trajectoire. Sur un plan logique, cette expérience nous montre clairement qu'il est impossible de déduire une connaissance complète de la trajectoire d'un simple calcul (Heisenberg [1996 première ed. 1972]).

L'autre exemple a trait à l'astronomie : en dépit du fait que la théorie mathématique des mouvements planétaires de Newton et sa loi de la gravitation permettent de déduire les trois lois de Kepler, il n'en demeure pas moins vrai qu'elles ne permettent pas d'expliquer complètement les orbites des planètes. Tout ce qu'elle permet de déduire, est justement la même chose que les lois de Kepler, à savoir que l'orbite des planètes est une ellipse (Hubert Reeves [1988]).

Bien que le principe de causalité a été remis en cause par les fondateurs de la mécanique quantique comme Heisenberg, il n'en demeure pas moins vrai qu'il est impossible de ne pas tenir compte des relations causales dans toute explication d'un phénomène physique et ce, plus particulièrement par rapport à la manipulation des entités physiques.

L'élément crucial concernant la causalité qui est profondément enraciné dans la pensée de tous les jours mais aussi dans les méthodes de la recherche scientifique est lié au fait que les causes sont des « leviers » qui peuvent être utilisés afin de manipuler leurs effets. Si X cause Y, alors on peut agir sur Y en agissant sur X tandis qu'au moment ou on agit, Y et X demeurent inchangés. Si X et Y sont des effets d'une cause commune C, alors rien ne change quand on intervient en établissant la valeur de l'une ou de l'autre des variables mais les deux peuvent être modifiés en manipulant C (Woodward [2003]). La causalité permet de savoir ce qui se passe lorsqu'on intervient en changeant la valeur de X. C'est cette caractéristique principale de la connaissance causale qui est si importante à l'action et à l'intervention.

Cette relation étroite entre la causalité et la manipulabilité a fait l'objet de nombreux travaux. Guy Orcutt qui a travaillé sur la science économique a écrit « [...] nous faisant remarquer que la déclaration selon laquelle Z1 est la cause de Z2 est juste une manière convenable de dire que si vous choisissez une action qui permet de contrôler Z1, vous allez obtenir également une action qui permet de contrôler Z2 » (Orcut [1952], p.13).

De manière similaire, Clark Glymour a affirmé « l'une des idées les plus répondues sur la causalité se résume comme suit : si dans un système S composé d'un ensemble de variables V, la variable X est la cause directe de la variable Y, alors une intervention qui change X, ne modifie suffisamment (i) aucune variable qui n'est pas un effet de X et (ii) change Y » (Glymour [1997] p.224). Un nombre de philosophes, comprenant R.G. Collinwood (1940), Douglas Gasking (1955), G.H. von Wright (1971) et plus récemment, Peter Menzies et Huw Price (1993) ont défendu une thèse plus ambitieuse. Ils ont postulé non seulement, une relation étroite entre la causalité et la manipulation tel que décrit précédemment, mais également une analyse réductrice de la causalité. S'il est vrai que dans le cas où les interventions qui change la valeur de X, changent suffisamment la valeur de Y, X cause Y, le contraire n'est pas vrai. L'influence causale directe de X sur Y est annulée par l'influence causale indirecte via Z. Même si X cause Y, le changement dans la valeur de X ne change pas suffisamment la valeur de Y. De cette manière, il y a de sérieuses difficultés à admettre les analyses réductrices de la causalité en termes de manipulabilité (Woodward [2003], p.27)

Même si ce problème pourrait être résolue, la bi-condition « X cause Y si et seulement si les interventions qui changent la valeur de X changent suffisamment la valeur de Y » ne peut être considérée comme une analyse suffisamment pertinente de la causalité en raison du fait que la première partie de cette déclaration est saturée de notions causales (Woodward [1999], 521-583).

Non seulement « changer » signifie une « cause pour être différent » mais aussi la notion d'intervention implique d'autres types de considérations causales. Ceux qui ont élaboré une analyse réductrice de la causalité à partir des liens entre la causalité et la manipulabilité ont tenté d'échapper à ces difficultés insurmontables en mettant l'accent sur la relation entre la causalité et l'action causale et en considérant que la notion d'action humaine est un préalable nécessaire à une notion indépendante de la causalité. En effet, Menzies et Price intitulent cette investigation de « théorie organique de la causalité » (agency theory of causation). Leur objectif (qui est également celui de Collinwood, Gasking et von Wright) est de démontrer que la notion d'intervention peut être appréhendée à travers ses liens avec l'organisme humain et qu'une analyse non circulaire (bien que hautement anthropomorphique) de la causalité peut être construite à partir de cette base. Menzies et Price considèrent que X cause Y est applicable à chaque fois qu'un agent utilise X comme un moyen efficace pour provoquer Y (Woodward [1993], p.187).

Selon eux, X est un « moyen efficace » pour provoquer Y et seulement si la « probabilité de l'agent » (agent probability) de Y est plus importante que la probabilité de l'agent de Y en tenant compte de X. La probabilité de l'agent de Y en tenant compte de X est la probabilité que Y obtient que X est provoquée *ab initio* comme un « acte libre de l'agent concerné » (ibid. p. 190).

Bien que Woodward met l'accent sur les liens entre la causalité et la manipulabilité – et particulièrement sur le principe selon lequel les effets peuvent être contrôlés à travers leurs causes- il marque ses distances avec la théorie de l'organisme (agency theory) et avec toutes les théories qui s'inspirent de cette notion. Il considère qu'une notion pertinence de l'intervention utilisée afin d'expliciter la relation entre la causalité et la manipulation devrait être définie dans des termes explicitement causales et que pour cette raison les relations entre la causalité et la manipulabilité ne permettent pas d'élaborer une analyse réductrice de la causalité (Woodward [2003], p.28).

Par ailleurs, il réfute la possibilité qu'une notion pertinente de l'intervention puisse être appréhendée de manière anthropomorphique et refuse de croire qu'il y a quelque chose d'anthropomorphique dans des affirmations comme X cause Y (ibid.). Pour des raisons pratiques, la connaissance causale est d'une importance cruciale pour l'action humaine. Mais une telle importance de l'action humaine ne signifie pas qu'il y a quelque chose d'anthropomorphique dans le fait causal lui-même. Mais une notion pertinente de l'intervention qui permet d'établir la valeur de X n'est autre que la cause directe de X et ne comporte aucune relation causale avec d'autres variables en considération à l'exception de celles qui permettent de causer directement X (ibid.).

Ce que signifie tout cela est que l'intervention *I* n'est l'effet d'aucune variable de l'ensemble **V**. *I* n'est la cause d'aucune variable de **V** à travers une trajectoire qui ne traverse pas en premier lieu X et *I* n'est pas causée par aucune variable qui ne soit la cause de n'importe quelle autre variable de **V** à travers une trajectoire qui ne traverse pas *I* et X en premier lieu (ibid.). De toute évidence, cette caractérisation ne fait aucunement référence à l'organisme humain et permet le déroulement d'un processus causal naturel à travers lequel l'activité humaine ne joue aucun rôle qui soit susceptible d'être qualifiée d'intervention à condition qu'elle possède les bonnes caractéristiques causales. Les expériences physiques sont un cas qui permet d'illustrer ces caractéristiques.

La relation étroite entre la causalité et la manipulation sur laquelle toute la démarche de Woodward est basée, lui permet de lancer l'affirmation selon laquelle si une intervention qui permet d'établir la valeur de X dans certaines limites de la valeur de X et que la valeur de Y change, alors X cause Y (ibid.). Dans d'autres termes, si X ne cause pas Y, alors la valeur de Y ne change pas si une intervention possible permet de changer la valeur de X.

La notion d'une intervention est cruciale à toute formulation de la connexion entre la causalité et la manipulation. En plus d'une action causale sur la variable X, une intervention sur X doit satisfaire d'autres conditions : Dès lors que le changement d'une autre variable Y, tenant compte d'une intervention s'agissant de X, est supposée se produire à travers le changement de X, une intervention prétendue qui change X ne doit pas changer directement la valeur de Y.

Par ailleurs, le processus qui permet de changer la valeur de X ne doit pas aussi causer un changement dans d'autres causes de Y et le changement de la valeur de X ne doit pas être corrélée avec de pareils changements. Si ces conditions ne sont pas satisfaites, un changement dans la valeur de X ne doit pas être accompagnée par un changement dans la valeur de Y alors même que X ne cause pas Y. L'idée principale sous-jacente à une intervention concernant X est celle d'un changement exogène dans la valeur de X qui change Y, si c'est seulement à travers X et non via s'autres routes causales[28]. Le point crucial est qu'une intervention concernant X est la cause directe de X qui n'a aucune espèce de relation causale à aucune variable de **V** à l'exception d'être la cause directe de X. Une intervention concernant X ne doit pas aussi agir sur d'autres variables.

Ainsi, il y a quatre clauses que doit satisfaire l'intervention (Woodward [2003] p.98). Selon Woodward, I est une intervention pour *X* en ce qui concerne *Y* si est seulement si elle satisfait les quatre conditions suivantes qui sont en fait les sous-indices d'une intervention :

I1 : I cause X

I2 : I agit comme un commutateur pour toutes les autres variables qui causent X (avec une certain champ de valeurs de X) (ibid.)

I3 : N'importe quel chemin de I à Y passe à travers X (ibid.).

I4 : I est statistiquement indépendante de n'importe quelle autre variable Z qui cause Y et qui est située dans un chemin qui ne passe pas à travers X (ibid.).

Si ces conditions sont respectées, on obtient une profondeur d'explication pour le système concerné. Par ailleurs, une explication causale est suffisamment profonde si les relations causales qui figurant dans une explication demeurent invariantes sous un large éventail d'interventions. Si une explication donnée répond à ce critère de la profondeur de l'explication, alors elle est pertinente pour la manipulation et le contrôle de l'évènement expliqué.

---

[28] Différentes versions de cette idée ont été développées dans d'autres publications (Hausman 1998, sections 5.3 et 7.1 ; Woodward 1997, p.S30, Cartwright et Jones 1991).

En d'autres termes, la théorie de Woodward peut être résumée comme suit : « la causalité est invariante sous les interventions ». Si on prend deux variables *a* et *b* représentant respectivement la cause putative et l'effet, on peut affirmer que *a cause b* si la relation fonctionnelle entre a et *b* demeure invariante sous des interventions sur la cause putative *a*. Cette affirmation n'est pas une définition.

L'invariance sous l'intervention est considérée comme suffisante mais non comme une condition nécessaire à la causalité. Il y a des relations causales qui n'entraînent pas nécessairement une telle invariance.

Alors si la causalité n'implique pas l'invariance, alors la constatation d'un manque de l'invariance n'informe pas nécessairement sur l'absence de causalité. Néanmoins, Woodward affirme clairement que pour qualifier une relation de causale, alors elle devrait être invariante sous certaines conditions.

Chapitre VIII: L'induction est-elle valable aujourd'hui ?

La science selon Popper se passe de l'induction. Tout simplement parce que, contrairement à ce que tous les rationalismes et déterminismes avaient pensé, la science ne vise pas ou du moins ne doit pas viser le savoir positif certain. Parce qu'elle ne peut viser, au mieux, que les certitudes négatives, et parce qu'enfin ces certitudes négatives (c'est-à-dire que telles ou telles assertions ne soient pas justes), il est parfaitement possible de les dériver des données expérimentales, supposées certaines, et cela sans faire de l'induction (Karl Popper [1934]). Cela part du principe que pour établir de façon certaine une assertion « universelle » du type : « tous les corbeaux sont noirs », il faudrait effectuer une infinité ou, du moins, une suite exhaustive d'observations. Il suffirait, par contre, d'une seule et unique observation pour la réfuter.

Ce « faillibilisme » joue sur l'asymétrie entre vérification et réfutation (il est plus facile de réfuter que de confirmer) pour proposer une nouvelle façon de voir qui doit ainsi procéder par une suite d'éliminations successives. C'est-à-dire en formulant plusieurs théories et en réfutant ensuite certaines par l'expérience. Celles qui survivraient à ces tests, c'est-à-dire, celles qui *a priori* étaient réfutables par ces expériences et qui cependant ont survécu, en acquièrent un poids légitime et satisfaisant.

Nous avions déjà parlé de l'homothétie ou de la relation univoque entre une seule proposition théorique vraie et l'observation/l'expérience qui en est le corollaire dans notre critique de l'holisme. Cette façon de voir contourne le mécanisme par lequel Popper établit son raisonnement. À l'asymétrie entre vérification et réfutation (il est plus facile de réfuter que de confirmer), nous lui opposons la divisibilité de la théorie qui ne contient alors qu'une seule proposition vraie. Comme tous les autres philosophes, Popper prend la théorie comme un tout indivisible, comme un « monolithe » ou une « boulle de billard », puisque, du fait de la réfutabilité, elle ne rencontre l'expérience qu'une seule fois et de manière globale. Il suffit par ailleurs d'une seule expérience défavorable pour conduire au rejet corps et bien de la théorie.

Nous pensons plutôt que la théorie se compose de plusieurs propositions dont une seule proposition vraie qui est indivisible de l'expérience unique et « cruciale » qui la confirme.

Cette façon de voir est importante, car Popper n'explique pas comment le processus expérimental fonctionne, bien qu'il ait conclu qu'une seule expérience défavorable soit susceptible d'infirmer la théorie. Si Duhem définit la théorie fausse comme étant l'ensemble des propositions qui ne concordent pas avec les lois expérimentales, c'est-à-dire qu'il réduit à une concordance entre tout un système de propositions prises comme un ensemble et les lois expérimentales, le critère d'infirmation d'une théorie, Popper reste, quant à lui, silencieux en ce qui concerne les modalités d'infirmation : Est-ce un problème de concordance ? Est-ce autre chose ? Comment cette expérience unique pourrait-elle infirmer toute une théorie ? Avons-nous des cas concrets d'un tel processus ?

Contrairement à ce qu'affirme Popper, beaucoup de théories ont été abandonnées mais non réfutées pour des considérations, pour la plupart d'ordre esthétique, de cohérence, de contradiction avec des théories déjà solidement établies ou pour des raisons de conformisme. On ne s'étonne nullement lorsqu'on sait que toutes ces considérations « externes » sont loin de faire l'objet d'expériences.

La théorie de Théodore Franz Éduard Kaluza (1921) proposant d'ajouter à l'espace-temps quadridimensionnel une cinquième dimension afin d'unifier dans un même appareil mathématique force électromagnétique et gravitation a été abandonnée mais non réfutée, alors même qu'elle était en parfaite cohérence avec la théorie de la relativité générale. Einstein lui-même, dans un article, disait qu'il ne pensait pas que la théorie à cinq dimensions de Kaluza soit susceptible de contenir beaucoup d'arbitraire. Il est du moins douteux que le mot « arbitraire » puisse concorder avec le rationalisme scientifique, encore moins avec le dogme expérimental. Même si Einstein avait évoqué, comme exigence supplémentaire pour la validité d'une théorie, en sus de l'expérimentation, le critère de la « perfection interne », l'on ne peut finalement que se résigner à l'idée que ce critère n'a pas fait ses preuves avec la théorie de Kaluza. Cette dernière a été, en dépit de sa cohérence mathématique, sa simplicité et sa séduisante architecture, tout de même abandonnée mais pas infirmée. Il existe un processus par lequel les théories peuvent être abandonnées mais non infirmées.

À examiner de près le fonctionnement d'une théorie scientifique, il semble qu'elle est comparable à un « un être vivant » qui a besoin de se nourrir des cadavres des théories antérieures.

Alors que Popper insiste pour justifier la testabilité et la faillibilité, il y a lieu de croire que les théories détruisent d'autres théories et aucune théorie ne prétend cohabiter avec d'autres. Chaque théorie comporte une dimension idéologique, exclusiviste, qui prétend expliquer les phénomènes et qu'elle se propose de ramener à une interprétation unique. Les théories ont une vie prospère mais courte. Contrairement à ce qu'avance Popper, les théories prétendent toujours à la solidité, cela étant généralement dû à cette concurrence terrible dans la description du monde physique. Beaucoup de choses ont été dites et redites sur les liens entre observateur et phénomène, mais il a été vraiment illusoire de penser que la liaison observation et occurrence du phénomène soit exclusivement le fruit de la mécanique quantique. Cela fut également un mythe largement consacré. Ne faudrait-il pas également prendre cette « observation » dans le sens expérimental largement discuté précédemment ? C'est-à-dire d'une expérimentation, d'une observation, d'une mesure qui soit séparée de la théorie.

Popper a parlé des expériences de pensée, largement utilisées par Galilée et par d'autres savants de la Renaissance et ce, afin de prouver de manière biaisée que la science moderne doit s'en démarquer. Il a voulu ainsi réhabiliter l'expérimentation scientifique dans son rôle de réfutation des théories, mais il n'a fait que déplacer le problème. Nous avions en revanche bien fait de remarquer qu'il est illégitime et de distinguer la théorie de l'expérience, ou plutôt la proposition théorique vraie et l'expérience univoque. Les expériences de pensée n'ont pas été utilisées seulement par Galilée et les savants du XVIe siècle. La plupart des expériences de la mécanique quantique le sont également. L'expérience du passage des photons au travers des fentes de Young est une expérience générale approximative et elle est une synthèse de nombreuses autres expériences effectivement réalisées. Enfin, il faudrait également souligner que la prétendue « précision expérimentale » n'est qu'un autre mythe. Au nom de quoi peut-on dire que la « mesure » d'un phénomène physique pourrait prétendre à être précise ? La précision n'est pas de ce monde, comme le dit si bien Koyré, elle n'a jamais eu cette place qu'on voudrait bien lui assigner.

Ce n'est guère qu'un « mot », un vain mot ou un symbole parmi les nombreux mots et symboles qui sont les fruits de la propension à l'idéalisation des créateurs de la science moderne (à commencer par Descartes, Kepler, Galilée jusqu'à Pascal). Si

Copernic a imaginé que les orbites des planètes sont parfaitement circulaires, c'est à cause de cette même propension à l'idéalisation, les orbites elliptiques de Kepler, bien qu'elles détruisirent le mythe des orbites circulaires coperniciennes, ne se sont pas démarquées, contrairement à ce qu'on pourrait penser, de cette propension à l'idéalisation disons eschatologique. Bien au contraire, jamais penseur ne fut aussi « idéaliste » que Kepler si on comprend son univers hiérarchisé, ses cubes et ses formes géométriques parfaites. Par ailleurs, sa théorie débouche sur une constante qui est la même pour toutes les planètes. Avec Kepler on est passé véritablement de la géométrie aux nombres. C'est l'étape décisive de l'idéalisation, de la mathématisation universelle du monde. Galilée ne fit que consolider et généraliser cette mathématisation et c'est pour cette raison, faut-il le rappeler au passage, que nous pensons que c'est Kepler et non Galilée[29] qui fut le précurseur de cette mathématisation du monde, de cette « platonisation » de l'univers. Galilée fut un mécaniste, il ne réalisa (sans aucune prétention de notre part à amoindrir l'œuvre immense et déterminante du grand Florentin) que la « rupture entre nécessité et choses de la nature ». Ce fut Kepler qui introduisit la deuxième et grande coupure, entre le principe de nécessité et le corps humain à travers sa géométrisation de la vision).

« L 'inscription de la géométrie dans le corps humain était un lieu commun à la Renaissance, où elle légitimait la correspondance étroite qu'on supposer exister entre le macrocosme du monde et le microcosme qu'est l'homme [...] L'interprétation géométrique du trajet de la lumière à l'intérieur de l'oeil que propose Kepler en 1604 dans un livre ésotériquement intitulé *Paralipomènes à Vittelion* a représenté une transformation aussi décisive pour l'histoire des idées que l'a été sa découverte ultérieure des trois lois des mouvements des des planètes dans l'*Astronomia Nova* ») (Denis Kambouchner [1995], p. 132).

Les mathématiques dans le corps et dans la nature furent les deux grandes victoires de la propension séculaire à l'idéalisation.

Mais ce qu'on a pu obtenir, en bout de course, ce ne sont que des nombres, que des mathématiques. Voilà en somme à quoi peut nous conduire cette propension scientifique à l'idéalisation à rebours d'une déduction scientifique décidément incertaine et vaine.

[29] Nous nous démarquons ainsi de la théorie de Koyré.

Beaucoup de choses ont été dites sur l'induction. Nous avions déjà esquissé une démonstration tendant à réfuter son usage dans l'élaboration des théories scientifiques et ce, dans notre postulat sur l'existence d'une seule proposition « vraie » dans toute théorie scientifique. Toutes les autres propositions prétendant à la vérité ne seraient que des propositions équivalentes, dérivées, concordantes. Cette univocité de la « vérité » d'une proposition au sein d'une théorie est fondamentale pour remettre en cause l'induction en tant que « moyen de découvrir et de prouver des propositions générales » (John Stuart Mill, p. 10) à l'instar de la définition donnée par John Stuart Mill. Une proposition générale ne saurait être une proposition, car une proposition est toujours une unité, c'est-à-dire quelque chose de dénombrable. Une proposition se rapporte toujours à une « seule phrase ». Bertrand Russel qualifie de proposition « toutes les phrases qui ont la même signification qu'une phrase donnée » (Bertrand Russel [1969] p. 20).

J. S. Mill nous dit que le « général n'est que la collection des particuliers, définis en nature, mais indéfinis en nombre » (ibid.). Voilà en somme quelque chose d'entièrement métaphysique, car nous ne comprenons pas ce que signifie le mot « général ». Popper, quant à lui, ne peut prétendre réfuter l'induction en faveur d'une méthode déductive nouvelle (passage des axiomes aux expériences), car il n'a pu s'attaquer à l'induction sur le plan des principes au point où l'ont laissée de grands philosophes comme Locke, Hume et Kant ou l'ont rafistolé des logiciens renommés à l'image de Carnap, Russel ou Whitehead.

En effet, Popper n'est pas parvenu à répondre à deux grands dilemmes avant de pouvoir rejeter définitivement l'induction au profit de la déduction des axiomes à partir des expériences : La première a trait au processus de déduction lui-même et la deuxième au fondement logique de l'induction.

Concernant le premier dilemme, Popper n'a pas résolu la question de principe suivante : comment affranchir nos expériences scientifiques de l'induction pour pouvoir ensuite prétendre en déduire la vérité de nos axiomes théoriques ?

Le dilemme est ceci : l'induction, telle que conçue par Bacon, permet de « chercher, faire des expériences [...], d'interroger la nature » (ibid., p. 30). J. S. Mill parle de « généralisation de l'expérience » et effectivement il se trouve qu'il existe en physique des expériences générales, des expériences qui semblent être tirées de l'induction et pas seulement des expériences de pensée comme celles de Galilée (qui se trouve d'ailleurs rejetées par Popper lui-même). Il est assez reconnu d'affirmer que l'induction, si elle s'affirme comme méthode incontournable et authentique pour nos connaissances scientifiques, elle doit se trouver aussi bien dans nos théories que dans nos expériences et nous avons déjà affirmé une sorte d'indiscernabilité entre théorie et expérience.

D'une part, aucune expérience ne peut semble-t-il se priver de l'induction, puisque nos instruments expérimentaux recourent à l'induction à défaut de laquelle l'expérience serait chaotique et dénuée de sens, car dans ce cas on observerait des choses et des phénomènes sans pouvoir leurs attribuer une signification en vertu de notre connaissance donnée ou possible. D'autre part, la fixation des conditions de départ de notre expérience ne peut se faire sans la certitude de voir nos instruments réagir certainement et d'une façon qui laisse place à la possible répétitivité de cette même expérience et ce, au-delà de la nature du phénomène observé.

Il n'y aurait jamais eu d'expérience sans le savoir privilégié de l'induction. Et personne n'aurait eu le courage de faire une expérience ex-nihilo sans se référer à d'autres expériences et sans s'arrimer à la théorie. Cela ne serait-il pas en soi de l'induction ? Il n'y a jamais eu dans la genèse de la pensée scientifique une seule expérience coupée des autres. On ne fait jamais d'expériences pour vérifier des théories sans une certaine cohérence avec les autres expériences. Il y a lieu de voir que souvent les expériences, surtout celle qui requièrent des conditions complexes, laissent voir un grain de sable provenant de l'induction, c'est-à-dire une inférence des faits particuliers aux assertions générales.

La plupart des expériences de la mécanique quantique ont été pensées avant d'être réalisées. On les devine avant même d'expérimenter et souvent les résultats escomptés sont prévus. C'est comme si elles étaient en cohérence les unes aux autres.

La vulgarisation de la mécanique quantique dans la trame de la littérature scientifique a été effectuée sur la base d'expériences arrangées pour être en parfaite harmonie avec le discours attendu qui est de faire connaître la mécanique quantique au public non scientifique ou aux étudiants devant se familiariser avec cette physique révolutionnaire.

Quand Feynman rédigea ses cours de physique, et notamment le volume consacré à la mécanique quantique, il avait commencé par l'explication d'une expérience connue comme celle qui donne la meilleure description du cadre conceptuel de la mécanique quantique : l'« expérience du passage des électrons à travers des fentes ». Feynman décrit son expérience comme étant plus une expérience approximative et de pensée qu'une expérience réelle et il dit explicitement : « Disons tout de suite que vous ne devez pas tenter d'effectuer cette expérience [...] L'expérience n'a jamais été faite de cette façon. La difficulté vient de ce que l'appareil devait être réalisé à une échelle incroyablement petite pour montrer les effets qui nous intéressent. Nous sommes en train de faire une « expérience de pensée » que nous avons choisie parce qu'elle permet un raisonnement facile. Nous connaissons les résultats qui *seraient* obtenus parce qu'il y a beaucoup d'expériences qui ont été faites dans lesquelles l'échelle des proportions ont été choisies pour montrer les effets que nous allons décrire » (Feynman [1979] p.6).

Alors quelle raison y a-t-il de croire à cette expérience ? Avec toutes les réserves dues au mot « croire ». En réalité, Feynman n'essaie pas de corrompre la réalité du phénomène observé, mais de résumer un nombre considérable d'expériences où les échelles ont été choisies conformément aux phénomènes observés. Quel lien y aurait-il entre cette multitude d'expériences où les échelles ont été choisies conformément aux phénomènes observés et l'expérience de pensée de Feynman ? Une réponse peut s'imposer d'elle-même : l'induction. Voilà un problème difficile.

L'existence de l'induction dans les expériences justifie en général sa validité. Mais il y a deux manières de remettre en cause cette validité. Soit en affirmant que les expériences de pensée qui recourent fréquemment à l'induction ne sont pas des expériences réelles et à ce titre elles ne justifient pas la validité de l'induction. Soit on remet en cause la relation entre la théorie et l'expérience en énonçant que les expériences ne dépendant pas entièrement d'une théorie dans son ensemble.

Comment il a été déjà évoqué dans le chapitre consacré à l'expérience scientifique, il existe une relation entre une hypothèse individuelle et une donnée ou un ensemble de données empiriques. Il n'existe donc pas une relation holiste entre une théorie entière et l'expérience. Par ailleurs, des expériences sont élaborées et elles permettent de faire des découvertes sans l'aide d'aucune théorie.

Les holistes ont toujours réclamé une dépendante totale de l'expérience vis-à-vis de la théorie en évoquant l'impossibilité en principe pour l'expérience d'éviter l'erreur sans le secours de l'économie théorique. Ils donnent l'exemple des anomalons, ces gigantesques noyaux atomiques et des axions. Dans l'histoire de la science, il y a eu des expériences qui ne sont pas parvenues à trancher entre des hypothèses diverses sans l'aide d'une nouvelle théorie révolutionnaire. Par exemple, l'expérience de Michelson-Morley n'est pas parvenue à prouver l'existence de l'éther. Par ailleurs, la découverte erronée de la cinquième force (expérience d'Eötvös) nous suggère des liens très forts entre théorie et expérience, mais rien ne nous assure que cela pourrait être dû à l'induction.

Le recours à l'induction est le résultat de la forte propension qu'ont les scientifiques à déduire beaucoup de choses des théories. En fait, il arrive comme s'il y avait une asymétrie entre le temps théorique et le temps de l'expérience. Si les théories mettent beaucoup de temps à s'affirmer et à se stabiliser, les expériences quant à elles ont tendance à proliférer, à se multiplier dans tous les sens. La construction des accélérateurs de particules par exemple a donné lieu à une sorte d'« horizontalité » de la physique moderne où les capacités techniques permettent non seulement de mettre à l'épreuve de nouvelles théories audacieuses, mais également de déstabiliser fortement les théories anciennes. On raconte, sur un ton caustique qui reflète assez bien ce nouvel état de choses que le physicien américain I. Rabi déjeunait avec des collègues dans un restaurant chinois lorsqu'il apprit la découverte du muon. Il s'exclama alors : « Qui a commandé ce plat ? » (David Schramm et Gary Steigman [août 1988]). Il arriva comme si les découvertes scientifiques étaient plus tributaires des capacités techniques ou plus précisément de la capacité qu'ont les nouveaux accélérateurs de particules à produire une énergie supérieure dans la mesure où l'équation d'Einstein relative à l'équivalence énergie-matière le permet, que d'un déploiement intellectuel de la pensée théorique.

Le temps où Heisenberg pouvait bâtir une grande théorie sur la base d'une simple observation de la chambre de Wilson (un appareil relativement rudimentaire comparé aux puissants accélérateurs de particules) et d'une grande maîtrise de l'appareil mathématique en vigueur à l'époque était irrémédiablement révolu.

Les capacités techniques modernes permettent d'élargir le champ des déductions sous un mode d'horizontalité aussi insolite que dangereux puisqu'il elle déplace le critère de « possibilité » du monde de la théorie à celui de l'expérience. Rappelons-nous la missive d'Einstein « seule la théorie décide de ce qui peut être observé »

Si la dialectique possible/impossible devient purement technique, alors on pourrait déduire à partir des axiomes n'importe quoi, et dans ce cas on sort du champ théorique vers celui exclusif de l'expérience. À titre d'exemple, si l'existence de familles de particules élémentaires en nombre fini ou infini était tributaire de la capacité des accélérateurs de particules à produire de l'énergie, alors dans ce cas on pourrait déduire des choses qui *a priori* n'entrent pas dans le cadre de théories précises qui fixent d'emblée les différentes hypothèses et les possibilités offertes, sans compter le fait que les expériences ne sont établies qu'après que la théorie ait été élaborée.

En raison du caractère prépondérant de l'expérimentation moderne, le Modèle standard de la physique des particules est devenu insatisfaisant pour un certain nombre de physiciens aujourd'hui. Cette théorie contient une longue liste de constantes ajustables qui spécifient les propriétés des particules comme les masses des quarks et des leptons, mais qui sont déterminés uniquement par l'expérience. Les physiciens ignorent pourquoi ces constantes ont telles ou telles valeurs. L'existence d'un si grand nombre de constantes libres dans une théorie aussi fondamentale est quelque chose de très embarrassant. Chaque constante représente un fait basique ignoré et inconnu. Les physiciens n'ont aucune explication physique pour ces constantes.

Par ailleurs, la matière même si elle reste une élégante hypothèse, il n'en demeure pas moins que son caractère révolutionnaire qui est susceptible de remettre en cause l'identité de la matière dans l'univers (existence de particules qui n'ont rien n'avoir avec celles que nous connaissons) est inhérent à l'imprévisibilité de l'expérience (observations des mouvements des galaxies).

Par conséquent, la validité de l'induction n'est pas quelque chose d'inexorable par rapport au dynamisme de l'expérience. L'expérience n'a pas besoin de l'induction pour progresser. Elle a plus besoin de choses comme la manipulation des entités physiques pour se développer et faire progresser la science.

Après avoir examiné les relations complexes entre l'induction et l'expérience, nous allons voir que des logiciens s'appuient sur l'induction pour justifier le principe du tiers exclu. Il existe vraiment un véritable courant de pensée, dont les plus grands noms de référence sont Russel et Whitehead, qui cherche à maintenir l'induction dans le raisonnement logique, afin de justifier le principe du tiers exclu (soit qu'une proposition est vraie, soit qu'elle est fausse). Bien que le logicien Brouwer ait remis en cause le principe du tiers exclu en affirmant que la vérité et la fausseté d'une proposition donnée sont loin de relever exclusivement de l'ordre logique et semblent plus appartenir à l'ordre épistémologique : autrement dit, la vérité ou la fausseté d'une proposition comme : « tous les corbeaux sont noirs » doit être analysée selon lui en tenant compte de sa vérifiabilité et non sur la base de l'induction, il n'en demeure pas moins qu'un important courant de pensée dont le chef de file est Bertrand Russel tend à fonder le principe du tiers exclu sur l'induction en partant d'une réflexion menée dans le sens d'un empirisme logique.

Or, le rejet du principe du tiers exclu dans sa forme logico-inductive ne se base pas uniquement sur une meilleure connaissance de nos facultés perceptives, il tient aussi d'une analyse critique de la logique et de l'empirisme, qui sont deux conceptions du réel reposant paradoxalement sur le même dogme, à savoir une croyance fondée sur le distinguo entre réalité perceptive et réalité mentale qui est le corollaire du distinguo entre le monde subjectif du sensorium et le monde objectif de la pensée.

Cependant, l'avatar épistémologique de cette opposition (et non pas une dualité dialectique) nous est clairement affichée par l'opposition entre induction et perception. Mais il existe d'autres raisons inhérentes au fait que l'induction repose sur une sorte de généralisation et totalisation qui n'ont pas à proprement parler une réalité factuelle.

Avant de se poser la question sur toute possibilité de réfutation d'une proposition comme : « tous les hommes sont mortels » ou même de toute possibilité finalement vaine de la mettre à « l'épreuve du réel », il faudrait plutôt se poser la question de savoir si « tous les hommes sont mortels » est une proposition possédant un sens.

La vérification de la proposition : « tous les hommes sont mortels » ou « tous les corbeaux sont noirs » a préoccupé les logiciens au point où ils ont été amenés à croire en l'existence de propositions ni fausses ni vraies, donc indécidables et incompatibles avec le principe du tiers exclu. Quant aux propositions comme : « Robert est mort », il n'existe pas de problème à comprendre leur sens factuel qui est effectivement tiré de l'expérience perceptive.

La question du sens factuel, mais fondamentalement perceptif, des propositions n'a pas attiré l'attention des philosophes dont Russel lui-même pour trois raisons principales. La première découle normalement de la propension toute naturelle mais essentiellement illusoire à voir l'induction agir directement et systématiquement dès l'élaboration intuitive de propositions allant de « Henri a vu Marc durant toutes les soirées » à « il a neigé toute la nuit, ce soir ».

La deuxième tient au fait que beaucoup de philosophes croient en l'existence concomitante de propositions épistémologiques dont la vérification est requise et de propositions logiques et inductives comme s'il existait deux définitions : épistémologique et logique de la vérité.

À partir de là, la plupart des logiciens considèrent qu'il est possible de construire à partir des « propositions perceptives » de base des propositions plus complexes en inférant à partir des premières. La troisième raison est le recourt fréquent à des propositions extra-logiques comme : « il a neigé sur l'île de Manhattan le premier janvier de l'an I de notre ère[30] ». Remonter à partir de ces dernières pour tester le principe du tiers exclu est très abusif, car nous considérons que le sens de connaître la possibilité d'occurrence de phénomènes ou d'évènements extrêmement aléatoires sur une échelle de temps infiniment grande comme très relative voire impossible.

Il existe toujours un principe de relativité dans le déroulement des phénomènes physiques dans la nature.

Par ailleurs, l'incertitude dans le déroulement des processus physiques est quelque chose de réel. La mécanique quantique nous apprend que ce type d'incertitude ou d'indéterminisme s'applique non seulement aux phénomènes de l'infiniment petit, mais aussi dans le monde macroscopique.

---

[30] Cette proposition extra-logique est tirée du livre de B. Russel, *Signification et vérité*, p. 291.

La physique nous apprend aussi qu'en présence d'un nombre élevé de paramètres comme dans le cas de particules atomiques dans un gaz macroscopique, les notions de prédictibilité et de déterminisme sont inapplicables (théorie du chaos) et c'est justement le cas lorsqu'on parle de prévisions atmosphériques.

Pourtant Russel considère que la vérité de la proposition précédente, disons P, doit se définir épistémologiquement. P n'est selon lui ni vrai ni faux, Russel dit : « que savons-nous de P, l'histoire nous apprend qu'il y eut un an I de notre ère et la géologie nous assure que l'île de Manhattan existait réellement alors, nous savons que la neige tombe souvent à cet endroit durant l'hiver, c'est pourquoi nous comprenons P, exactement de la même manière que s'il se rapportait à une chute de neige dont il existerait un témoignage historique. Nous devons (donc) admettre que nous n'avons aucune preuve qui nous permet de savoir si P est vrai ou faux, puisque autant que nous puissions voir, nous n'aurons probablement jamais aucune » (B.Russel p.301). Donc pour lui « P » n'est ni vrai ni faux. Russel admet implicitement et justement la croyance selon laquelle il ne saurait y avoir d'induction sans causalité car il s'agit précisément de cela dans sa démonstration.

Or il s'avère que le principe de causalité est violé dans beaucoup de processus physiques de la même nature que celui qui a été évoqué, précisément lorsqu'on se trouve en présence d'un nombre très élevé d'éléments. Nous connaissons tous la métaphore « un vol de papillon à Paris provoqua une tempête à New York ». L'indécidabilité (ni vrai ni faux) relève plus d'un flou sémantique que d'une réalité. Dans l'exemple donné par Russel, il s'avère justement que nous ne comprenons pas « P ». Cette proposition ne peut se rapporter à une chute de neige dont il n'existerait aucune preuve historique, ou physique, car cette occurrence est très aléatoire, se produisant sur une échelle de temps très grande et relève plus d'un chaos physique à l'égard duquel la causalité est très faible, voire insignifiante et ce, compte tenu du nombre infiniment grand des particules atomiques de l'atmosphère.

Avant même de savoir si on pourrait inférer la météorologie d'époques antérieures, il se trouve que la proposition P est impossible ou dénuée de sens.

À vrai dire, il est inimaginable d'inférer quelque chose à partir de cette proposition, ni au nom du déterminisme, de la prédictibilité ni dans celui de l'induction. La proposition « P » n'est pas indécidable (ni vrai ni faux), elle n'a tout simplement pas de sens.

L'autre raison fondamentale à la méconnaissance de l'existence d'une problématique de corrélation entre le sens d'une proposition et les facultés perceptives tient à l'importance accordée, dans l'influence de l'école de B. Russel, au langage entrant en concurrence avec le sens perceptif. La croyance partagée par de nombreux spécialistes quant au rôle joué par le langage entraîne une confusion et escamote le sens perceptif.

D'ailleurs, le caractère ostentatoire des mots du langage est clairement reflété dans la définition donnée par Russel au concept de proposition. Selon lui, « une proposition est définie comme toutes les phrases qui ont la même signification qu'une phrase donnée » (Russel [1950] p.20) et cela partant du fait linguistique qui nous enseigne que plusieurs formes de mots peuvent avoir la même signification et ce, contrairement aux percepts qui eux sont hétérogènes et indubitablement séparables. Ce qui a inspiré aux empiristes l'image de percepts « atomisés ». Plusieurs mots peuvent évoquer « un même sens ». Cette pluralité de mots relève d'une faculté syntaxique mais dont la finalité est rhétorique.

Exemple :

1. *César fut assassiné au cours des ides de Mars.*
2. *Aux ides de Mars, César fut assassiné.*

Cette possibilité purement rhétorique contraste fortement avec les percepts les plus conventionnels. Nous percevons les choses, lors du déroulement du temps, de manière irréversible, les processus thermodynamiques comme la chaleur et le froid de manière entropique (les objets passant de la chaleur au froid et pas inversement), la disposition d'objets comme les cartes de Poker de l'ordre vers le désordre et nous nous risquons plus de nous perdre dans une grande ville inconnue que de retrouver le bon chemin. Enfin nous percevons les objets plus de manière asymétrique que de façon symétrique.

Revenons à présent à la proposition « il a neigé sur l'île de Manhattan le 1er janvier de l'an I de notre ère » (Ibid.. 301). Russel admet en principe les généralisations inductives, car il est possible de croire à la vérité de cette proposition à partir du moment où « nous avions admis que nous pourrions croire que l'île de Manhattan existait probablement à la date en question » (Ibid. p.302). Par ailleurs, il est possible d'admettre « qu'il n'y a pas de raison de refuser qu'il y ait une preuve quelconque, favorable du moins, si faible soit-elle (Ibid.).

Russel se laisse ensuite entraîner par la supposition vaine en la probabilité d'avoir une preuve que le climat de Manhattan ne s'est pas beaucoup modifié au cours des deux derniers millénaires et ainsi de suite jusqu'à l'admission de la validité du tiers exclu pour ce genre de propositions considérées par lui comme extra-logiques (ibid.).

Il est du moins étonnant que ce dernier se soit donné tant de peine à admettre la possibilité d'une généralisation inductive avant même d'examiner sa possibilité physico-perceptive et nous avons vu précisément les limites du raisonnement logique concernant des occurrences d'évènements incroyablement aléatoires sur une durée incroyablement longue remettant fondamentalement en cause le principe de causalité en entraînant dans sa chute les généralisations inductives[31].

Cela dénote les limites des propositions extra-logiques et de l'applicabilité à leur égard du principe du tiers exclu. Mais il faudrait également attirer l'attention sur le fait que l'impossibilité physique décrite précédemment ne cache pas véritablement l'existence d'une réalité indépendante de la perception, une question au demeurant bien connue en théorie quantique. Nous avons vu, en premier lieu, que des phénomènes comme l'asymétrie, l'entropie, le désordre, le parcours du temps sont proprement « perceptifs ». La question de la causalité est secondaire. Il suffit de voir les tâtonnements des physiciens pour expliquer la causalité physique de phénomènes comme l'irréversibilité du temps ou pour comprendre qu'en fait nos percepts sont inséparables et de la réalité et de la vérité des choses du monde extérieur.

[31] Nous rejetons le principe du tiers exclu, mais seulement dans sa forme logico-inductive.

C'est justement le mythe du réalisme naïf qui nous a conduit à cette croyance dogmatique en une réalité objective indépendante de l'univers des facultés perceptives et sensorielles, un mythe qui a poussé Einstein à ne pas reconnaître les principes de la mécanique quantique, en fondant son espoir sur la découverte vaine d'une réalité sous-jacente et de « paramètres cachés » qui expliquerait les corrélations et les probabilités quantiques. Il a fallu attendre les années 1980 pour admettre l'impossibilité de cette hypothèse.

Examinons maintenant une autre proposition « il y a un cosmos qui ne possède aucun rapport spatio-temporel avec celui dans lequel nous vivons » (ibid.). Selon Russel, il n'existe dans ce genre de propositions aucune sorte de preuve. Dans ce genre de propositions, il n'existe aucun argument inductif ni pour ni contre elle (ibid.) car pour lui « le contraire signifierait soit un accroissement miraculeux de nos propres facultés perceptives, soit des sortes de divinités contemplant tous les mondes qu'elles auraient créés, condition *sine qua none* pour rétablir le chaînon avec notre propre monde » (ibid..). Il n'est donc pas surprenant que l'auteur refuse de telles possibilités. Il en tire une conclusion importante : cette proposition n'est « ni vraie ni fausse ». Elle ne permet pas de démontrer qu'il existe des propositions qui n'obéissent pas à la loi du tiers exclu.

Toutefois, on pourrait ainsi imaginer une proposition inverse et contradictoire avec la proposition de Russel « il ne saurait exister de cosmos qui ne possède aucun rapport avec celui dans lequel nous vivons » et ce, ni au nom du déterminisme (empoisonné par la notion de causalité), ni au nom du réalisme (c'est-à-dire la croyance en l'existence d'une réalité objective indépendante de la perception).

Cette conclusion nous incite à évoquer le fait qu'il serait *a priori* impossible de déduire l'existence d'un monde extérieur et objectif à partir de la perception. Beaucoup de philosophes ont tenté en vain de chercher une solution à cette problématique. Celle-ci représente probablement un faux problème. À cet effet, nous pouvons considérer que la proposition « il y a un cosmos qui ne possède aucun rapport spatio-temporel avec celui dans lequel nous vivons » comme simplement fausse. Il se pourrait qu'il existe un mythe de l'indécidabilité (ni vrai ni faux).

Ceci nous amène à se rappeler la véritable nature de la perception, qui est inséparable et de l'entendement humain qui est supposé (de manière certes erronée) produire des idées comme entités platoniciennes et du monde.

La perception n'est pas réductible au *sensorium* mais elle est plutôt la génératrice d'idées que nous avons sur le monde à travers ce que nous appelons les *objets mentaux*. Un pas significatif dans la voie qui doit mener inexorablement vers cette découverte est la congruence qui existe et qui n'est pas facile à établir entre les objets mentaux et les phénomènes physiques tels que décrits par les plus grandes théories, comme celles de la mécanique quantique, de la relativité restreinte et de la thermodynamique.

Pour établir ce fait, il est nécessaire de procéder à *une véritable critique de la faculté à sentir*. Un tel travail dépasse de loin l'objectif de ce livre.

Chapitre IX : Le changement scientifique : continuité ou discontinuité ?

La révolution scientifique et la « discontinuité » de la science selon Thomas Kuhn

C'est Thomas Kuhn qui a relancé le débat sur le changement scientifique. On peut schématiquement résumer sa pensée en rappelant que la science connait trois étapes significatives :

1. La science normale : c'est un système de connaissances qui reste stable en raison d'un consensus entre les scientifiques tant qu'il n'y a pas quelque chose qui perturbe ce système. Par ailleurs, ce système repose sur la notion de paradigme qui est un modèle unificateur. Il représente également l'ensemble des méthodes scientifiques qui sont reconnues par ces scientifiques.

2. Crise : ce système de connaissances devient menacé dès lors qu'une anomalie surgit. Kuhn n'est pas très explicite concernant la nature de cette anomalie. Mais il est clair qu'une anomalie ne peut être que la non-concordance entre la théorie scientifique ou ce système de connaissances et l'expérience. Nous avons déjà parlé du rôle inductif de l'expérience qui à chaque fois que la science approche d'une révolution provoque un bouleversement spectaculaire qui remet en cause la stabilité et la pérennité du système de connaissances scientifiques qui forme la science normale.

3. Nouvelle science normale : après la crise, les scientifiques élaborent un nouveau système de connaissances qui formera la nouvelle science normale.

4. Incommensurabilité : les théories scientifiques ne partagent pas la même vision du monde. Voilà qui résume cette notion d'incommensurabilité. On peut l'entendre également comme un changement de sens lorsqu'on passe d'une théorie à une autre.

Une première critique de cette approche

Toutefois, si on étudie minutieusement l'évolution de la science, on peut voir de près que les théories ont été parfois attaquées sans qu'il y ait anomalie, pour des raisons de conformisme, d'esthétique, de réalisme.

Il n'est donc pas nécessaire que le passage d'un « paradigme » à un autre soit conditionné par l'apparition d'une anomalie. Comme l'a évoqué à juste titre Gaston Bachelard, le passage entre la théorie newtonienne et la théorie de la relativité générale n'est pas une transition, mais une « induction transcendante », puisque la théorie relativiste s'est attaquée à la « primitivité » de la notion de « simultanéité » et non pas au cadre strict de la théorie newtonienne (Gaston Bachelard [éd. 1994] p. 56.27).

C'est le même cas pour la géométrie non euclidienne car Lobatchevski s'est attaqué à la primitivité de la notion de « parallèles » (ibid..). L'histoire de l'optique ne reflète pas de même une transition unique et irrémédiable entre deux visions du monde antagonistes, ou, pour reprendre les mots du philosophe américain, une « incommensurabilité » entre la théorie ondulatoire et la théorie de l'émission, mais plutôt un processus complexe de rivalité sans répit entre les deux théories aboutissant successivement à des succès et à des échecs récurrents. La théorie de l'émission était connue depuis Descartes et Gassendi, puis elle fut reprise par Newton alors même que la théorie ondulatoire était née avec Huygens grâce à l'expérience de l'astronome danois Rõmer.

Puis elle fut rejetée par Newton et Laplace. La théorie ondulatoire devait plus tard reprendre son essor avec les travaux de Young et Fresnel. Au début du XXe siècle, on devait de nouveau assister à la juxtaposition des deux théories jusqu'à la « synthèse quantique », qui sera marquée par des découvertes inattendues, comme celle des photons par Einstein. La même situation se reproduit aujourd'hui en physique des particules avec la concurrence contemporaine entre le modèle standard et la théorie des supercordes.

En fait, les savants n'attendent pas l'apparition d'anomalies dans les théories traditionnelles pour formuler de nouvelles théories. Kuhn nous propose un modèle de développement de la science qui pèche par son déterminisme et par son côté processuel, alors qu'en fait un tel progrès passe souvent par des voies inattendues, imprévisibles et originales.

De même, le concept d'« incommensurabilité » ne reflète pas nécessairement un trait authentique de la science. Un exemple suffit à le démontrer et il se réfère à un moment critique dans les débuts de l'astronomie moderne.

Contrairement à ce que certains milieux philosophiques professent, auquel appartient d'ailleurs Kuhn lui-même, le système de Copernic ne transforme nullement la vision du monde à l'époque et ne se place pas, à première vue, en rupture avec le système de Ptolémée au double point de vue épistémologique et psychologique (Alexandre Koyré [1985]). Du moins, le système de Copernic ne renferme pas une vision du monde nouvelle et irréductible à l'ancienne astronomie (celle-ci devait intervenir bien plus tard et de manière inattendue grâce aux travaux de Galilée, mais surtout aux spéculations métaphysiques et mystiques de Giordano Bruno sur l'infinité de l'univers).

Elle se distingue néanmoins grâce à une meilleure explication de certains phénomènes astronomiques (mouvement apparent de Mercure, Venus et Mars) ainsi qu'à un ordre plus systématique et simple des orbites des planètes. Alexandre Koyré dans un travail remarquable sur Copernic affirme que le savant polonais ne fut même pas un moderne (ibid.).

Pour être un peu paradoxal, ce dernier n'est donc pas « copernicien », son Univers n'est pas l'espace infini de la physique classique et il part des limites connues dans l'univers aristotélicien. Dans son système, le Soleil et au centre et autour du Soleil, il y a des sphères soutenant et portant les planètes et ces sphères sont réelles, exactement comme les sphères de cristal de la cosmologie médiévale (ibid. notes du chapitre II, p. 92). L'auteur affine son analyse en parlant même d'un certain « Ptolémaisme » de Copernic » « [...] Mis à part sa rupture avec Ptolémée dans deux aspects (le rejet du géocentrisme et des équants), Copernic est resté, tout de même, imbu de concepts ptolémaïques et pourrait même être considéré comme le continuateur – le plus grand continuateur – de l'astronomie grecque. [...] Ceci est le verdict de Kepler qui, d'une part, dans son *Mysterium Cosmographicum,* défend Copernic contre ceux qui accusaient ce dernier d'avoir, sans justification, abandonné la vérité des Anciens » (ibid.)

Voilà donc un témoignage intéressant en ce qu'il récuse complètement la transformation révolutionnaire du monde attribuée à tort à la théorie copernicienne. Bien plus fatalement encore, cette théorie n'est point « incommensurable » à l'astronomie de Ptolémée. Certains auteurs ont rappelé que la science normale n'est pas vraiment caractérisée par le remplacement d'un paradigme par un autre.

Par exemple, il existe dans l'évolution de la science des paradigmes « structurels » qui ne disparaissent jamais et qui sont sous-jacents à la science (Nicholas Maxwell [2014] p.133). Depuis Galilée, la science physique a été marquée par un effort d'unification qui n'a cessé de se développer et de se renforcer jusqu'à aujourd'hui. Newton a poursuivi cet effort en unifiant la physique terrestre et la physique céleste (ibid. p.136). Des siècles après, Einstein a unifié la loi de gravitation avec les lois de l'espace et de l'énergie à travers sa physique tensorielle. Feynman a unifié la théorie de la relativité restreinte avec la mécanique quantique s'agissant de la force électromagnétique (électrodynamique quantique).

Cet effort d'unification vise à trouver la théorie du « tout » en unifiant les quatre forces fondamentale (gravitation, force électromagnétique, force nucléaire forte et force faible). Cet effort d'unification repose sur des paradigmes structurels qui ne changent pas dans le temps.

La philosophie de Kuhn nous laisse par ailleurs donc sur notre faim s'agissant des mécanismes qui sont sous-jacents aux révolutions scientifiques ? Qu'est ce qui explique qu'on passe d'un paradigme à un autre ? Quel est le moteur de ce changement scientifique ? L'approche de Kuhn est processuelle en évoquant l'apparition d'anomalies, un phénomène accidentel et non structurel.

La falsifiabilité de la science selon Karl Popper

L'un des philosophes les plus perspicaces qui s'est attaqué aux mécanismes du changement scientifique est Karl Popper. Selon lui, c'est le passage des axiomes aux tests qui est le moteur de ce changement. Ce qui est remarquable dans l'approche de Popper est la restitution du mécanisme sous-jacent au changement scientifique selon une base épistémologique et non psychologique. Tandis que Kuhn renvoi le changement de paradigme à la décision d'une communauté de chercheurs, Popper considère que le moteur de cette transformation n'est autre que la testabilité et la déduction expérimentale. C'est ce qu'il appelle la falsifiabilité de la science.

Abordons maintenant un peu plus explicitement la falsifiabilité qui est au cœur de la philosophie de Popper.

Si le problème de la démarcation entre science et non-science n'est qu'un avatar du positivisme, c'est-à-dire qu'il est d'ordre philosophique et historique, le concept de réfutabilité ou falsifiabilité sur lequel il s'appuie est plutôt d'ordre épistémologique. Il renvoie donc à une interrogation d'une grande importance sur le statut scientifique des connaissances humaines.

Dans la *Logique de la découverte scientifique (op.cit.* p.180*)*, Popper se pose la question : Quel critère permet de distinguer une théorie scientifique d'une théorie qui ne l'est pas ? Comment, en fait, distinguer la science des « pseudosciences » En fait, son interrogation traduit à l'évidence une question plus précise : Qu'elle est des trois domaines de connaissances (le marxisme, la psychanalyse, la théorie de la relativité d'Einstein), celui qui peut bénéficier de ce critère de scientificité. Selon lui, la théorie de la relativité l'emporte car elle seule est falsifiable, c'est-à-dire qu'elle est sujette à des vérifications et à des tests susceptibles de la réfuter (ibid.).

Si nous extrapolons cette affirmation, nous arrivons à la conclusion suivante : une théorie scientifique donnée ne doit jamais contenir des concepts qui ne se prêtent pas à la falsification (la réfutation).

Elle ne doit pas également prendre comme référence ou s'identifier par rapport à des théories et à des connaissances infalsifiables. Popper qualifia la psychanalyse par exemple comme non scientifique, parce que ses assertions et ses concepts, comme l'inconscient, ne sont tout simplement pas réfutables, c'est-à-dire soumis à des tests susceptibles de les réfuter. S'il existe des assertions infalsifiables, la théorie cesse d'être scientifique.

Le moteur de la recherche scientifique est donc la possibilité d'une réfutation constante des théories scientifiques par les tests de l'expérience. Peu importe les théories qui sont élaborées et l'apparition d'anomalies et de crises, ce qui importe c'est qu'une théorie peut être réfutée par l'expérience. Une théorie qui n'est pas encore réfutée reste en attente jusqu'à ce qu'elle soit réfutée. Ce pessimisme poppérien est selon lui le cœur du changement scientifique.

Mais là aussi, il est très difficile de se ranger derrière cette façon de voir sur la base des « principes ». Je crois qu'il est à la fois légitime et nécessaire de mettre ces conclusions épistémologiques à l'épreuve de l'expérience réelle contenue dans l'histoire de la pensée scientifique elle-même.

À cette approche relative au critère de scientificité d'une théorie ou d'un savoir quelconque, nous apportons deux critiques. D'abord, si l'on admet le critère de falsification (réfutabilité) pour qualifier une théorie de scientifique, nous sommes condamnés à renoncer à bon nombre de concepts actuellement contenus dans des théories scientifiques. Ce dilemme, nous l'expliquerons à travers quatre exemples : « la première loi newtonienne », « le principe anthropique », certaines « théories cosmogoniques » et enfin « les lois de conservation physique ». Disons, tout de suite, que personne ne peut douter, à l'heure actuelle, de la scientificité de ces quatre domaines de connaissances. Pourtant, on est loin de pouvoir dire a *posteriori* qu'ils puissent être totalement falsifiables.

La première loi du mouvement appelée principe d'inertie énonce : « tout corps, s'il n'est pas soumis à l'action d'une force, reste au repos ou est animé d'un mouvement rectiligne et uniforme ». Mais comment vérifier ce principe de validité cosmique ?

Comment vérifier qu'un corps se déplace en ligne droite s'il n'est pas soumis à une force quelconque en l'absence de toutes forces pouvant alors exercer sur lui une action d'accélération ou de décélération, puisqu'en fait un corps est toujours soumis (en mouvement ou en repos) à l'action même minime de forces quelconques, qu'elles soient des forces de frottement dans le cas d'expériences effectuées sur Terre (en laboratoire par exemple) ou de force gravitationnelle lorsqu'on est dans l'espace ? Il n'existe aucune expérience qui puisse démontrer l'existence d'une force d'inertie dans sa forme pure, puisque tout corps, où qu'il soit est toujours soumis à la force de la gravitation de l'ensemble des corps célestes. Cette situation est d'ailleurs démontrée dans l'expérience du pendule de Foucault D'un autre côté, « imaginons qu'on est dans l'espace, loin de la Terre, comment vérifier qu'un objet se déplace en mouvement rectiligne et uniforme sur une ligne droite, dans la mesure où il n'existe pas dans l'espace des bornes fixes en repos par lesquelles on puisse dire que le corps se déplace en ligne droite ou est en repos ? Si nous prenons comme référence la Terre, elle ne serait pas d'un grand secours car la Terre est en mouvement, elle tourne autour du Soleil. Il n'y a pas d'échappatoire à cette fatalité » (Banesh Hoffman [2000] p. 47).

Pour éluder ce problème, Newton avait été obligé de créer les concepts peu intuitifs et totalement faux d'espace et de mouvement absolus.

Ce problème est mieux expliqué dans l'expérience énigmatique dite expérience du pendule de Foucault : ce pendule constitué d'une corde très longue et d'un objet très lourd, oscille lorsqu'il est mis en mouvement durant de nombreuses heures. « Sur le sol il y a un petit monticule de sable en forme d'anneau, une pointe métallique, fixée à la base du pendule, vient creuser une tranchée dans l'anneau de sable, aux deux extrémités de la course [...] au cours des heures, le plan d'oscillation du pendule tourne autour de l'axe vertical, quand il est lancé dans le plan est-ouest, le pendule s'oriente progressivement vers le plan nord-sud » (Hubert Reeves, [1988] p. 258). On est donc tenté de conclure que si le plan semble tourner c'est par rapport à la Terre qui tourne alors que lui est fixe. Les oscillations étranges du pendule peuvent être expliquées par l'hypothèse de Mach qui prend en compte l'influence de la masse de l'univers tout entière, même celle des étoiles fixes les plus lointaines (ibid.). Quelle que soit la solution à donner à ce problème, il n'en demeure pas moins qu'il n'existe point d'espace ou de mouvement absolus.

Einstein avait bien exploité cette manifestation de la nature pour établir un principe d'équivalence entre la force gravitationnelle et la force d'accélération.

Sans aller plus loin, on ne peut que se résigner à l'idée que le principe d'inertie renfermé dans l'écriture scientifique de la première loi newtonienne du mouvement est infalsifiable, parce que non réfutable par l'expérience seule. En effet, quelles que soient les expériences menées, on ne peut jamais le « vérifier » scientifiquement, sans l'ombre d'un doute. On ne peut que supposer sa validité scientifique idéale en ignorant l'action des forces perturbatrices lorsqu'elles sont effectivement faibles. On ne peut jamais tester la validité de ce principe en l'absence totale de l'action de ces forces. Enfin, la première loi de Newton ne s'applique jamais de manière satisfaisante dans la nature. Puisqu'il est impossible de prouver que cette loi s'applique réellement et complètement, que ce soit dans la nature ou sur le plan expérimental. Pourtant nous ne pouvons pas affirmer qu'elle est réfutable bien qu'elle ne soit jamais falsifiable. Pour qu'on puisse supposer que cette loi pourrait être fausse, c'est-à-dire réfutable, et ce, quelque part dans l'immensité de l'univers, il faudrait qu'il soit possible de trouver un endroit qui ne soit pas soumis à la force de gravitation. Or il est impossible de supposer qu'un tel endroit existe étant donné que la force de gravitation est partout omniprésente.

Elle perturbera toujours notre expérience, et on ne peut pas établir que la première loi de Newton pourrait être fausse. On dirait plutôt qu'elle est infalsifiable. Ne serait-elle donc pas scientifique ? Aucunement.

Quant au principe anthropique, c'est un véritable mystère. Dans sa version initiale, il exige « que les conditions de l'univers soient compatibles avec l'existence d'êtres humains » (Murray Gell-Mann, [1997] p. 238). Dans une autre version, il permet d'énoncer que « la branche particulière de l'*Histoire* sur laquelle nous nous trouvons possède les caractéristiques nécessaires pour qu'existe notre planète et que s'y épanouisse la vie, la vie humaine y compris » (Reeves p.165). Suivant la belle définition de Stephen Hawking « c'est parce que nous existons que nous voyons l'univers tel qu'il est. [...] Pourquoi l'univers est-il tel que nous le voyons ? [...] La réponse, disait Hawking, est simple : S'il avait été différent, nous ne serions pas là ! » (Stephen Hawking [1991] p. 162).

Loin de constituer une curiosité exotique du monde de la physique moderne, il est véritablement congruent à de nombreuses théories sur la naissance et l'évolution de l'univers. Sa scientificité est donc largement admise, mais c'est moins évident lorsqu'on passe à la possibilité de sa réfutation.

Le principe anthropique repose sur le fait que peu de variations des paramètres physiques permettent l'émergence de la vie et de l'intelligence humaine. Au-delà de ces limites, les univers possibles ne peuvent être observés, parce qu'aucune vie intelligente n'aurait été possible pour permettre cela. Sa réfutation supposerait l'existence réelle de ces univers parallèles où la vie intelligente n'est pas possible, ce qui est impossible à démontrer.

Beaucoup de théoriciens en astrophysique ont tenté de prouver qu'il est bien possible que différentes régions de l'univers primitif issu du big-bang présentent les mêmes propriétés physiques. Mais leurs théories – celle de l'inflation par exemple – sont indémontrables et infalsifiables. Cela devrait-il nous conduire à rejeter bon nombre des recherches actuelles en cosmologie comme « pseudosciences » sous le prétexte qu'elles seraient « infalsifiables » ? Ce paradoxe nous amène à parler du troisième domaine de connaissance qu'est la cosmologie.

Bien que la théorie du big-bang soit confirmée par la découverte du rayonnement centimétrique fossile par Penzias et Wilson, il n'en demeure pas moins que notre connaissance des grandes structures de l'univers reste très hypothétique.

Stephen Hawking nous raconte dans son célèbre livre *Histoire brève du temps* qu'une vielle dame a interpellé un astronome sur la constitution de l'univers en affirmant que le monde serait plat et posé sur le dos d'une tortue géante. L'auteur n'en revient pas à considérer cette explication comme absolument ridicule puisque les grandes structures de l'univers sont basées sur des connaissances qui ne peuvent pas être toujours vérifiées par l'expérience.

Dans la mythologie égyptienne, par exemple, « la terre *(Geb)* est représentée comme un disque plat allongé, dont le rebord ondulé figure les montagnes qui entourent le monde terrestre. Au-dessus de ce monde, le dieu de l'air *(Shu)* soutient le corps de la déesse qui incarne la voûte céleste *(Nout)*. Chaque jour, le dieu solaire (Râ) doit la parcourir avant de traverser, chaque nuit, l'océan primordial *(Nun)* sur lequel flotte le disque terrestre » (Denis Kambouchner p.38).

Il ne semble pas légitime de penser que cette théo-cosmogonie contienne plus d'anthropomorphisme que le principe anthropique que nous avons évoqué. Nos connaissances sur les grandes structures de l'univers, comme par exemple celles susceptibles d'expliquer pourquoi les étoiles et les galaxies, ne sont pas uniformément réparties dans l'espace, reposent en fait sur des théories dont le moins que l'on puisse dire est qu'elles procèdent par des conjectures qui ne sont pas soumises aux expérimentations.

Ce genre de théories sont d'autant plus difficiles à confirmer qu'à réfuter tenant compte aussi des limites physiques d'expérimentation. Afin de savoir par exemple si certaines particules élémentaires ont survécu aux premiers instants de l'univers pour composer la « matière noire » intergalactique qui constituerait l'essentiel de la masse actuelle de l'univers, il faudrait étudier expérimentalement les phénomènes physiques à des énergies très élevées. Le diamètre d'un accélérateur de particules est proportionnel à l'énergie qu'il communique. Il existe donc une limite à concentrer des quantités d'énergies aussi importantes. Dans ce cas précis, le critère de falsifiabilité rencontre des limites.

L'horizon indépassable de nos connaissances sur le futur de l'univers (théorie des étapes cycliques, théorie de l'inflation) est un autre exemple des spéculations infalsifiables qui peuvent parfois marquer un aspect problématique mais authentique et irremplaçable de la pensée scientifique moderne. À défaut, une bonne partie de la recherche scientifique devrait tout bonnement être abandonnée.

L'exemple des lois de conservation est également une illustration de la non-falsifiabilité de certaines de nos plus grandes prémisses scientifiques. L'existence de lois de conservation de l'énergie, de l'impulsion ou du moment cinétique en physique atomique est déduite de notre croyance (*croyance* et non pas *connaissance*) en l'existence d'une uniformité de l'espace et du temps. La conservation de l'énergie est déduite de l'existence d'une homogénéité du temps, celle de l'impulsion est déduite de l'homogénéité de l'espace.

Mais pourquoi de telles corrélations ? Si l'homogénéité du temps permet de conserver l'énergie, c'est précisément pour nous affranchir d'une connaissance exacte et précise d'une origine au temps, car si celui-ci était hétérogène, il serait nécessaire d'un point de vue logique de remonter à l'origine du temps pour pouvoir parler d'une conservation de l'énergie et si l'espace n'était pas homogène, la constante de Kepler sur le mouvement des planètes par exemple devrait dépendre de la position du Soleil, foyer de l'ellipse dans le système galactique puis dans l'espace intergalactique, ce que Kepler n'aurait jamais pu connaître et n'aurait certainement pas même pu imaginer.

Nos expériences et nos observations ont besoin d'isoler une chose pour qu'elle ne puisse pas interagir avec l'ensemble de l'Univers dans le temps et dans l'espace. Par ailleurs, il faudrait que l'espace et le temps soient homogènes, c'est-à-dire identiques. Cette croyance est née de l'impossibilité de dérouler l'univers entier sous l'empire de notre perception. Si le temps n'est plus homogène, il faudrait le parcourir jusqu'à l'origine et si l'espace n'était pas homogène, il faudrait en faire un inventaire intégral et le dérouler sous l'empire de notre connaissance, mais notre bon sens ne peut que se résigner à l'impossibilité d'une telle entreprise.

Le corollaire de ce constat d'échec est peut-être la réduction qu'opère Kant des concepts d'espace et de temps à des formes pures de l'intuition sensible qu'on ne peut dériver d'aucun autre concept. Ne faudrait-il pas au passage rappeler que cette fatalité ontologique rend caduc tout essai de démonstration ? Les lois de conservation sont indémontrables puisqu'on ne peut objectivement les vérifier ni par l'expérience, ni par aucune autre chose. Elles ne sont donc ni falsifiables, ni réfutables.

Pourtant ces lois de conservation (de l'énergie, de l'impulsion, du moment cinétique...) sont une condition *sine qua none* pour toutes les théories physiques. Sans elles, il serait problématique de pouvoir représenter des grandeurs (comme masse, moment cinétique, impulsion, fréquence...) en nombres parfaitement calculables. À cela quelqu'un pourrait objecter qu'il est tout de même admis aujourd'hui qu'au sein du cadre de pensée de la mécanique quantique que les lois de conservation rencontrent essentiellement des limites. Les fluctuations quantiques produites par les relations d'incertitude de Heisenberg permettent de créer « virtuellement » une paire d'électrons – positrons qui fusionneraient en rayonnant. Mais cette analyse croule sur elle-même du fait qu'il est impossible que ces processus violent les lois de conservation de l'énergie (par exemple).

La seule hypothèse en vogue sur cette question est la théorie relative à l'évaporation des trous noirs qui n'est pas en meilleure position à l'égard d'une hypothétique expérimentation. Avant d'observer cette hypothétique évaporation, faudrait-il d'abord observer des « trous noirs[32]».

On est vraiment loin du compte. Cet état d'esprit vient du fait qu'en mécanique quantique, les choses sont très différentes. Au-delà de ces exemples révélateurs, nous pouvons voir en profondeur que dans la révolution conceptuelle provoquée par la physique quantique, il est difficile d'admettre l'universalité et la généralisation du processus relatif au passage des axiomes aux tests de l'expérience qui est la *deus ex machina* de la philosophie scientifique de Popper.

En mécanique quantique, la notion d'espace et de trajectoire n'est plus d'aucun secours pour formuler des représentations mathématiques précises de la nature. Mais cela est radicalement différent pour la notion de temps.

---

[32] La théorie de la relativité générale, telle que conçue à l'origine par Einstein, ne prévoyait même pas ces trous noirs (nom donné par Wheeler). Le grand savant déclarait même qu'il serait illusoire de prétendre déterminer leur existence, car il serait très arbitraire d'introduire les singularités dans toute théorie physique – avec ces singularités, les lois physiques ne s'appliquent plus. Néanmoins, les astrophysiciens ne doutent plus aujourd'hui de leur existence et ce, en dépit de l'avertissement d'Einstein. Du moins, l'asymétrie entre réfutation et confirmation ne s'applique pas dans ce cas de figure, puisque nous ne sommes pas en mesure de réfuter leur existence tout en n'ayant pas encore la capacité de la confirmer.

La constante de Planck h est une constante d'action résultant du produit entre l'énergie et le temps. Faut-il rappeler encore que si en mécanique classique l'espace a été si nécessaire pour représenter en nombres les différentes figures (notion d'objets corporels, point matériel, corde, fil, onde…), et en cela elle se conforme parfaitement à la topique kantienne qui soumet la possibilité de la détermination des phénomènes dans l'espace et le temps en général, il en est tout autrement en mécanique quantique. L'image naïve de l'atome de Bohr calquée sur un modèle inspirée du système solaire s'est vite estompée en faveur d'une créature mathématique assez étrange appelée fonction d'onde. Les relations d'incertitude ont par ailleurs permis de remettre en cause toute possibilité de représentation visuelle dans l'espace.

De nombreux philosophes et de physiciens illustres comme Bohr et Heisenberg, commettent une erreur en confondant espace et temps dans un même répertoire épistémologique en affirmant que la mécanique quantique se démarque de toute représentation spatio-temporelle des phénomènes physiques[33].

On peut dire en revanche que la mécanique quantique se démarque seulement de la notion classique d'espace et non pas de celle du temps. La non-commutativité des matrices d'Heisenberg et des opérateurs ne s'applique pas indifféremment au temps et à l'espace. Par ailleurs, une probabilité de présence d'une particule dans un espace donné ne signifie jamais probabilité d'existence de cette même particule.

Lorsqu'on dit que la position de la particule x dans un espace donné est indéterminée avant l'observation, cela signifie simplement qu'elle se trouve quelque part dans ce même espace, mais nous ne pourrons jamais déterminer sa présence exacte avant l'observation. Il n'existe tout simplement pas en mécanique quantique de rupture entre observation et occurrence du phénomène, une rupture largement entamée par la mécanique classique.

C'est plutôt le rejet du réalisme naïf qui introduisit la rupture. On peut facilement comprendre qu'on ne peut pas sérieusement parler de l'existence éventuelle d'une maison une fois qu'elle n'est plus observée.

---

[33] Cette confusion est peut-être le résultat de la conception spatio-temporelle héritée d'Einstein. Les physiciens se sont nourris de cette conception avec le « lait de leur mère ».

Par ailleurs, nous observons toujours le monde sous un angle donné, dans une direction déterminée, jamais en totalité. Nous ne percevons jamais le monde en une seule fois, nous ne pouvons l'observer que dans un endroit précis et sous un espace coupé et séparé de l'espace général, de l'espace entier de l'Univers. Il y a une très grande différence entre cet espace familier et l'espace physique dont on parle comme s'il existait réellement. Cet espace-là n'est qu'une extrapolation de l'espace familier de l'espace de tous les jours.

La relativité avait déjà détruit la notion newtonienne d'espace absolu en introduisant un espace relatif beaucoup plus familier, puisqu'il met en jeu un phénomène largement connu dans le monde de tous les jours, mais qui, en réalité, est plus complexe même si cette complexité n'est pas totalement étrangère à notre connaissance. Après tout, on parcourt un *espace donné* dans un *temps déterminé*.

Quant à la mécanique quantique, elle transforme l'espace du monde classique en matrice ou en opérateurs, c'est-à-dire en un nombre, un symbole. Ce qui n'est pas si extraordinaire qu'on pourrait le croire, dans la mesure où ce nouvel espace n'est en fait pas tellement différent du premier ; la seule différence notable est qu'il ajoute à l'idéalisation, à l'abstraction, au symbolisme. Avant la mécanique quantique, l'existence simple du concept d'espace ne suffisait pas entièrement pour qu'il puisse y avoir une mécanique, une cinématique, en un mot, une praxis.

Il a fallu transformer cet espace métaphysique (dont on ne pouvait pas connaître la structure physique) en un espace fondamentalement homogène, géométrique, en un espace euclidien (un espace dénué de singularité). À défaut, aucune occurrence physique n'est possible (soit dynamique, soit statique), aucune force ou action ne peut s'exercer sans incertitude.

Il a fallu l'invention de la géométrie non-euclidienne par Riemann et Lobatchevski pour comprendre enfin que l'espace homogène euclidien n'était pas aussi réaliste qu'on pouvait le penser. Son degré d'abstraction étant tel que rien ne permettait de le faire dériver à partir de quelque chose. Cet espace-là, pure création de l'esprit, permettait la déduction facile de la loi de conservation du mouvement découverte par Isaac Newton et l'invention de grandeurs parfaitement calculables.

La complexification de cet espace (apparition de géométries non euclidienne), puis sa numérisation (transformation en nombres complexes, en opérateurs, matrices ou vecteurs) fut la dernière étape vers l'idéalisation et l'abstraction, au point où il est quasiment impossible de déduire ces entités mathématiques de l'espace d'origine, c'est-à-dire de l'espace euclidien. L'algèbre quantique fit disparaître presque totalement l'espace. Mais voilà qu'en fait, cette révolution ne fit que remplacer une mathématique par une autre (la théorie des champs par exemple réhabilite un peu le concept d'espace euclidien).

Ce processus prend forme dès la création de la théorie des quanta. La découverte des quanta par Planck ne fut pas le résultat d'une théorie réaliste, c'est-à-dire en formulant des hypothèses pour voir si celles-ci concordent avec l'expérience.

Dans le cas qui nous intéresse, Planck s'attaquait au problème du corps noir afin d'expliquer pourquoi une cavité remplie de rayonnement donne lieu à un spectre qui indique une pointe et une chute au point zéro à la longueur d'onde zéro, alors que les prédictions de la mécanique classique confirment que cette cavité devrait toujours renfermer une quantité infinie d'énergie aux longueurs d'ondes les plus courtes. « Tout rayonnement du corps noir devait donc irradier d'énormes quantités d'énergie à haute fréquence (aux longueurs d'ondes courtes) dans l'ultraviolet et au-delà (catastrophe ultraviolette) » (Gribbin [1999] p.55). Alors qu'en réalité « l'énergie des oscillations à haute fréquence n'était pas très importante, elles tombent à zéro quand la fréquence de la radiation augmente » (ibid.).

Pour résoudre cette énigme, Planck a eu recours à la thermodynamique et plus particulièrement à l'approche statistique de la thermodynamique de Boltzmann. Celle-ci impliquait de « fractionner l'énergie totale de manière mathématique et de traiter ces fragments comme des quantités réelles susceptibles d'être résolues par des équations de probabilité, il convenait ensuite d'additionner entre eux les fragments obtenus précédemment pour connaître l'énergie totale du rayonnement du corps noir » (ibid. p.59). Mais comme Planck a réalisé qu'il avait trouvé la bonne solution mathématique, il abandonna la réintégration des fragments qui devait intervenir nécessairement selon les lois de la thermodynamique de Boltzmann et arrêta donc ses calculs sur une équation qui représentait correctement le spectre du rayonnement du corps noir (ibid.).

Ce qui est capital, c'est que Planck a découvert la discontinuité et la quantification du rayonnement du corps noir (constante de Planck *h*) par un détour mathématique et non en formulant une hypothèse soumise à l'expérience. C'est donc à partir d'une physique mathématique (statistique thermodynamique, équations de probabilité, équation générale de la courbe du spectre du corps noir) qu'une nouvelle physique mathématique est née basée sur la constante de Planck *h*. Il n'y a pas donc dans la révolution conceptuelle de Planck, un passage des axiomes vers les expériences, mais plutôt la naissance d'une nouvelle physique mathématique à partir d'une ancienne physique mathématique (thermodynamique de Boltzmann)

Certains arguent que la découverte de Planck n'était pas si capitale, puisque c'est à Einstein que doit revenir l'honneur d'avoir expliqué ce que cette quantification signifie en réalité.

C'est grâce à la découverte des photons dans le cadre de l'expérience relative au phénomène photo-électrique que l'essence de la quantification a été déterminée[34]. Voilà qui est bien arbitraire. Bien qu'Einstein ait découvert la signification ou plutôt une application de *h*, cela ne justifie nullement un quelconque amoindrissement de l'apport de Planck lui-même. Non seulement ce dernier a dû travailler dans l'obscurité la plus totale, alors que de nombreux physiciens échouèrent à expliquer la catastrophe ultraviolette, mais sa supériorité intellectuelle résidait dans l'utilisation de la thermodynamique et le calcul des probabilités.

Trois constats nous interpellent afin de reconnaître dans le travail de Planck une grande révolution scientifique, l'une des plus importantes de l'histoire de la pensée scientifique depuis Newton.

D'abord, la discontinuité du rayonnement du corps noir entre directement en contradiction avec les postulats de la physique classique, une contradiction qui n'apparaît nécessairement pas dans le cadre de la théorie de la relativité. Par ailleurs, il convient de préciser que cette découverte introduit une rupture avec la réalité, une réalité telle que conçue par la vision kantienne du monde physique. Dans ce sens, les autres grandes théories physiques peuvent être qualifiées de théories réalistes, c'est-à-dire qu'elles reposent fondamentalement sur la croyance en l'existence d'un monde objectif et réel au-delà de nos théories.

[34] Thomas Kuhn va jusqu'à nier la paternité de Planck en ce qui concerne la quantification en l'attribuant à Einstein.

C'est ce qui a amené Einstein et Schrödinger – pour ne prendre que ces deux adversaires acharnés de l'« irréalisme » de la mécanique quantique – à rejeter les postulats de la mécanique quantique parce qu'ils ne sont pas réalistes.

Le moins que l'on puisse dire ici, c'est que la théorie des quanta de Planck est loin d'être réaliste, car elle ne suppose pas l'existence d'un phénomène indépendamment de l'appareil mathématique comme condition *sine qua none* de la vérité épistémologique de cette théorie.

Bien au contraire, l'appareil mathématique de la mécanique quantique évolue suivant sa logique propre, au-delà de ce qui pourrait être réel. La théorie des quanta repose essentiellement sur la cohérence interne de cet appareil mathématique et non sur l'hypothèse d'une existence réelle d'un phénomène déterminé que la théorie s'attache à expliquer, à représenter ou à prédire l'évolution.

La théorie des quanta va encore plus loin, elle penche plutôt à prescrire à la nature des lois mathématiques. Dans le cas précis de la découverte de Planck, l'élément de discontinuité est tout d'abord mathématique. Voilà qui transcende complètement la découverte des photons par Einstein dans le cadre d'une explication physique des quanta de Planck. Une question intéressante reste posée : aurait-il été possible que la découverte des photons soit effectuée dans le cadre d'une toute autre expérience ou théorie, indépendamment de la découverte de la discontinuité par Planck ?

Einstein aurait-il eu la possibilité de trouver une explication au phénomène photo-électrique, ou même à l'existence des photons, indépendamment de la théorie des quanta de Planck ? La réponse, à mon avis, est affirmative.

L'apport de la théorie des quanta consiste à fournir à Einstein un ordre de grandeur, une constante, indépendamment de l'appareil conceptuel en plein développement de cette théorie. Même si cela n'est pas négligeable, il n'en demeure pas moins que le but de notre question est de démontrer que les photons ne sont qu'un cas parmi d'autres de l'application de la constante de Planck et non pas une sorte de confirmation de la théorie des quanta, encore moins de cette même constante de Planck h.

À titre d'exemple, la découverte accidentelle des rayons X par Wilhelm Röntgen en 1895 aurait pu conduire, si une réflexion théorique soutenue avait été menée[35], au même résultat que celui obtenu par Einstein. Certains historiens penchent pour l'hypothèse selon laquelle la découverte des rayons X venait trop tôt en dépit de son importance, car la physique atomiste ne disposait pas d'un cadre de référence théorique, dans lequel pouvaient s'inscrire ces entités physiques (Gribbin, *op. cit.*, p. 40-41).

Selon eux, la découverte de ces rayons était un phénomène isolé. Je pense, pour ma part, que ce déficit théorique n'explique nullement que la découverte des rayons X n'ait pas abouti, à la fin du XIXe siècle, à la découverte des photons comme ce fut le cas pour les électrons qui ont été découverts par Thompson en 1870. Il a fallu attendre 1920, pour qu'Arthur Wily Compton confirme l'existence des photons de rayons X dans une fameuse expérience qui montra l'interaction d'un photon et d'un électron lors d'une collision. Le grand physicien américain (Prix Nobel 1927 avec C. T. R. Wilson) expliqua que quand un photon de rayon *x* frappe un électron, l'électron gagne de l'énergie et une quantité de mouvement et dévie sa trajectoire, le photon, quant à lui, perd de l'énergie et de la quantité de mouvement et adopte une trajectoire différente.

C'est plutôt en raison d'un excédent théorique que les physiciens n'ont pas pu démontrer l'existence des photons dès la découverte des rayons X. Ces rayons furent découverts par Röntgen en dépit de leur caractère invisible (ils ne peuvent être détectés que grâce à leur action sur les plaques ou sur les pellicules photographiques, ou sur un écran fluorescent). Lorsque Röntgen les découvrit par pur hasard, il fut rapidement démontré qu'ils étaient des ondes (Gribbin p.41). Comme cette découverte a été réalisée dans un laboratoire allemand, les scientifiques ont estimé utile de les considérer comme des ondes, car à la même époque ils prétendaient que les rayons cathodiques étaient aussi des ondes (ibid.). Tandis que les scientifiques britanniques et français pensaient qu'ils pouvaient être constitués de particules. Pour les scientifiques allemands, la thèse des ondes était trop solide pour être abandonnée. Selon eux, les rayons cathodiques étaient provoqués par des vibrations de l'éther. Cette thèse fut donc connue sous le nom « d'ondes éthérées » (ibid.).

---

[35] À l'instar de celle qu'effectua Thompson et qui déboucha sur la découverte des électrons.

En revanche, Thompson, en partant de la théorie corpusculaire, avait conçu une expérience qui équilibrait les propriétés électriques et magnétiques d'une particule chargée en mouvement. La trajectoire d'une telle particule pouvait être déviée tant par les champs électriques que par les champs magnétiques, et Thomson a conçu un appareil qui annule ces champs en laissant les rayons cathodiques se déplaçant en ligne droite entre une plaque de métal (ou cathode) chargée négativement et un écran détecteur. Ce dispositif ne fonctionne qu'avec des particules électriquement chargées.

Thompson établit donc que les rayons cathodiques étaient vraiment des particules à charge négative (appelées aujourd'hui électrons) et il parvint à utiliser l'équilibre des forces électriques et magnétiques pour calculer le rapport de leur charge *e* à leur masse *m*. « Quel que soit le métal utilisé pour la cathode, il obtint toujours le même résultat et conclut que les électrons sont des « parties d'atomes» (ibid., p.41). Ceci montre que les expériences ne partent toujours pas d'hypothèses à réfuter, mais le plus souvent d'hypothèses à confirmer, ce qui consolide notre théorie concernant la relation univoque entre proposition théorique vraie et un fait unique d'expérience.

Les photons auraient donc pu être facilement découverts en 1897, si ce n'était la concurrence contre-productive entre les deux théories corpusculaire (préconisée par les scientifiques britanniques et français) et ondulatoire (avancée par des scientifiques allemands). Il n'y a donc pas de lien direct (de consubstantialité) entre la théorie des quanta de Planck et la théorie des photons d'Einstein. Ce dernier n'a fait qu'obtenir grâce à la constante de Planck une relation mathématique assez simple sur le photon.

Le troisième constat de taille est de nature épistémologique : la quantification de Planck consacra l'introduction des probabilités dans le monde quantique, ce qui lui conféra un caractère assez singulier et problématique bien qu'aucun développement scientifique ultérieur n'ait pu remettre en cause cet état de fait. Cet aspect de la nouvelle mécanique embarrassa de nombreux physiciens, dont les plus illustres sont Einstein et Schrödinger, mais il est irremplaçable dans le cadre achevé de la mécanique quantique. Remettre en cause ce caractère atypique de la mécanique quantique signifierait le rejet de nombreux concepts clés, comme la fonction d'onde qui est en fait une fonction de probabilité de présence d'une particule donnée.

À travers ces exemples, on peut conclure qu'il est très difficile de considérer le postulat déductif de Popper relatif au passage des axiomes aux expériences comme universel, du moins il rencontre des limites certaines lorsqu'on passe à une étude critique de la genèse de certaines théories scientifiques. Il est en fait très difficile d'éliminer les concepts « infalsifiables », c'est-à-dire « irréfutables ». Ce genre de concepts existe réellement dans toute science. Par ailleurs, le passage des axiomes vers les tests des expériences n'est pas universel dans l'élaboration des théories scientifiques. La méthode déductive du passage des axiomes aux expériences est sujette à caution dans la mesure où beaucoup de savants ont emprunté des chemins radicalement différents dans l'élaboration de certaines des plus grandes théories scientifiques connues, dont la plus célèbre n'est autre que la théorie des quanta de Planck pour la résolution du problème de la catastrophe ultraviolette du rayonnement du corps noir.

L'approche sur la migration des concepts et des propositions

Si la philosophie déductiviste de Popper et l'approche relativiste de Kuhn prônant la discontinuité ne permettent d'expliquer le moteur du changement scientifique, la seule approche qui est susceptible de nous faire avancer puise dans la structure des théories scientifiques.

Cette structure nous laisse entrevoir l'existence de propositions différentes sur le plan ontologique qui voyagent dans le temps d'une théorie à une autre. Nous pensons que la théorie se compose de plusieurs propositions dont une seule proposition vraie qui est indivisible de l'expérience unique et « cruciale » qui la confirme. Cette façon de voir est importante, car Popper n'explique pas comment le processus expérimental fonctionne, bien qu'il ait conclu qu'une seule expérience défavorable est susceptible d'infirmer la théorie. Alors que Popper insiste pour justifier la testabilité et la faillibilité, il y a lieu de croire que les théories détruisent d'autres théories et aucune théorie ne prétend cohabiter avec d'autres. Chaque théorie comporte une dimension idéologique, exclusiviste, qui prétend expliquer les phénomènes et qu'elle se propose de ramener à une interprétation unique.

Les théories scientifiques nous ont habitués à cette quête d'unification (unification des forces de la nature), et cela, par nature, laisse peu de place à la cohabitation, aux candidats et à l'accumulation. L'absence d'accumulation en physique a été bien démontrée par Thomas Kuhn, mais son modèle explicatif de l'évolution scientifique repose sur un processus qualifié de « révolution. » Une fois un paradigme dépassé, on n'y revient plus jamais (Kuhn…). La théorie de Kaluza (voir les développements à ce sujet dans les chapitres précédents) fut abandonnée parce que les chercheurs avaient emprunté une autre voie pour établir des théories sur l'unification des forces. Au lieu d'enrichir l'espace–temps à quatre dimensions en lui ajoutant une dimension supplémentaire, le mathématicien Hermann Weyl proposa en 1918 de conserver l'espace quadridimensionnel, mais de compliquer sa structure.
On peut facilement observer que beaucoup de concepts furent abandonnés puis repris dans la trame de nouvelles théories scientifiques. La notion d'atome remonte aux Épicuriens avant d'être le fondement d'une nouvelle recherche en physique théorique et expérimentale. La théorie de Newton, selon laquelle, la lumière est constituée de particules fut totalement éclipsée par la théorie ondulatoire qui connut un essor sans précédent avec Young et Fresnel. Cependant, en suggérant l'existence des photons, une existence admirablement confirmée sur le plan expérimental, Einstein renoua, par un détour imprévu de l'histoire, avec la théorie corpusculaire newtonienne et même la relativité ne fut pas une théorie qui apparut *ex nihilo*. Certains critiques de Newton, à l'instar de Mach, avaient bien remarqué, à travers des expériences de pensée, son existence.

La présence réelle d'un processus non cumulatif en science, un processus qui est véritablement à propos lorsque nous parlons de la concurrence acharnée entre les théories scientifiques, ne signifie pas que d'anciens concepts ne sont pas susceptibles d'être repris par de nouvelles théories scientifiques.

Bien au contraire, lorsque nous disons que les théories détruisent d'autres théories, nous évoquons également une autre nature, qualifions-la de « cannibale » : la théorie est un être vivant qui a besoin de se nourrir des cadavres des théories antérieures. Cela a été justement le cas de la théorie de Kaluza avec le concept d'« introduction de dimensions supplémentaires » qui fut repris par la théorie des cordes à dix dimensions (Nima Arkani-Hamed, Savas Dimopoulos et George Dvali [octobre 2000] p. 56).

Mutatis mutandis, la théorie de Weyl fut également abandonnée par les physiciens parce qu'elle ne reproduisait pas correctement la gravitation, mais le concept d'« invariance de jauge » lui survécu, et fut inclus dans un nouveau formalisme mathématique utilisé par les théories des champs (comme le modèle standard).

Voilà la clé du changement scientifique, des concepts anciens appartenant à des théories les théories absorbent antérieures et les utilisent indépendamment de ces théories.

D'autres exemples reflètent encore mieux ce processus : la théorie corpusculaire de la lumière adoptée par Newton lui permit d'expliquer un certain nombre de propriétés physiques de la lumière.

Mais pourquoi aurait-il admis précisément cette théorie corpusculaire ? Peut-être parce qu'elle s'adaptait à sa nouvelle vision mécaniste devant déboucher sur une nouvelle dynamique cinématique qui fait intervenir des corps et des particules ou peut-être, comme il le dit lui-même, comment expliquer autrement le mouvement en ligne directe de la lumière.

Il y a cependant une différence totale de vision et de théorie lorsqu'en passe à Einstein : la théorie corpusculaire de ce dernier, permettant d'expliquer aisément le phénomène photo-électrique. Elle s'adapte et s'intègre parfaitement à mécanique des quanta.

Le cas de la théorie de la relativité est encore plus intéressant à étudier. Bien que le concept de relativité ait été découvert par Mach bien avant Einstein, il a été développé comme une critique de l'espace absolu que Newton imposa comme un dogme dans la trame de sa mécanique. Il stipula que l'inertie d'un corps est une « conséquence de l'action de l'espace absolu sur ce corps, ce dernier étant par définition non affecté par ce qui se passait en son sein » (Banesh Hoffman, [1985] p. 53). Mach rejetait cette façon de voir, il disait que l'inertie d'une particule provenait de son interaction avec l'ensemble de la matière dans l'univers, y compris la matière la plus lointaine.

Toutefois, en mécanique newtonienne la relativité du mouvement a été découverte très tôt. Cette proposition suffit à le démontrer « les mouvements relatifs des corps enfermés dans un espace donné sont identiques que cet espace soit au repos ou animé d'un mouvement rectiligne, sans mouvement circulaire » (ibid.). La notion d'espace absolu était en contradiction avec cette proposition au sein même du cadre théorique de la mécanique newtonienne.

La relativité était donc bien connue bien avant la révolution enclenchée par Einstein. Sa théorie de la relativité restreinte ne repose pas sur le même cadre de référence théorique. Elle généralise la relativité à l'ensemble des phénomènes physiques en partant du postulat que les phénomènes physiques sont uniformes dans l'ensemble de l'univers. Par conséquent, la notion de relativité néo-newtonienne fut reprise indépendamment de son cadre de référence théorique d'origine par une nouvelle théorie relativiste universelle.

On peut généraliser cette démonstration à d'autres exemples plus complexes pour voir qu'à chaque fois qu'il y a eu reprise de concepts issus de théories antérieures, il y eut abandon ou, pour être plus précis, destruction de ces mêmes théories. Ces dernières sont oubliées. Les travaux de Copernic reflètent eux aussi cette même migration des concepts et des propositions scientifiques. Le mécanisme que Copernic utilisa pour éliminer le centre de l'équant et modifier la position de l'orbite terrestre ressemblait aux inventions d'Ibn al-Shâtir et des autres astronomes de l'École de Marâgha en Iran qui connut un grand essor durant le Moyen Âge. Pourtant aucune traduction latine de leurs œuvres n'est attestée aujourd'hui (Owen Gingerich avril [1986], p. 60). Ibn al-Shâtir élimina des constructions de Ptolémée le centre de l'équant et certains cercles, il généralisa une configuration reposant entièrement sur des cercles pour les mouvements des planètes. Mais cette configuration était géocentrique.

Copernic a utilisé dans le *Commentariolus*, puis dans de *revolutionibus* une configuration comparable mais avec le Soleil comme centre. De même, Copernic consulta les travaux d'astronomes arabes qui ont approfondi le système de Ptolémée en cherchant à établir de nouvelles valeurs numériques, parmi lesquels, il faudrait distinguer Muhammad al-Battâni, auquel les travaux de Copernic font référence. Ce dernier emprunta également aux Arabes les méthodes de la géométrie trigonométrique en utilisant les sinus au lieu des *chords* des astronomes grecs. Les travaux mathématiques de Copernic sont, de ce point de vue, largement supérieurs à ceux de ses prédécesseurs grecs.

Mais plus important encore la théorie de Copernic contient des concepts, comme l'héliocentrisme, qui n'étaient pas aussi nouveaux comme ont tenté de le montrer beaucoup d'historiens des sciences comme Alexandre Koyré et Thomas Kuhn.

Pour le premier la théorie de Copernic entraîna une « révolution » qui changea l'esprit occidental. Il qualifia, comme beaucoup avant lui, cette révolution de « crise de la conscience européenne » (Alexandre Koyré, [1993] p. 9). Il est allé jusqu'à voir l'année 1543, date de la mort de Copernic et la publication *De Revolutionibus Orbium,* comme annonçant la fin du Moyen Âge et le début des temps modernes, car cette date symbolise, selon lui, la fin d'un monde et le début d'un autre et ce beaucoup plus que la conquête de Constantinople par les Turcs ou la découverte de l'Amérique par Christophe Colomb (Alexandre Koyré [1973] p.15)

Selon Koyré, la révolution copernicienne a eu le mérite d'entraîner la destruction du Cosmos hérité des Grecs et l'élaboration ingénieuse d'une géométrisation de l'espace.

D'une certaine manière, la démarche de Koyré repose sur une explication de la portée de la révolution copernicienne selon une interprétation historique globale, associant les travaux astronomiques de ses successeurs : Galilée et Kepler. Il ne comprend mieux l'œuvre copernicienne qu'à travers les œuvres de ces derniers.

La raison à cela est que les idées d'un univers infini et d'un espace basé sur la géométrie euclidienne n'ont pas été suffisamment intégrées dans la théorie copernicienne. Ces idées ont ruiné, selon lui, les postulats de la physique d'Aristote. L'idée d'infinité, ne se trouve que dans cette philosophie ésotérique de Giordano Bruno et à un degré moindre dans le système du dernier philosophe du Moyen Âge, Nicolas de Cues. Son argument de taille est que la nouvelle astronomie initiée par Copernic qui enleva du centre du monde, la Terre, et la plaça parmi les planètes, substitua à la conception d'un monde fini et bien ordonné qui a été celui des Grecs, et dans lequel la structure spatiale contient une hiérarchie de perfection et de valeur, celle d'un Univers infini qui n'est pas unifié par une sorte de subordination naturelle, mais plutôt par l'identité de ses composantes et de ses lois ultimes et basiques (Koyré [1973]).

Cette vision ne peut d'aucune manière refléter l'état d'esprit des nombreux astronomes et philosophes dans leur quête d'un nouveau système cosmologique ayant vécu à une époque s'étendant de l'Antiquité à la Renaissance, c'est-à-dire du temps de Ptolémée à celui de Copernic, du fait que les études historiques contemporaines sont basées sur une certaine discontinuité du progrès scientifique : la théorie copernicienne est considérée comme une révolution scientifique.

Il faudrait plutôt voir quels sont les systèmes qu'ils soient métaphysiques ou philosophiques, scientifiques ou ésotériques, qui auraient pu jouer un rôle déterminant dans le bouleversement copernicien. En termes plus précis et pour rependre notre démarche sur la migration des propositions scientifiques ou ésotériques d'une théorie ou un système de connaissance quelconque à une autre théorie, il doit y avoir des concepts ou des propositions qui ont été reprises par Copernic en leur donnant une portée nouvelle tant sur le plan épistémologique qu'ontologique dans le cadre de sa théorie sur l'héliocentrisme.

Pour ce faire, il faudrait remonter aux idées professées par les philosophes grecs concernant la nature des astres. Nous ne pouvons trouver de pareilles idées qu'en examinant profondément la lutte implacable que se sont livrés les tenants du système aristotélicien et les philosophes qui se sont efforcés de le détruire.

La plus significative d'entre elles est la « pluralité des mondes » connue chez Héraclide du Pont et les Pythagoriciens qui selon Stobée prétendent que « chacun des astres constitue un monde, qu'il contient une terre entourée d'air et que le tout est plongé dans l'éther illimité. Les mêmes doctrines sont exposées dans les hymnes orphiques, car ceux-ci font un monde de chacun des astres » (Pierre Duhem [1913] t.1 p. 234).

Plutarque soutint également la pluralité des mondes dans un ouvrage intitulé *Sur le visage qui se voit dans le disque de la Lune.* L'idée d'éther illimité et d'espace infini sont corollaires. De même, faire de chaque astre un monde devait être entendu comme une démarche réaliste qui est beaucoup plus fondamentale et en même temps tout à fait naturelle au nouveau cadre de pensée instauré par l'astronomie copernicienne. La conception selon laquelle les planètes sont de même nature que la Terre trouva chez les érudits grecs une confirmation spectaculaire dans la tache de la Lune parce que cette dernière reflète une certaine irrégularité dans la structure de cet astre, une irrégularité incompatible avec la pureté nouménale, l'éternité et l'immuabilité de la matière astrale qui est, selon la physique d'Aristote, constituée du cinquième élément.

Le péripatétisme soutenait, en même temps, que notre planète est dépourvue de cet élément en étant formée des quatre éléments changeants que sont l'eau, la terre, l'air et le feu. Cette physique est l'un des fondements de l'astronomie adoptée par l'Église de l'époque médiévale à côté du concept du lieu unique et central de la Terre.

Avant que Galilée ne braque sa lunette sur la Lune en mettant fin de manière définitive à cette doctrine séculaire, les anciens Grecs avaient préparé le terrain en observant que la Lune décèle une structure hétérogène qui confond entre l'élément astral et les quatre éléments terrestres. Plutarque a bien fait de remarquer que la Lune « réfléchit vers nous la lumière du Soleil ». (Duhem [1914] p.360). Mais pour quelle raison ? C'est dans sa réponse que découle la vérité sur la nature hétérogène de la Lune, c'est-à-dire sa composition en éléments semblables à la matière terrestre.

Voilà ce qu'il en dit de manière très ingénieuse. « Il est trois corps sur lesquels peut tomber la lumière solaire, l'air, l'eau et la terre ; or nous voyons la Lune s'illuminer comme la terre, non comme l'eau ou l'air ; mais des êtres qui, d'un même agent, pâtissent de la même manière, doivent nécessairement être de même nature. » (ibid.).

Il développe sa réflexion de manière précise et parlante. Dans ce passage, Plutarque jette un jalon dans la voie de la pluralité des mondes dont l'une de ses conclusions est la reconnaissance de la Lune comme un astre de même nature que la terre et les autres planètes. « Ne croyons pas commettre un péché en admettant qu'elle est une terre, en supposant que la face dont elle est ornée provient de ceci : De même que notre terre présente de grandes vallées, de même la Lune se creuse de profondes dépressions et de crevasses, remplies d'eau ou d'air embrumé, à l'intérieur desquelles la lumière du Soleil ne pénètre pas, dont elle ne touche pas le fond, mais où elle disparait ; car, en ces endroits, se produit la réflexion diffuse.. » (ibid.).

La tache de la Lune a intrigué les penseurs grecs et rappelait constamment aux astronomes que le système aristotélicien était loin d'être infaillible. Avec le concept orphique de pluralité des mondes, elle reposait désormais sur un fondement épistémologique solide. Grâce à cette juxtaposition, la pluralité des mondes devenait un danger mortel pour le péripatétisme, puisqu'elle suggère que la Terre est de même nature que les autres planètes. Tout laisse donc à croire que cette idée est féconde, et elle l'est précisément pour le système copernicien.

Mais entre la pluralité des mondes et l'astronomie post-copernicienne, il y a un fossé que les philosophes grecs n'avaient pu franchir. Plutarque a réalisé un pas de géant en réfutant le postulat péripatéticien qu'un astre comme la Lune soit composé de la cinquième essence péripatéticienne.

Il a tout simplement suggéré que la Lune est un monde qui ressemble par sa composition à la Terre (c'est-à-dire les quatre éléments terrestres). Mais de cette manière, il est devenu un adversaire du système aristotélicien. Mais la difficulté d'être confronté à ce puissant système et de lui substituer une nouvelle doctrine, une nouvelle physique. Pour qu'une telle doctrine puisse voir le jour, il a fallu que les fondements de la doctrine aristotélicienne soient remis en cause.

C'est un philosophe musulman du haut moyen âge, Abû Hâmid al-Ghazâlî[36], qui a jeté les germes d'un bouleversement de la théorie péripatéticienne du lieu unique naturel en rejetant les idées professées par les philosophes musulmans qui reprenaient les systèmes d'Aristote et de Platon, tels quels, mais dans le cadre de ce qu'on appelle le néo-platonisme arabe.

Al-Ghazâlî s'attaque d'abord au principe de causalité aristotélicien. Il affirme dans son fameux *Tahafut al-falasifa (Destructio philosophai)* : « D'une cause une, ne peut émaner qu'un effet unique. Est-ce d'une cause composée ? Alors, au sujet de cette cause, revient la même question, jusqu'à ce qu'on parvienne nécessairement à un effet complexe et à une cause simple ; car le principe est simple, et cependant la complexité provient de lui » (ibid. t. IV, p. 502-503). L'autre apport essentiel du plus grand théologien musulman du Moyen Âge, qui ruinera la philosophie péripatéticienne, est sa critique portée contre la doctrine de l'éternité du monde, idée toute aristotélicienne. Elle prend sa substance d'une démonstration qui suppose que l'effet produit par une chose parfaite et partant, immuable est nécessairement éternel. Alors que d'un être absolument éternel, ne peut provenir une chose qui soit innovée (ibid. p.505).

Ainsi, cette affirmation qui suppose que « le Monde a commencé » et « le premier instant de la création du Monde a été précédé par un certain temps » sont deux propositions équivalentes qui entraînent des absurdités manifestes » (ibid. p.506). Pour s'y opposer, al-Ghazâlî déclare que le temps n'existe pas séparément du monde ; « Avant le commencement du Monde, il n'y aurait donc pas eu de temps » (ibid. 508).

[36] Abû Hâmid Muhammad ibn Muhammad ibn Ahmad al-Ghazâlî al-Tûsî naquit à Tûs, capitale du Khurâsân en 1058 de J.-C.

De même, les philosophes se sont attachés à développer un autre argument : « Tout ce qui est innové est précédé par une matière, car l'innovation requière une matière ; la Matière même ne peut être innovée » (ibid. 510).

Mais la proposition relative à la pluralité des mondes a été attaquée, puis oublié, en raison d'un regain d'intérêt pour l'aristotélisme en pays d'Islam. Le péripatétisme, tout d'abord, pris son essor en Andalousie.

La pluralité des mondes est illogique selon l'aristotélisme parce que ce dernier prétend décrire un monde réel (ibid. 511). Le plus grand commentateur d'Aristote, Ibn Rushd, expose longuement dans *le Commentarii in Aristotelis qua quatuor libros de Cœlo el Mundo* l'argumentation du Stagirite contre ce concept en démontrant l'existence d'un seul centre du Monde. En fait, il remet en cause la pluralité des mondes en reprenant l'affirmation cruciale sur le lieu naturel unique occupé par la Terre.

Mais cette proposition devait survivre et trouver sa place légitime dans l'univers copernicien. Elle a donc migrée de l'ancien système orphique revivifié par Plutarque vers la théorie copernicienne.

C'est cette idée de pluralité des mondes qui entrait pleinement en contradiction avec l'idée aristotélicienne de la terre comme lieu naturel unique. Pierre Duhem affirme que la réfutation par Aristote de la pluralité des mondes allait à l'encontre des opinions que les Coperniciens devaient un jour reprendre. Ceci revient à affirmer que l'idée de pluralité des mondes est une composante immanente de la théorie copernicienne, reprise d'une proposition forte ancienne, à laquelle prétendaient les philosophies pythagoricienne, néoplatonicienne et l'orphisme grec.

Alors qu'al-Ghazâlî restitua le concept de pluralité des mondes dans une vision logique très vive et ce avec une leçon philosophique assez instructive : l'idée de pluralité des mondes impliquait nécessairement un rejet de quelques fondements de l'aristotélisme, Ibn Rushd perpétua cette doctrine avec beaucoup de hardiesse, lui qui a été le plus grand commentateur du *Stagirite*.

À partir de là, la scolastique latine, marquant un regain d'intérêt assez réactionnaire pour l'aristotélisme, rejeta l'idée de la pluralité des mondes qui, de surcroît, était assez dangereuse pour le théocentrisme. À partir de là, elle sommeilla durant le Moyen Âge.

Les grands philosophes de cette époque à l'instar de Michel Scot, Guillaume d'Auvergne, Saint Thomas d'Aquin et Roger Bacon n'ont pu la ressusciter et à ce titre ils ne sont pas les dignes précurseurs de Copernic et de Galilée.

Ces derniers ont même ajouté aux arguments péripatéticiens contre la pluralité des mondes, de nouvelles impossibilités, de nouvelles superstitions. Bacon conclut à l'inexistence de mondes multiples à cause de l'impossibilité du vide (la pensée de Bacon fut généralement un obstacle au développement de la science). Pour Saint Thomas, le recourt à la toute-puissance divine est le meilleur argument contre la pluralité des mondes.

Cet argument est le pire héritage de la scolastique chrétienne et représente une régression par rapport à la pensée lucide des Grecs. Le point de non-retour de cette controverse fut l'interdiction par l'Église en 1277 de professer des doctrines contraires aux enseignements de l'aristotélisme. La seule raison qui est sous-jacente à ce rejet par les penseurs de la scolastique latine est la contradiction rédhibitoire entre l'aristotélisme et le concept de pluralité des mondes, lequel se place fondamentalement en rupture avec l'une des doctrines les plus solides du péripatétisme – l'attraction des corps vers un lieu unique – qui a été maintenue et perpétuée par Averroès, le plus illustre commentateur du *Stagirite*.

À cause d'Ibn Rushd, le débat sur la pluralité des mondes prendra une tournure complexe qui la relégua à l'oubli. C'est donc par la destruction définitive de l'aristotélisme – chose faite durant la Renaissance – que l'idée de pluralité des mondes retrouva la place qui est la sienne dans la pensée astronomique moderne. Il a fallu pour cela qu'adviennent les travaux de Copernic. Au-delà de l'héliocentrisme, l'essence même de la transformation radicale de la vision de l'univers que le savant polonais entama est inséparable de la conception épistémologique autant que scientifique faisant de la Terre une planète de même nature que Jupiter, Vénus ou Mars.

Selon Aristote, la région céleste avec ses planètes et ses étoiles est remplie du cinquième élément qui est l'éther céleste. Cet éther est doté d'attributs spécifiques : il remplit sans aucun vide la sphère céleste et c'est une substance éternelle non sujette à la corruption et au changement, hormis le changement de place.

Ainsi, les planètes et les étoiles sont des astres nobles foncièrement et ontologiquement différents de la Terre, ils ne changent jamais en substance, ne sont pas corruptibles comme la Terre et se meuvent éternellement dans la sphère céleste. Cette doctrine a été perpétuée par l'Église.

On remarque très bien que le concept de pluralité des mondes a une portée pour la science puisqu'il est corollaire à l'« unification des cieux et de la terre » dans la nouvelle rationalité unissant physique et astronomie. La théorie de la gravitation universelle d'Isaac Newton, le problème de la chute des graves dans la physique galiléenne et l'universalité des lois physiques appartiennent à la même catégorie de pensée qui est sous-jacente à la pluralité des mondes.

Par ailleurs, ce concept est très fécond dès lors qu'il s'ouvre sur d'autres idées aussi importantes et qui en fait font suite honorable au système héliocentrique de Copernic comme l'infinité de l'Univers.

Giordano Bruno fut le seul penseur de la Renaissance qui pensa en fidèle « copernicien ». Ceci est la véritable quintessence de son système tant ésotérique que philosophique. Nous pouvons admirer toute la portée de cette œuvre à travers les dialogues contenus dans son ouvrage *De l'infinito universo e mondi (l'Univers infini et les Mondes)* dans lequel il affirme par la voix d'un personnage imaginaire Elpino, qui est un Aristotélicien : « que dans l'espace infini de l'Univers il existe une infinité de mondes semblables au notre. [...] Il y a donc des soleils innombrables et des terres infinies qui semblablement, tournent autour de ces soleils ; ainsi que nous en voyons sept, accomplir leurs révolutions autour du soleil qui nous est proche. [...] Pourquoi donc ne voyons-nous pas ces astres lumières, qui sont des terres, circuler autour des lumières, qui sont des soleils, au voisinage desquels nous ne pouvons percevoir aucun autre mouvement ? Et pourquoi tous les autres corps du monde (à l'exception de ceux qui sont appelés des comètes) sont-ils toujours dans le même ordre et à la même distance ? » (Koyré p.118).

La réponse de Filoteo, l'autre personnage imaginaire qui est l'adversaire de Elpino, est à la fois simple et satisfaisante : « La raison en est que nous voyons les soleils, qui sont les corps les plus grands et même immenses ; mais nous ne voyons pas les terres, qui, parce qu'elles sont des corps beaucoup plus petits, sont invisibles; de même, il n'est pas contraire à la raison qu'il y ait encore d'autres terres, qui tournent autour de notre soleil et ne nous sont pas manifestement visibles, soit à cause de la distance, soit à cause de leur petite dimension, soit encore parce qu'elles n'ont pas une grande surface d'eau, ou que cette surface, par laquelle, comme par un miroir de cristal recevant les rayons lumineux, elles se rendraient visibles, n'est pas tournée vers nous et opposée au soleil » (ibid. p.73).

Mais c'est à Galilée que l'on doit la destruction complète de la doctrine aristotélicienne et le triomphe décisif de l'idée de pluralité des mondes entendue comme l'unification des cieux et de la terre dans une même identité physique.

Dans son *Siderius Nuncius* (1610), il retrace les résultats directs de ces découvertes astronomiques – rendues possibles grâce aux observations relevées en utilisant la première lunette de son invention, connue sous le nom de *perspicilli* – inaugurant à cette fameuse occasion la science expérimentale. « [...] Chacun peut se rendre compte avec la certitude des sens, que la Lune est dotée d'une surface non point lisse et polie, mais faite d'aspérité et de rugosité, et que, tout comme la face de la Terre elle-même, elle est toute en gros, renflements, gouffres profonds et courbures » (ibid. p. 118). Il faut ajouter à ce tableau fantastique, la découverte des phases de Vénus et les quatre planètes décrites par Galilée que ce sont les satellites de Jupiter.

Après avoir mis fin à la noble nature des corps célestes, il décrit de manière encore plus précise la différence entre les planètes et les étoiles, ce qui met fin d'une manière ne laissant aucun doute au concept de l'éther céleste ou cinquième élément de la doctrine aristotélicienne. Ces observations révolutionnaires sont étroitement liées à la logique de la pluralité des mondes et n'ont rien à voir avec le système héliocentrique *stricto sensu* puisqu'elles ne pouvaient trancher entre ce système et le système géo-héliocentrique de Tycho Brahé. Elles devraient être plutôt interprétées comme une destruction complète de la doctrine aristotélicienne se rapportant à la sphère céleste et à son élément « nouménal », l'éther céleste.

Dans la mesure où les planètes deviennent des entités astrales spécifiques différentiables des étoiles et où la Lune s'avère un astre pas plus noble que la Terre, alors il n'y a aucune raison de croire au cinquième élément céleste et à cette séparation métaphysique entre la sphère céleste et le monde terrestre.

Au-delà du triomphe du concept de pluralité des mondes après une longue migration des systèmes grecs vers la théorie copernicienne et l'astronomie moderne en général, il convient de voir que la divisibilité de la théorie et la juxtaposition de propositions différentes sur le plan ontologique et épistémologique est en fait le résultat d'une genèse historique.

La théorie n'émerge pas du chaos original de la pensée scientifique *ex nihilo.* Copernic utilisait, en même temps des concepts, comme les sphères planétaires matérielles et la sphère des étoiles fixes, parce qu'ils sont nécessaires. « La sphère d'étoiles fixes qui embrasse et contient tout et soi-même, tient le monde ensemble et de plus, permet à Copernic d'assigner une position déterminée au Soleil » (ibid.). De même, l'idée des sphères planétaires trouve son expression chez les philosophes qui ont critiqué le système de Ptolémée, notamment les philosophes musulmans de l'époque médiévale. La destruction du système de Ptolémée, de par sa complexité et sa difficulté, exigeait de Copernic de reprendre des concepts anciens qui même s'ils relevaient d'un ordre autre que scientifique, étaient devenus nécessaires à la construction de sa théorie : ces concepts sont consubstantiels aux autres propositions de cette théorie. N'oublions pas que le système de Ptolémée fut le système astronomique le plus solide que la science antique eût connu.

Ce processus fut tellement intense que Copernic utilisa un certain nombre de concepts et de techniques empruntés au système de Ptolémée lui-même. Le savant polonais utilisa à volonté les techniques mathématiques de Ptolémée vis-à-vis duquel il se place en principe en rupture (A. Koyré, *op. cit.,* p. 28). Il reprend également les travaux des savants antiques comme Pythagore auquel il emprunta l'idée du mouvement circulaire de la terre, Platon, Héraclide, Aristarque et tant d'autres de cet « âge d'or hellénique ». Le rapprochement vis-à-vis de l'idée de l'héliocentrisme s'explique davantage par l'emprunt de concepts antérieurs et contenus dans des théories anciennes et ce indépendamment de ces théories ; celles-ci ont été oubliées. On peut un peu plus précisément le voir avec les travaux d'Héraclide du Pont et d'Aristarque de Samos.

D'une part, les idées déjà assez bien répandues sur le mouvement et l'apparence des astres errants; la marche étrange de Vénus qui tantôt dépasse le Soleil, tantôt se laisse dépasser par lui, une conviction d'ordre épistémologique et philosophique sur la pluralité des mondes; la conception de la Terre comme astre errant partagé avec les Pythagoriciens et la méthode de Platon qui devait devenir primordiale, jusqu'à Copernic, sur l'explication des mouvements des astres en empruntant toujours des hypothèses qui sauvent les apparences astronomiques en se basant sur des mouvements uniformes et simples autant que possible des corps célestes ont amené Héraclide du Pont qui est connu pour avoir été disciple d'Aristote au Lycée, à préconiser un mouvement circulaire et constant de Mercure et de Vénus, se mouvant d'Orient en Occident, autour du Soleil (Duhem [1913] 406-410). Héraclide du Pont admettait également le mouvement diurne de la Terre autour de l'axe du monde.

Quant au système astronomique d'Aristarque de Samos, il nous est connu par un écrit d'Archimède. Dans ce système basé sur le sauvetage des phénomènes, la sphère des étoiles fixes est immobile ; le Soleil demeure lui aussi immobile au centre de cette sphère (ibid. p.418-423].

Tous les corps se meuvent de mouvements qui sont des combinaisons de mouvements de rotations uniformes autour du Soleil. La Terre tourne sur elle-même afin de sauver l'apparence du mouvement diurne. Le centre de la Terre parcourt d'un mouvement uniforme un cercle dont le soleil occupe le centre. Chacune des planètes décrit, d'un mouvement uniforme, un cercle dont le Soleil est le centre.

Ce système héliocentrique le plus parfait de tous élaboré quinze siècles avant Copernic, a été néanmoins abandonné en raison du fait qu'il se contente, du point de vue géométrique, de sauver les apparences des mouvements des astres. Il n'était pas satisfaisant pour les philosophes qui cherchaient à trouver les vrais mouvements des astres. Il se heurtait également aux croyances religieuses de l'époque qui ne pouvaient admettre qu'on touchât à la sacralité du Soleil (ibid. p.423).

Loin de la révolution copernicienne, les objets obscurs, imaginés par des chercheurs dès la fin XVIIe siècle dans le cadre de la théorie de la gravitation universelle newtonienne sont les précurseurs des trous noirs conçus dans le cadre de la théorie de la relativité générale.

Même le concept de « déviation des rayons lumineux à proximité d'un champ gravitationnel » fut découvert bien avant la théorie de la relativité générale, c'est-à-dire dès la fin du XVIIIe siècle et au début du XIXe siècle, par des savants comme Cavendish (1785), Herschel (1791), Laplace et Soldner (1800).

Pour prendre un exemple plus moderne, il nous suffit de voir, de plus près, l'histoire récente de la mécanique quantique et la situation « confuse » dans laquelle elle se trouvait au début de 1925. John Gribbin explique que « chaque problème de physique quantique devait tout d'abord être "résolu" en utilisant la physique classique, puis retravaillé en insérant les nombres quantiques par une démarche qui relève plus de l'intuition que du raisonnement. « La théorie quantique n'était ni autonome ni cohérente, mais se nourrissait à l'instar d'un parasite de la physique classique, une floraison exotique sans racine » (John Gribbin, [1994] p. 124). Il en va de même pour des théories quantiques « axiales » historiquement parlant, à l'instar de la mécanique ondulatoire.

Erwin Schrödinger intégra dans sa théorie ondulatoire la mécanique dualiste ayant unifié dans un même symbolisme mathématique les rayons lumineux et le mouvement d'une particule développée un siècle plus tôt par le physicien et mathématicien irlandais William Rowan Hamilton (William H. Cropper [2001] p.282). Par un raisonnement analogique très perspicace, Schrödinger considéra que le parallèle entre l'optique et la mécanique, suivant le schème précurseur de Hamilton, permettait d'aboutir à un système plus généralisé rendant possible le passage de la mécanique à la mécanique ondulatoire. Le plus surprenant dans tout cela, c'est le fait qu'Hamilton créa cette théorie en 1830 bien avant que les physiciens ne découvrent les propriétés ondulatoires des particules atomiques – chose qui sera faite grâce aux travaux théoriques de Louis de Broglie et aux expériences précises réalisées par les savants américains Clinton Davisson et Lester Germer en 1927 ayant permis d'observer les ondes de matière.

L'image donnée ici, celle d'un « parasite » se nourrissant de la mécanique classique (ou plutôt de son cadavre), pour décrire la mécanique quantique au début de 1925, illustre bien la nature divisible de toute théorie scientifique qui lui permet précisément de se nourrir des théories anciennes à travers un processus d'emboîtement entre diverses propositions.

Bien plus intéressant encore, des études récentes (Daniel Andler, Anne Fagot-Largeault et Bertrand [2002], p. 46) montrent que Newton n'a révolutionné la mécanique, qui n'était au début du XVIIe siècle qu'une physique du contact et des chocs, qu'en introduisant des forces d'attraction et de répulsion récupérées et rafistolées d'une littérature fort ancienne connue chez les Alchimistes et les Hermétistes. Newton a développé tout une œuvre alchimique peu connue des spécialistes qui déboucha sur les *Principia Mathemtica Philosophica* (ibid.)

Il est important de rappeler dans ce contexte qu'il n'est pas de notre propos d'évoquer une simple influence des idées anciennes sur la pensée scientifique moderne. Dans le cas de la théorie de Newton, l'idée d'attraction et de répulsion a bel et bien été empruntée à la tradition hermétiste.

De même, le principe de sélection naturelle de la théorie de l'évolution de Charles Darwin qui énonce que la lutte pour l'existence parmi les êtres organisés de la planète découle de la progression géométrique de leur augmentation en nombre (Charles Darwin [1921] p. 22) est une variante de la doctrine de Malthus appliquée à tout le règne animal et végétal.

Par ailleurs, des concepts mathématiques ont été recyclés par des physiciens qui ont utilisé leur expertise dans les théories lagrangiennes des champs et les théories sur le champ de jauge en électrodynamique quantique jusqu'à la théorie électrofaible et la chromodynamique quantique ce qui prouve que de tels concepts migrent d'une théorie à une autre.

Cette manière de voir le « progrès scientifique » comme étant quelque chose qui se retourne sans cesse sur lui-même, comme étant ce « serpent qui mord sa queue » contraste fortement avec cette épistémologie moderne, cette épistémologie de la « découverte scientifique », qu'elle soit celle de l'indiscernabilité de la théorie et de l'expérience (Duhem), de la falsification et de la réfutation (Popper) ou celle exclusivement inductive (Bachelard et Carnap). Tous ces exemples, ne peuvent que confirmer que toute théorie est divisible, puisqu'une proposition peut émigrer d'un système théorique à un autre.

Le processus anti-cumulatif dans l'évolution des théories scientifiques s'explique par la très forte concurrence entre de nombreuses théories dans le temps les conduisant à une sorte de « cannibalisme » qui entraîne l'absorption par la théorie de concepts contenus dans des théories antérieures, et non par cette sorte de « révolution ». Le mot révolution est autant ambigu que politique, il désigne trop de choses sinon rien de concret sur le plan épistémologique. La même incertitude entache le terme « paradigme », dont la signification n'est pas sans équivoque. Désigne-t-il une théorie, un instrument, un cadre de référence, un concept précis, une loi scientifique ou un système de valeurs scientifiques solidement établies ? On ne peut contester l'existence d'une telle terminologie ni son applicabilité en épistémologie, ni même sa validité méthodologique, mais on ne la comprend nullement comme pouvant expliquer la validité d'une théorie ou son abandon. Elle est trop vague pour pouvoir nous donner un tableau clair pour désigner les modalités de confirmation ou d'infirmation des théories scientifiques.

Après avoir examiné ces exemples de la migration de propositions scientifiques et ésotériques de systèmes de connaissances et de théories dans le temps historique, il convient de rappeler qu'il y a quelque chose qui attire l'attention en examinant les courants de pensée développés par Kuhn et Popper concernant le changement scientifique : c'est leur propension à différencier la science de quelque chose de différent, de « barbare ». Bien avant le développement de ces approches, des auteurs ont tenté de comprendre la nature de la science en la différenciant de quelque chose d'autre. L'approche objectiviste ou universaliste voit la science, comme une sorte de rupture avec le finalisme qui est connu dans les anciennes croyances magiques, alchimiques et astrologiques.

Quant à l'approche de Whitehead, elle différencie la science de tout ce qui est arbitraire, inintelligible et métaphysique, en lui attribuant une nature nouménale à la limite du religieux. Bernal réduit la science à sa dimension purement économique.

Il y a quelque chose d'« idéologique » qui sous-tend tous ces courants de pensée. Kuhn emprunte la même voie quand il explique la science normale par cette notion ambiguë de paradigme. S'il n'y a pas de paradigme, la science ne peut progresser.

Contrairement à cette tendance exclusiviste et «manichéenne», il faudrait plutôt réfléchir à une approche plus incrémentale, plus réaliste, qui soit davantage tournée vers la continuité historique de la science. La science a puisé dans les trésors anciens grâce à un processus de migration de concepts scientifiques d'une théorie à une autre, d'un système de pensée à un autre, d'un système religieux, philosophique ou même ésotérique à la science dite normale. Tout cela a des conséquences importantes sur l'origine et la genèse de la science. Les causes spécifiques de son essor en Europe au XVIIe siècle, qui sont des sujets très controversés chez les historiens des sciences, pourraient, dès lors, trouver un début de réponse[37].

L'Occident a bénéficié des concepts et des idées (on emprunte ici un terme plus usuel que celui de proposition qui ne s'applique qu'aux théories scientifiques) empruntés aux autres civilisations de manière indépendante des systèmes de pensée (scientifiques, philosophiques et religieux) de ces civilisations. De ce fait, ces idées ont perduré en Occident de manière séparée de leurs systèmes et théories originelles auxquelles elles appartenaient. De ce fait, celles-ci étaient oubliées.

Mais un processus se prolongeant avec une telle fréquence dans l'histoire de la genèse de la pensée scientifique ne s'explique que par le fait que les théories scientifiques mais aussi tous les systèmes philosophiques sont divisibles en composantes distinctes, ce qui permet la transmission et la migration de leurs propositions et de leurs concepts.

---

[37] Il suffit de rappeler, ce qui est de connaissance générale, que la pensée scientifique occidentale n'a cessé, depuis le haut Moyen Âge, d'emprunter des concepts des plus vieilles cultures scientifiques grecque, musulmane (des civilisations abbasside et andalouse) ou celle de l'église orthodoxe byzantine, dont les œuvres philosophiques et scientifiques héritées des Hellènes et qui ont été accumulées depuis des siècles sont passées en Europe après la prise de Constantinople par les Ottomans en 1453. Les musulmans eux-mêmes ont connu le même processus d'emprunt de concepts appartenant à des cultures prestigieuses plus anciennes à une époque s'étendant de la fin des conquêtes à la formation du khalifat abbasside, afin de les incorporer dans leurs propres systèmes philosophiques et scientifiques (mathématiques grecques et indiennes, aristotélisme et platonisme, astronomie de Ptolémée…). Ils ne se sont pas, toutefois, contentés, quoique de manière imprévue, de transmettre à l'Occident l'héritage grec. Ils ont également, ce qui est plus important encore, développé un nouveau corpus.

Ces concepts s'emboîtent dans les théories nouvelles indépendamment des théories anciennes. Ce processus a pris fin lorsque la science a atteint un haut degré de perfectionnement et de complexité. La théorie est donc devenue une « téléologie », car l'on peut construire avec des propositions sa propre structure logique. Le savoir scientifique se retourne désormais sur lui-même et uniquement sur lui-même. Rien ne nous permet donc de le comparer à ce qui est opposable, différentiable d'autre chose de cognitif. Une telle tentative conduirait inexorablement à sa néantisation.

De cette manière, plusieurs analyses découlent de ce tour de force épistémologique : la première est qu'il ne saurait y avoir une histoire des sciences apte à fonder une philosophie de la nature. Il serait également illusoire de chercher un quelconque contexte, qu'il soit de découverte ou de justification. La science n'est ni un achèvement ni une fin en soi. Mais encore, la théorie scientifique est elle-même une « Histoire ». C'est l'histoire de la migration, de la genèse et de l'utilisation en son sein de différents concepts sous-jacents et ce processus est perpétuel.

Ceci est d'ailleurs rendu possible par la nature divisible des théories scientifiques.

Conclusion

Les théories scientifiques sont vraiment des « histoires ». Duhem l'a bien déclaré au tout début de son ouvrage monumental *Le système du monde* : « En la genèse d'une doctrine scientifique, il n'est pas de commencement absolu ; si haut que l'on remonte la lignée des pensées qui ont préparé, suggéré, annoncé cette doctrine, on parvient toujours à des opinions qui, à leur tour, ont été préparées, suggérées et annoncées; et si l'on cesse de suivre cet enchaînement d'idées qui ont procédé les unes des autres, ce n'est pas qu'on ait mis la main sur le maillon initial, mais c'est que la chaîne s'enfonce et disparait dans les profondeurs d'un insondable passé » (Duhem [19013] t.1 p.5).

Voilà une affirmation qui reflète très bien le processus de migration des concepts et des propositions scientifiques des théories anciennes vers les théories nouvelles. C'est l'une des réflexions qui ont été menées dans ce livre avec une leçon importante d'ordre général : l'une des perspectives prometteuses pour la philosophie des sciences est sa fusion avec l'histoire des sciences. Il est très difficile d'aborder l'une sans explorer l'autre. On a abondamment évoqué cette question et elle est au cœur de notre approche en philosophie des sciences.

Mais il y a d'autres perspectives ou plutôt des pistes de réflexion qui méritent d'être parcourues afin d'adapter la philosophie des sciences lors des prochaines mutations qui sont non seulement épistémologiques et philosophiques mais égalcment face aux défis sociétaux et culturels du 21ème siècle.

La première piste de réflexion est le poids de la physique dans le corpus de la philosophie des sciences. Il semble que ce rôle commence à s'affaiblir. Le signe de cet affaiblissement est l'apparition de la philosophie des sciences spéciales concurremment à la philosophie de la physique qui poursuivra son évolution mais comme un domaine spécifique par rapport à d'autres domaines de la philosophie des sciences.

L'autre perspective est l'interdisciplinarité qui deviendra une démarche incontournable pour une philosophie des sciences en pleine expansion. La philosophie de la physique est au cœur de la philosophie des sciences. Toutefois, le développement des philosophies des sciences spéciales (autres que la physique), nous amène à nous interroger sur son avenir.

Il semble que la philosophie de la physique a pris le haut du pavé en philosophie en raison de sa quête métaphysique et le défi de l'accès cognitif au réel.

Or, ce défi métaphysique n'a pas été relevé par les philosophes dans la mesure où on ne sait plus c'est quoi la réalité physique entendue comme indépendante de l'observateur humain. Cette difficulté entraîne à son tour l'insuffisance épistémologique et ontologie de la théorie physique surtout lorsque l'expérimentation ne parvient plus à trancher entre la reconnaissance de cette théorie comme vraie ou fausse. L'expérience détermine pour une large part l'évolution de la science dans un contexte historique et épistémologique caractérisé par la « dégénérescence » métaphysique et épistémique de la théorie vis-à-vis d'une description et d'une représentation satisfaisante des phénomènes du monde physique.

Cette situation concerne des domaines comme la physique quantique et la physique des particules qui est basée sur la mécanique quantique des champs, mais ses racines plongent dans une longue histoire qui a eu pour commencement les théories de la relativité d'Albert Einstein. Des recherches récentes montrent avec une grande clarté que la révolution einsteinienne a entraîné non seulement un bouleversement scientifique des concepts d'espace et de temps mais également une révision des fondements épistémologiques de notre connaissance du réel physique. En particulier, la recherche théorique qui a débouché sur les théories de la relativité n'est pas parvenue à édifier une science définitive et une connaissance ultime et parfaite du monde d'un point de vue métaphysique.

A partir du moment où les théories de la physique sont faillibles et qu'une discontinuité marque le développement de la physique, le réductionnisme perd sa base philosophique. On ne peut pas prétendre que toute la science se réduit à la physique et que les sciences dites spéciales comme les neurosciences et la psychologie se ramènent à des concepts de nature physique. Le réductionnisme est d'ailleurs caractérisé par une nature positiviste puisqu'il considère la science comme un « tout », « un cadre global » qui se distingue d'autres domaines du savoir ou ce que les positivistes logiques appellent les pseudosciences.

Il ne peut exister d'unité de la science. C'est un rêve positiviste. Des méthodes peuvent être empruntées de la physique aux autres sciences. Mais les théories des sciences spéciales ne peuvent se réduire aux concepts de la physique.

Par exemple, la méthode expérimentale qui a connu ses premiers succès en physique a été utilisée par la psychologie, l'anthropologie et l'économie. C'est une situation normale étant donné que le succès de la science repose en grande partie sur la méthode expérimentale.

L'unité de la science ne peut s'entendre dans un sens conceptuel ou épistémologique mais seulement méthodologique. Il s'agit donc d'un réductionnisme « pragmatique » et « méthodologique ». Rien de plus que cela.

Pour ce qui est du réalisme qui est un problème éminemment métaphysique, il ne peut être soutenu que par le réalisme des entités et son concept phare, la manipulation des entités inobservables de la physique. Cette question a été largement abordée dans les pages de ce livre.

Références bibliographiques

1. Abbott B.P. et al.* *Observation of Gravitational Waves from a Binary Black Hole* Merger B. P. et al (LIGO Scientific Collaboration and Virgo Collaboration) Physical Review Letters 11 Février 2016).
2. Afshar Shahriar S. *Sharp complementary wave and particle behaviours in the same welcher Weg experiment Proc. SPIE 5866,* 229, July 2005.
3. Amiel Olivier *Les atomes, une anthologie historique*, Collection dirigée par, Textes choisis, présentés et annotés par Bernadette.
4. Amit Hagar/Meir Hemmo *Explaining the unobserved: why quantum mechanics is not only about information* 2005

arXiv:quant-ph/0512095

5. Andler Daniel, Fagot-Largeault Anne et Saint-Sernin Bertrand, *Philosophie des sciences,* I, Gallimard, 2002, p. 46.
6. Arkani-Hamed Nima, Dimopoulos Savas et Dvali George, *Les dimensions cachées de l'Univers*, in Pour la Science (octobre 2000), p. 56.
7. Bachelard Gaston, *Le Nouvel Esprit Scientique,* ENAG édition, 2e édition, Alger, 1994, p. 56.27
8. Bensaude-Vincent et Catherine Kounelis.
9. Bain, J., 2000, *Against particle/field duality : Asymptotic particle states and interpolating fields in interacting QFT (or: Who's afraid of Haag's theorem?*), Erkenntnis, 53: 375–406.
10. Baird Davis, *Five Theses about Instrumental Realism.* Proceedings of the Biennal Meeting of the Philosophy of Science Association. Vol. 1988, Volume One : Contributed Papers (1988).
11. Baker, D. J., 2009, *Against field interpretations of quantum field theory*, British Journal for the Philosophy of Science, 60: 585–609.
12. Banesh Hoffman, *Histoire d'une grande idée, la Relativité,* éditions *Pour la Science,* Paris, 1985, p. 53.
13. Barberousse Anouk *L'expérience* Editions Flammarion, 1999.
14. Barberousse Anouk, Kistler Max, Ludwig Pascal
15. *La philosophie des sciences au XXe siècle* Flammarion, 2011.

16. Barberousse Anouk, Bonnay Denis § Cozic Mikaël (Sous la dir.) *Précis de Philosophie des Sciences*, Vuibert (octobre 2011).
17. Barbier Edmond trad. par *L'Origine des Espèces,* Introduction, traduit de l'édition anglaise définitive, Alfred Costes, éd., Paris, 1921,p. 22).
18. Bohr, Niels. (1927) *The Quantum Postulate and the Recent Development of Atomic Physics* Nature 121: 580-590. (As reprinted and revised in Bohr (1934).
19. Bernal J. D., *Science in History,* vol. 2 : *The Scientific and Industrial Revolutions,* The MIT Press, Cambridge, Massachusetts, 1954. p. 379.
20. Bohr Niels *Physique atomique et connaissance humaine* (Revue par Catherine Chevalley) Editions Gallimard, 1991.
21. Bonjour Laurence, *Appendix : Non-Euclidean Geometry and Relativity* (in *Defense of Pure Reason,* (Cambridge University Press, 1998). *Epistemology, Contemporary Readings,* edited by Michael
22. Bouveresse Jacques, *Une épistémologie réaliste est-elle possible ?* La vérité dans les sciences sous la direction de Jean-Pierre Changeaux, Paris Odile Jacob 2003, p.15-47.
23. Brune M., Raimond J. M. et Haroche S., *Quantum jumps of light recording the birth and death of a photon in a cavity,* Nature (London)446, 297 (2007).
24. Burt E.A. *The Metaphysical Foundations of Modern Science,* Dover edition, 2003, p. 52-56 (republication de la seconde édition parue chez Doubleday Anchor Books, New York, 1954).
25. Carr H.Wildon *The Metaphysical Aspects of Relativity*, Nature, 7 février 1921.
26. Cartwright Nancy *How the laws of physics lie*: (1983), Oxford, Oxford University Press.
27. Cartwright Nancy *Two Theorems on Invariance and Causality*: Philosophy of Science, Vol.70. N°1 (Janvier 2003), p. 203-224.
28. Cartwright Nancy *Do the laws of physics state the facts?* Pacific Philosophical Quarterly 61. 1980 p.75-84. Traduction française de Dennis Bonnay dans *Philosophie des sciences, naturalismes et réalismes*, textes réunis par S.Laugier et P.Wagner, Paris, Librairie Philosophique J.Vrin 2004.

29. Chakravartty Anjan *A Metaphysics For Scientific Realism Knowing the Unobservable* Cambridge University Press 2007
30. Christian von Baeyer Hans *L'étrangeté quantique, juste une impression*, Pour la Science, n°435-Janvier 2014.
31. Clarke Steve *Defensible Territory for Entity Realism,* Oxford University Press 2001.
32. Cohen-Tannoudji C., Diu B. et Laloë F., *Mécanique quantique*, tome 1, Hermann (1977).
33. Collingwood R. G. *An Essay on Metaphysics*. Oxford : At the Clarendon Press, Humphrey Milford. 1940. 43.
34. Condorcet sq. tabl. hist., 1794, p.176.
35. A. C. Crombie, *Histoire des Sciences de Saint Augustin à Galilée (400-1650)*, PUF, 1959.
36. Crowell, C. R. (1965). *The Richardson constant for thermionic emission in Schottky barrier diodes*. Solid-State Electronics
37. Cropper William H., *Great Physicists, the life and times of leading physicists from Galileo to Hawking,* Oxford University Press, 2001, p. 282.
38. Cushing James T. *Models, High-Energy Theoretical Physics and Realism,* PSA, Vol. 1982.
39. Darwin Charles *L'Origine des Espèces,* Introduction, traduit de l'édition anglaise définitive par Edmond Barbier, Alfred Costes, éd., Paris, 1921.
40. Demoures François-Xavier *Relativité et relativisme : la réception de la théorie d'Einstein*, Tracés. Revue de Sciences humaines, 2007.
41. Dirac, P. A. M., 1927, *The quantum theory of emission and absorption of radiation* Proceedings of the Royal Society of London, A 114: 243-256.
42. Duhem Pierre *La Théorie physique, son objet, sa structure* [1906], Vrin, 1981
43. Duhem Pierre, *Le Système du Monde* t.I, Librairie Scientifique A. Hermann et Fils Paris 1913
44. Duhem Pierre, *Le Système du Monde* t.II, Librairie Scientifique A. Hermann et Fils 1914 Paris
45. Duhem Pierre, *Le Système du Monde* t.III, Librairie Scientifique A. Hermann et Fils 1914 Paris
46. Esfeld Michael *Philosophie des Sciences, une introduction*, 2ème édition revue et mise à jour, Presses polytechniques et universitaires romandes, p.143.

47. Feynman/Leighton/Sands *Le cours de physique de Feynman – Mécanique quantique*, Version française de B. Equer, P.Fleury, InterEditions, Paris, 1979.
48. Folse Henry J. *Niels Bohr, Complementarily, and Realism*, PSA 1986, Volume1.
49. Freedman Daniel Z. et Van Nieuwenhuizen Peter, *Les Dimensions cachées de l'espace-temps*, in *Pour la Science* (mai 1985)
50. Freund P. G. O., *About the Concept of Particle in Quantum Field Theory*. Chair of Physics of the Facultatea de Matematics s i Fizic- Timisoara (ricevuto il 3 Giugno 1959).
51. French, Steven, and Ladyman James (2003a), *The Dissolution of Objects: Between Platonism and Phenomenalism*, Synthese 136: 73–77.
52. Galison Peter *Ainsi s'achèvent les expériences. La place des expériences dans la physique du XX*[e] *siècle*, La Découverte, 2002. Article original : *How Experiments End*, Chicago, University of Chicago Press, 1987.
53. Gasking Douglas *Causation and recipes* Mind 64 (256):479-487 [1955].
54. Gell-Mann Murray *Le quark et le jaguar* Traduit de l'américain par Gilles Minot, Flammarion, Paris, 1997.
55. Gingerich Owen, *L'Astronomie en Islam,* in Pour la Science (avril 1986), p. 60.
56. Gleyzes S., Kuhr S., Guerlin C., Bernu J., Deléglise S., Hoff U. B.
57. Glymour, Clark, David Madigan, Daryl Pregibon, and Padhraic Smyth *Statistical Themes and Lessons for Data Mining* Data Mining and Knowledge Discovery, Vol. 1, (1997).
58. Gross G. Alan *Reinventing Certainty : The Significance of Ian Hacking's Realism* Source: PSA: Vol. 1990, Volume One: Contributed Papers (1990).
59. Gribbin John, *Le Chat de Schrödinger, physique quantique et réalité,* éditions Flammarion, Paris, 1994, p. 124.
60. Gupta Anil *Empiricism and Experience* Oxford University Press, 2006, 288 pp.
61. Hacking Ian *Cours 2005/2006* Méthodes de Raisonnement.

62.Hacking Ian *La philosophie de l'expérience : illustrations de l'ultrafroid, Tracés. Revue de Scienceshumaines* mis en ligne le 11 février 2008, consulté le 11 octobre 2012.
63.Hacking Ian *Les philosophes de l'expérience* (*Philosophers of Experiment*) Traduction de Marc Lenormand et Anthony Manicki Tracé. Revue des sciences humaines, version imprimée 2005.
64.Hacking Ian *Representing and Intervening*, Cambridge University Press (1983), p.262.
65.Hacking Ian, *Concevoir et Expérimenter*, traduc. Christian Bourgois, Editions la Découverte.
66.Hagar Amit § Hemmo Meir *Explaining the Unobserved—Why QuantumMechanics Ain't Only About Information*, November 14, 2005.
67. Hacking Ian, *Representing and Intervening,* 1983, Cambridge, Cambridge University Press, trad. fr. B. Ducrest : Concevoir et expérimenter, Paris, Christian Bourgois Ed.1989.
68. Hacking Ian *Extragalactic Reality: The Case of Gravitational Lensing* Source: Philosophy of Science, Vol. 56, No. 4 (Dec., 1989).
69. Hale Susan C. *Elementarity and Anti-Matter in Contemporary Physics: Comments on Michael D. Resnik's "Between Mathematics and Physics".* PSA.
70. Hansen-Love Laurence (sous la dir.) *La philosophie de A à Z,*
71. Editions Hatier Paris 2011.
72. Haroche Serge *Leçon inaugurale prononcée au Collège de France le* jeudi 13 décembre 2001.
73. Hawking Stephen, *Une brève histoire du temps,* éd. Flammarion. call. « Champs », Paris, 1991, p. 162
74. Heisenberg Werner *La Partie et le tout* p. 137-138. Flammarion 1996 (première ed. Albin Michel 1972).
75. Heisenberg Werner, *La nature dans la physique contemporaine,* éd.Gallimard, Paris, 1962.
76. Heisenberg, W. *Encounters with Einstein* Princeton: Princeton University Press 1983.
77. Hendrick R. E. and Murphy Anthony *Atomism and the Illusion of Crisis: The Danger of Applying Kuhnian Categories to Current Particle Physics* Philosophy of Science, Vol. 48, No. 3 (Sep., 1981).

78. Hesse M.B *Models and Analogies in Science*. University of Notre Dame Press 1966.
79. Haroche Serge *Lecons au Collège de France*. http://www.college-de-france.fr/site/serge-haroche/index.htm#course.
80. Haroche Serge *Vie et mort d'un photon* : Collège de France. http://www.college-de-france.fr/site/serge haroche/index.htm#course.
81. Heisenberg, W. (1983) *Encounters with Einstein.*Princeton: Princeton University Press.
82. Hinds Ed *Single-Photon Control*, Nature, 6 december 2012, Vol.492.
83. Hottois Gilbert Philosophies des sciences, philosophies des techniques, Odile Jacob, 2004, p.69-86. Physics 11 février 2016.
84. Kambouchner Denis *Notions de philosophie,* I, sous la direction de, éditions Gallimard, Paris, 1995, p. 132.
85. Koyré Alexandre *Etudes Newtoniennes*, Editions Gallimard, Paris.
86. Koyré Alexandre *Galileo and Plato*, in *Journal of the History of Ideas* (Vol. IV, n° 4, oct. 1943, p. 400-428).
87. Koyré Alexandre, *The Copernican Revolution,* Harvard University Press, 1985.
88. Koyré Alexandre, *Du monde clos à l'univers infini,*Traduit de l'anglais par Raissa Tarr, Gallimard, Paris, 1993. p. 9.
89. Koyré Alexandre, *The Astronomical Revolution, Copernicus-Kepler-Borelli,* Dovers Publication Inc. New York, 1992, traduction de la version française Hermann, Paris 1973, p. 15
90. Kuhlmann *Particules et champs sont-ils réels*, Pour la Science n°432-Octobre 2013.
91. Kuhlmann *Quantum Field Theory*, First published Thu Jun 22, 2006: substantive revision Thu Sep 27, 2012.
92. Kuhlmann, M., 2010, *The Ultimate Constituents of the Material World – In Search of an Ontology for Fundamental Physics*, Frankfurt: Ontos Verlag.
93. Laugier S. et P.Wagner *Philosophie des sciences, naturalismes et réalismes*, textes réunis, Paris, Librairie Philosophique J.Vrin 2004.
94. Leplin Jarret *Scientific Realism*, the Philosophical Quarterly, Vol.38, No.152 (Juillet 1988).

95. Lhuillier Claire Effet Zeeman d'atomes d'atomes à plusieurs électrons : Etude de quelques structures de l'hélium et du néon excités par un jet d'atomes neutres, thèse de doctorat soutenue en 2005.
96. Lyre H *Holism and structuralism in U(1) gauge theory* Studies in History and Philosophy of Modern Physics 2004.
97. Lupher, T., 2010 *Not particles, not quite fields: An ontology for quantum field theory* Humana Mente, *13: 155–173.*
98. Mach Ernst, *La Mécanique* [1904], Paris, Jacques Gabay, 1987, p. 449.
99. Malament, D. *In defense of dogma: Why there cannot be a relativistic quantum mechanics of (localizable) particles* in Clifton 1996, pp. 1-10.
100. Maxwell Nicholas « Unification and Revolution: A Paradigm for Paradigms » Journal for General Philosophy of Science, Springer, 2014, p.133.
101. Menzies Peter & Price Huw (1993) *Causation as a Secondary Quality British Journal for the Philosophy of Science* 44 (2):187-203 119.
102. Millikan R.A. *A Re-Determination of the Value of the Electron and of Related* Constants. Proceedings of the National Academy of Sciences of the United States of American, Vol. 3, N°4 (15Avril 1917), p. 231 à 236.
103. Mill John Stuart, *Système de logique déductive et inductive, Exposé des principes de la preuve et des méthodes de recherche scientifique,* Livre III : De l'induction. Document produit en version numérique par Jean-Marie Trembley (Traduit de la sixième édition anglaise, 1865) par Louis Peisse.
104. Morrisson Margaret *Théorie, Intervention and Realism*, Synthese 82, 1990, Kluwer Academic Publishers.
105. Moulines C. Ulises *The Ways of Holism*, Source: Noûs, Vol. 20, No. 3 (Sep., 1986), pp. 313-330.
106. Murphy, E. L. ; Good, G. H. (1956). *Thermionic Emission, Field Emission, and the Transition Region.* Physical Review 102 (6).
107. Musgrave,A. *Realism,Truth and Objectivity* in R. S. Cohen, R. Hilpenen and Qui Renzong (eds), 1996,RealismandAnti-Realism in the Philosophy of Science,Boston: Kluwer,pp. 19-

108. Newman, Maxwell H. A. (1928), ''MR. Russell's 'Causal Theory of Perception''', Mind 37 : 137–148.
109. Newton Isaac *Principes mathématiques de la philosophie naturelle* traduction de feue Madame la Marquise du Chastellet, Paris, 1756, t.II.
110. Nietzsche Frederich, *Humain, trop humain*, Tome 1, Gallimard, Paris, 1988.
111. Nietzsche Frederich *Le Gai Savoir*, trad. par Wolting Patrick, GF Flammarion, 1998, rééd. 2007.
112. Ourjoumtsev Alexei *Vers le quantique macroscopique* Pour la Science N°68 - juillet - septembre 2010.
113. Ortoli Sven / Pharabod Jean-Pierre *Le Cantique des Quantiques.* Editions la Découverte, Paris, 1984.
114. Oppenheimer George et Volkoff J. Robert M., *On Massive Neutron Cores*, Physical Review, vol. 55, no 4, 15 février 1939, p. 374-381.
115. Psillos Stathis *The Structure, the Whole Structure, and Nothing but the Structure?* Philosophy of Science, Vol. 73, No. 5, Proceedings of the 2004.
116. Perreau Laurent (Sous la dir.) *L'Expérience*, Librairie Philosophique I. Vrin, Paris 2010.
117. Pestre Dominique et Atten Michel, *Heinrich Hertz, L'administration de la preuve*, PUF, collection Philosophies, 2002.
118. Pickering, A. (1986) *Big Science as a Form of Life*, in *The Restructuring of the Physical Sciences in Europe and the United States, 1945-1960.*
119. Poincaré Henri.,Hyp. cosmogon., 191 1, p.239.
120. Popper Karl *La logique de la découverte scientique,* tr. fr. Nicole Thyssen-Rutten, Payot, 1973.
121. Putnam Hillary *The Meaning of Meaning*, volume 2 Philosophical Papers, Mind, Langage and Reality, Cambridge, 1979.
122. Redhead, M. L. G., 1995 *More ado about nothing* Foundations of Physics, 25 : 123-137.
123. Redhead, M. L. G., 1995 *The vacuum in relativistic quantum field theory* in Hull *et al.* 1994 (vol. 2), pp. 88-89.
124. Reeh, H. and S. Schlieder, 1961, *Bemerkungen zur Unitäräquivalenz von Lorentzinvarianten Feldern* Nuovo Cimento, 22: 1051-1068.

125. Reeves Hubert, *Patience dans l'Azur,* éditions du Seuil, 1988, p. 258.
126. Reiner Richard and Pierson Robert *Hacking's Experimental Realism: An Untenable Middle Ground* Author(s):, Philosophy of Science, Vol. 62, No. 1 (Mar., 1995).
127. Resnik David *Hacking's Experimental Realism*, Canadian Journal of Philosophy 24 (1994), p. 401.
128. Richardson O. W. Thermionic Emission from Hot Bodies. 2003 Wexford College Press.
129. Richardson O.W. *On an Attempt to Detect Radiation from the Surface of Wires Carrying Alternating Currents of High Frequency* Proccedings of the Cambridge Philosophical Society 11 (1902).
130. Richardson O.W. *The Electrical Conductivity Imparted to a Vacuum by Hot Conductors* Philosophica Transactions of the Royal Society 202A (1903).
131. Richardson O.W. *The Emission of Electrons from Tungsten at High Temperatures*: An experimental Proof That the Electric Current in Metals Is Carried by Electrons" O.W. Richardson, Science, New Series, Vol.3, N°967 (Jul. 11, 1913).
132. Russel Bertrand, *Signification et Vérité,* éd. Flammarion, Paris, 1969
133. Russell Bertrand *The Problems of Philosophy* Williams and Norgate,1912.
134. Russell Bertrand *The Analysis of Matter* Spokesman 2007 Première publication 1927.
135. Roger Jones, *Scientific Realism in Real Science*, Proceedings of the Biennial Meetings of the Philosophy of Science Association. Vol.1998. Volume Two: Symposia and Invited Papers (1988).
136. Shapere Dudley *Astronomy and Antirealism*: Source: Philosophy of Science, Vol. 60, No. 1 (Mar., 1993).
137. Shapin Steven *Leviathan and the Air-pump: Hobbes, Boyle and the Experimental Life*, Princeton University Press, 1989 - 440 pages.
138. Schramm David et Steigman Gary *Particules élémentaires et théories cosmologiques in Pour la Science* (août 1988).
139. Schrödinger Irwin *Are there quantum jumps?* British Journal for the Philosophy of Sciences, 1952

140. Schrödinger E. *The Present Status of Quantum Mechanics* : (1935), Oxford.
141. Selleri Franco *Le grand débat de la théorie quantique* trad. fr. Françoise et Philippe Guéret, Flammarion, 1994.
142. Shrader-Frechette K. *Atomism in Crisis: An Analysis of the Current High Energy Paradigm* Source: Philosophy of Science, Vol. 44, No. 3 (Sep., 1977). Stanford Encyclopedia of Philosophy *Experiment in Physics. First published Mon Oct 5, 1998; substantive revision Tue Oct 8, 2002*
143. Sklar Lawrence, *Space, Time and Spacetime,* (Berkeley, Calif. : Université de Californie Press, 1976), p. 98-101.
144. Smolin Lee *The Trouble with physics*, Houghton Mifflin Company, Boston, New York, 2007.
145. Teller, P., 1995, *An Interpretive Introduction to Quantum Field Theory* Princeton : Princeton University Press.
146. Teller, P. 2002 *So What Is the Quantum Field?* in M. Kuhlmann, H. Lyre and A. Wayne (eds.) *Ontological Aspects of Quantum Field Theory* River Edge, NJ: World Scientific, pp. 145–16.
147. Thomson J.J.. *The Atomic Theory,* Romanes Lecture, Oxford, 1916 Histories of the Electron, the Birth of Microphysics, edited by Jed Z. Buchwald and Andrew Warwick, Dibner Institute Studies in the History of Science and Technology, p. 24.
148. Travis Charles *Le silence des sens* traduit de l'anglais par B.Ambroise,V. Aucouturiers, L. Raïd. Les Editions du Cerf 2014.
149. Quine Willard Van Orman *Two Dogmas of Empiricism* publié dans The Philosophical Review (1951). Cet article a été réédité dans, From a Logical Point of View (Harvard University Press, 1953; second, revised, édition 1961), un ouvrage écrit par cet auteur.
150. Unruh, W. G. and R. M. Wald, 1984, *What happens when an accelerating observer detects a Rindler particle?* Physical Review D, 29 : 1047-1056.
151. Van Fraassen Bas C., *The Scientific Image*, Oxford, Clarendon Press, 1980.

152. Varenne Franck *Théorie, réalité, modèle Epistémologie des théories et des modèles face au réalisme dans les sciences*, Editions matériologiques Collection « Sciences& Philosophie » materiologiques.com août 2012.
153. Von Baeyer Hans Christian *L'étrangeté quantique, juste une impression* Pour la Science, n°435-Janvier 2014.
154. Wagner Pierre (sous la dir. de), *Les philosophes et la science,* édition Gallimard, Paris, 2002.
155. Weber L. *Vers le positivisme abs. par l'idéalisme*, 1903, p.220.
156. Wightman, A. S., 1956, "Quantum field theory in terms of vacuum expectation values", *Physical Review*, 101: 860–66.
157. White Jack *Herschel et l'énigme de l'infrarouge* Pour la Science N°423 Janvier 2013.
158. Whitehead Alfred North, *Science and the Modern World,* Free Press Paperback Edition, 1967. Voir chapitre : The Origin of modern science, p. 1-18.25
159. Wittgenstein Ludwig, *Tractatus logico-philosophicus,* Gallimard, Paris, 1993.
160. Woodward James *Explanation and Invariance in the Special Sciences* the British Journal for the Philosophy of Science, Vol. 51, N°2 (Jun, 2000).
161. Woodward James *Making Things Happen, a theory of causal explanation*: Oxford University Press, 2003.
162. Woodward James *Explanation, Invariance, and Intervention* Philosophy of Science, Vol. 64, 1997 The British Journal for the Philosophy of Science, Vol. 50, No. 4 (Dec., 1999).
163. Wright G. H. Von *Explanation and Understanding* Cornell University Press 1971

Philosophie aux éditions L'Harmattan

Dernières parutions

LE COMBAT PHILOSOPHIQUE DE MAURICE BLONDEL CONTRE LA DOUBLE IGNORANCE DES MASSES
Diakiodi Adrien
Il existe deux types d'ignorance que Maurice Blondel, philosophe, sociologue et théologien français, invite tout homme à combattre énergiquement pour éviter la disparition prématurée de l'espèce humaine, mais également celle de la planète Terre. Il y a, d'une part, l'ignorance de soi-même, de son être en perpétuel devenir et, d'autre part, celle de ses semblables, de son environnement, du monde physique et de l'Unique nécessaire. Ce livre s'assigne comme objectif de vulgariser les armes pour combattre ces deux fléaux, armes présentées dans sa thèse de doctorat qui l'a rendu célèbre : L'Action (1893).
(Coll. Ouverture Philosophique, 12.50 euros, 100 p.)
ISBN : 978-2-343-07377-4, ISBN EBOOK : 978-2-336-39896-9

CORPS ET POP CULTURE
Bischoff Jean-Louis
Quelles sont les principales représentations pop culturelles du corps ? Pour y répondre, Jean-Louis Bischoff interroge des musiques actuelles, la cyberlittérature, le cinéma et l'industrie de la forme. Faire apparaître et scruter les catégories de « corps réduit », d'« hyper corps », de « corps digitalisé » ou de « corps écrit », de « corps utopique » et de « corps fardeau », puis ausculter la notion de corps réel et pointer les dangers d'un nouveau purisme sont les tâches que se donne l'auteur.
(Coll. Ouverture Philosophique, 19.00 euros, 184 p.)
ISBN : 978-2-343-07378-1, ISBN EBOOK : 978-2-336-39709-2

DE DERRIDA À LÉVINAS, LA DETTE ET L'ENVOI
Le temps de l'autre
La déconstruction et l'invention du futur
Badleh Jalal
La Déconstruction est le nom de la pensée de l'évènement. Mais elle est aussi l'événement, le nom de ce qui arrive, la justice ou l'impossible. Comment s'opère la coordination entre ces deux définitions ? Qu'est-ce qu'un questionnement déconstructif ? Quelle est la place du sujet postdéconstructif dans cette opération ? Cet ouvrage essaie de répondre à ces questions à travers le dialogue qui a eu lieu entre Jacques Derrida et Emmanuel Lévinas.
(Coll. Ouverture Philosophique, 31.00 euros, 290 p.)
ISBN : 978-2-343-07449-8, ISBN EBOOK : 978-2-336-39841-9

FIGURES PHILOSOPHIQUES DU CONFLIT
Sous la direction d'Andreas Wilmes, Joan-Antoine Mallet
L'ambition de cet ouvrage est d'illustrer à la fois comment la philosophie conceptualise le conflit et comment elle s'efforce d'en résoudre les dangers inhérents. Plutôt que de proposer un aperçu

purement abstrait de la notion de « conflit », l'ensemble des travaux se focalise sur la confrontation des philosophes à des problèmes historiques tels que la guerre, la dissension sociale, la tyrannie, ou encore le sport.
(Coll. Ouverture Philosophique, 24.50 euros, 238 p.)
ISBN : 978-2-343-07356-9, ISBN EBOOK : 978-2-336-39796-2

FRONTIÈRES DU VISAGE
(Analogique-numérique)
Boisnard Philippe
À travers une histoire de la représentation, cet essai tente d'interroger la question de l'effacement du visage. Si, pendant longtemps, cet effacement était dû à des stratégies de pouvoir, politiques et économiques, il semblerait qu'avec la démocratisation des technologies, peut-être, ceux qui étaient les effacés de l'histoire de la représentation peuvent enfin apparaître. Mais, à l'ère des réseaux, est-ce aussi simple ?
(Coll. Eidos série Retina, 13.00 euros, 110 p.)
ISBN : 978-2-343-07979-0, ISBN EBOOK : 978-2-336-39795-5

HEIDEGGER ET LE PROBLÈME DE LA MÉTAPHYSIQUE
Balazut Joël
Dès 1935 Heidegger retrouve le sens originel de la métaphysique dans la conception présocratique de l'être comme « phusis ». Sur cette base il va interpréter la métaphysique traditionnelle qui apparaît avec Platon pour culminer chez Nietzsche dans une ontologie de la vie et qui prépare le règne moderne de la technique planétaire, comme un «déni» radical de ce sens originel. L'un des intérêts de cette interprétation de la métaphysique, et non des moindres, est ainsi de rendre compte de la signification de la vogue actuelle des philosophies de la vie.
(Coll. Ouverture Philosophique, 14.00 euros, 122 p.)
ISBN : 978-2-343-07296-8, ISBN EBOOK : 978-2-336-39840-2

L'IRONIE DE SOCRATE
Essai sur l'ironie philosophique
Mestiri Samir
Contrairement à l'ironie polémique et insidieuse des sophistes, celle de Socrate est plutôt interrogeante, désirante et ex-centrique, toujours en quête de connaissance vraie. Le fameux « je sais que je ne sais rien » devient chez lui un outil de défigement de la pensée prisonnière des « systèmes compacts », mais, aussi le meilleur remède contre les pseudo-vérités religieuses et idéologiques.
(Coll. Ouverture Philosophique, 12.50 euros, 106 p.)
ISBN : 978-2-343-07035-3, ISBN EBOOK : 978-2-336-39779-5

MATHÉMATIQUES ET FRONTIÈRES
Baudrand Gabriel
Gabriel Baudrand, professeur agrégé de mathématiques, s'intéresse au thème de la frontière. La perception commune du mathématicien est celle d'un technicien enfermé dans son monde, qui dresse une frontière entre son activité et le reste de la vie. Le formalisme de cette science entretient cette frontière alors que paradoxalement les mathématiques sont partout et que le concept même de frontières est mathématique. Autant de pistes de réflexions que l'auteur nous invite à explorer.
(Coll. Eidos série Retina, 12.50 euros, 104 p.)
ISBN : 978-2-343-07951-6, ISBN EBOOK : 978-2-336-39764-1

MÉLANGES OFFERTS À RENÉ SCHÉRER
Sous la direction de Constantin Irodotou
René Schérer, né en 1992, a été l'un des fondateurs du département de philosophie de l'université de Vincennes. Ami de Foucault, Châtelet, Deleuze, Lyotard, Bensaïd, Badiou, Rancière, Brossat, etc. Il se penche d'abord sur Husserl et Heidegger, puis s'intéresse à Charles Fourier. Militant de mai 68, il entreprend, dans son *Émile perverti*, une critique de la pédagogie. Il réactualise aussi,

avec Guy Hocquenghem, le concept philosophique d'âme. «Utopie», «âme» et «hospitalité» sont les trois concepts clefs pour aborder son œuvre.
(Coll. Quelle drôle d'époque !, 38.50 euros, 374 p.)
ISBN : 978-2-343-07527-3, ISBN EBOOK : 978-2-336-39809-9

LA PENSÉE ESTHÉTIQUE DE JOSÉ VASCONCELOS DANS SON SENS ORIGINAIRE
Le contexte historiographique de la philosophie en Amérique hispanique
Luquín Guerra Roberto
La philosophie latino-américaine s'est divisée en deux orientations principales : soit dévalorisée parce que l'on considérait qu'elle ne faisait que reprendre la pensée européenne ; soit on a tenté de la sauver à partir de perspectives étrangères à la philosophie. Roberto Luquin s'interroge sur le sens que peut avoir une recherche sérieuse sur la pensée spéculative d'un philosophe latino-américain. Il soutient que le vasconcelisme est une authentique pensée philosophique, il s'agit d'un geste créateur qui a su faire le lien entre la pensée philosophique et la pratique politique.
(Coll. La philosophie en commun, 29.00 euros, 278 p.)
ISBN : 978-2-343-07624-9, ISBN EBOOK : 978-2-336-39864-8

LES PHILOSOPHIES ENVIRONNEMENTALES EUROPÉENNES
Europeana 6
Collectif
Peut-on parler d'une philosophie environnementale européenne ? Peut-on unifier, sous ce concept, un corpus hétérogène et beaucoup plus diversifié que celui que l'on peut trouver à propos de la philosophie de l'environnement dans la société nord-américaine ? Est-ce qu'une unité géographique, celle de l'Europe, peut suffire pour garantir un dénominateur commun à des conceptions philosophiques aussi diverses, voire divergentes, que celles qui existent sur le «vieux continent» ?
(Coll. Kubaba, 20.00 euros, 184 p.)
ISBN : 978-2-343-07680-5, ISBN EBOOK : 978-2-336-39785-6

LE REGARD EN-PÉCHÉ
Réflexion sur le regard porté sur le corps féminin
Bacha Lilia – Préface de Youssef Seddik – Avant-propos de Michel Sicard
Ferme les yeux et regarde à travers les paupières. Tout au fond de nous, une voix nous suggère cela face au corps de la femme. Sans être dévêtue : la femme est toujours nue, elle est 'awra. Ce terme arabe désigne ce qu'il faut cacher et définit la femme. Quelle est cette créature exhibée par nature, au point de devoir la cacher ? Quels sont les liens entre cette créature et la femme mais aussi l'homme ? Cette réflexion propose de s'y intéresser en naviguant entre orient et occident.
(Coll. Ouverture Philosophique, 25.00 euros, 250 p.)
ISBN : 978-2-343-05808-5, ISBN EBOOK : 978-2-336-39823-5

THOMAS HOBBES ET L'IDÉE DE PUISSANCE
Karray Aouichaoui Mohamed
Ce travail propose l'étude de la théorie de la puissance telle qu'elle s'est développée dans la philosophie de Hobbes. L'idée directrice est que la puissance n'est plus une donnée de la nature mais que c'est à travers l'agir humain qu'elle s'acquiert. Elle est une capacité d'agir sur le monde par le biais de la science. Avec Hobbes, la science devient le moyen le plus spécifique de la puissance, et celle-ci, par le biais de la science, la capacité d'agir sur le monde, tant naturel qu'humain.
(Coll. Ouverture Philosophique, 33.00 euros, 324 p.)
ISBN : 978-2-343-04013-4, ISBN EBOOK : 978-2-336-39810-5

AUX FRONTIÈRES DE L'HUMAIN
Essai sur le transhumanisme
Koest Pierre
Tels des exilés, nous nous trouvons aujourd'hui dans l'entre-deux d'une frontière, qui sépare l'Humain du Trans-humain. Les progrès vertigineux de la convergence des nanotechnologies, biotechnologies, informatique et sciences cognitives font miroiter un futur aux accents utopiques,

qui nous promet longévité accrue et augmentation exponentielle de nos capacités biologiques. Mais apparaît conjointement la menace d'un triomphe de l'intelligence artificielle et à terme de l'extinction de ce que l'on nommait humanité.
(Coll. Eidos série Retina, 19.00 euros, 186 p.)
ISBN : 978-2-343-07664-5, ISBN EBOOK : 978-2-336-39557-9

DE TOUT CŒUR ET EN L'ESPRIT
Choix de lettres d'un Maître spirituel
Schuon Frithjof - Préface de Patrick Laude
Traduit de l'allemand par Chislain Chetan
Tout enseignement spirituel présuppose une modalité orale et personnelle qui est le véhicule d'une transmission et d'un rapport «d'âme à âme» en l'absence desquels la voie spirituelle risquerait de demeurer trop théorique et abstraite. Schuon était un guide spirituel, et sa correspondance concerne ceux qui se trouvaient sous sa direction mais aussi ses lecteurs et tous ceux qui recherchaient ses conseils. Schuon a fait preuve d'une très grande générosité dans la dispensation de son enseignement et dans sa capacité d'écoute et de compassion.
(Coll. Théôria, 24.00 euros, 242 p.)
ISBN : 978-2-343-07753-6, ISBN EBOOK : 978-2-336-39602-6

FRONTIÈRES DU SUJET
Une esthétique du déclin (dialogue intérieur)
Tremblay Thierry
S'inscrivant dans la tradition de la théorie critique, cet ouvrage traite à la fois de philosophie, d'art, de littérature et de cinéma. Le «dialogue intérieur» qu'il met en scène entend exposer par fragmentation allégorique la trajectoire qui a mené à une certaine sensation de déclin, se manifestant par la destruction, le désenchantement et l'apparition de diverses «fins» : fin de l'histoire, fin de l'art, fin de l'homme, fin du monde.
(Coll. Eidos série Retina, 18.00 euros, 174 p.)
ISBN : 978-2-343-07533-4, ISBN EBOOK : 978-2-336-39457-2

LES FRONTIÈRES DU CORPS ET DE L'ESPACE
La métaphysique de Newton
Kalla Stéphane - Préface de Jean-Paul Delahaye
En modifiant les frontières ontologiques de la pensée cartésienne, Newton parvient à construire son propre système métaphysique, propédeutique à l'intégration de la loi de la gravitation en physique. Newton trace une irréductible frontière entre l'espace et le corps : absolutisant le premier, déréalisant le second, et réhabilitant la notion de vide que Descartes avait rejetée, il neutralise ainsi deux problèmes fondamentaux qui sont, d'une part, la relativité du mouvement des corps, et, d'autre part, l'inconsistance ontologique de ces derniers. Il esquisse un nouveau Cosmos où la loi de la gravitation peut prendre sens.
(Coll. Eidos série Retina, 17.50 euros, 164 p.)
ISBN : 978-2-343-07543-3, ISBN EBOOK : 978-2-336-39528-9

MARGINALITÉ ET SUBJECTIVITÉ
La subjectivité dans les seuils du social
Cuestas Fedra
Bien que l'on puisse croire que la problématique de la marginalité soit nouvelle en philosophie, cet ouvrage analyse des auteurs comme Foucault, Butler et Agamben qui, sans s'y consacrer directement, s'y sont focalisés. Dans ce livre, nous abordons la question de la subjectivité, confinée aux marges du social. Nous tentons de réfléchir aux conditions qui produisent ce qui est appelé « marginalité », pour mieux comprendre le lien possible entre les formes de subjectivité et la marginalité.
(Coll. La philosophie en commun, 29.00 euros, 284 p.)
ISBN : 978-2-343-07143-5, ISBN EBOOK : 978-2-336-39678-1

L'HARMATTAN ITALIA
Via Degli Artisti 15; 10124 Torino
harmattan.italia@gmail.com

L'HARMATTAN HONGRIE
Könyvesbolt ; Kossuth L. u. 14-16
1053 Budapest

L'HARMATTAN KINSHASA
185, avenue Nyangwe
Commune de Lingwala
Kinshasa, R.D. Congo
(00243) 998697603 ou (00243) 999229662

L'HARMATTAN CONGO
67, av. E. P. Lumumba
Bât. – Congo Pharmacie (Bib. Nat.)
BP2874 Brazzaville
harmattan.congo@yahoo.fr

L'HARMATTAN GUINÉE
Almamya Rue KA 028, en face
du restaurant Le Cèdre
OKB agency BP 3470 Conakry
(00224) 657 20 85 08 / 664 28 91 96
harmattanguinee@yahoo.fr

L'HARMATTAN MALI
Rue 73, Porte 536, Niamakoro,
Cité Unicef, Bamako
Tél. 00 (223) 20205724 / +(223) 76378082
poudiougopaul@yahoo.fr
pp.harmattan@gmail.com

L'HARMATTAN CAMEROUN
TSINGA/FECAFOOT
BP 11486 Yaoundé
699198028/675441949
harmattancam@yahoo.com

L'HARMATTAN CÔTE D'IVOIRE
Résidence Karl / cité des arts
Abidjan-Cocody 03 BP 1588 Abidjan 03
(00225) 05 77 87 31
etien_nda@yahoo.fr

L'HARMATTAN BURKINA
Penou Achille Some
Ouagadougou
(+226) 70 26 88 27

L'HARMATTAN SÉNÉGAL
10 VDN en face Mermoz, après le pont de Fann
BP 45034 Dakar Fann
33 825 98 58 / 33 860 9858
senharmattan@gmail.com / senlibraire@gmail.com
www.harmattansenegal.com

www.ingramcontent.com/pod-product-compliance
Lightning Source LLC
LaVergne TN
LVHW011434061026
849535LV00004BA/806